新一代信息技术系列教材

新一代信息技术基础任务驱动式教程

（WPS Office）

主　编　刘军华　陈　颖　尹　根

副主编　陈　璐　强小虎　李　雯

马　帅　夏舜晖　海伊斯

西安电子科技大学出版社

内 容 简 介

本书依据教育部发布的《高等职业教育专科信息技术课程标准 (2021 年版)》编写，按照工作手册式教材的要求组织课程内容，以新型活页式教材的形式出版，将理论与实际融合，将知识与实践对接，充分体现以学生为中心、以教师为主导、以培养学生的技能为目标的教学理念，力求将"教—学—做—练—评"融为一体。

全书共 6 章，主要内容包括文档处理、电子表格处理、演示文稿制作、信息检索、新一代信息技术发展、信息素养与社会责任。

本书可作为高职高专院校信息技术基础模块教材，也可作为全国计算机等级考试相关科目的参考用书。

图书在版编目(CIP)数据

新一代信息技术基础任务驱动式教程：WPS Office / 刘军华，陈颖，尹根主编. --西安： 西安电子科技大学出版社，2023.8(2025.9重印)
ISBN 978-7-5606-6990-8

Ⅰ. ① 新⋯ Ⅱ. ① 刘⋯ ② 陈⋯ ③ 尹⋯ Ⅲ. ① 办公自动化—应用软件—高等职业教育—教材
Ⅳ. ① TP317.1

中国国家版本馆 CIP 数据核字 (2023) 第 151523 号

策   划   杨丕勇
责任编辑   杨丕勇
出版发行   西安电子科技大学出版社(西安市太白南路 2 号)
电   话   (029)88202421 88201467   邮   编   710071
网   址   www.xduph.com   电子邮箱   xdupfxb001@163.com
经   销   新华书店
印刷单位   陕西天意印务有限责任公司
版   次   2023 年 8 月第 1 版   2025 年 9 月第 3 次印刷
开   本   787 毫米 × 1092 毫米   1/16   印   张   15.75
字   数   373 千字
定   价   68.00 元
ISBN 978-7-5606-6990-8

XDUP 7292001-3

如有印装问题可调换

前　言

随着互联网技术和信息技术的迅猛发展与广泛应用，新一代信息技术已成为经济社会转型发展的主要驱动力，是建设创新型国家、制造强国、网络强国、数字中国、智慧社会的基础支撑。高等职业教育信息技术课程是各专业学生必修或限定选修的公共基础课程。学生通过学习本课程，能够增强信息意识、提升计算思维、促进数字化创新与发展能力、树立正确的信息社会价值观和责任感，为其职业发展、终身学习和服务社会奠定基础。

本书内容紧跟主流技术，采用任务驱动方式开展教学，知行合一，尤其注重提升学生的实践能力和创新意识。全书共包括6章，主要介绍了文档处理、电子表格处理、演示文稿制作、信息检索、新一代信息技术发展、信息素养与社会责任。书中各个任务都是经过精心挑选和有效组织的，具有很强的针对性、实用性和可操作性。

本书编写着力突出职业教育的类型特点，严格遵照教育部最新的《高等职业教育专科信息技术课程标准(2021年版)》进行编写，优化结构和内容，依照工作手册式教材的要求组织课程内容，对典型任务的讲解按照任务描述(做什么)→任务分析(怎么准备)→示例演示(怎么教)→任务实现(如何做)→能力拓展(如何做得更好)→任务考评(做得怎么样)的流程设计和编排，将教、学、做、练、评融为一体；以新型活页式教材的形式出版，便于教材内容随信息技术发展和软件升级及时动态更新；融合课程思政，强化学生职业素养养成和专业技术积累，将专业精神、职业精神、工匠精神等融入教材内容。

本书由刘军华、陈颖、尹根任主编，陈璐、强小虎、李雯、马帅、夏舜晖、海伊斯任副主编。其中，第1章由陈颖编写，第2章由陈璐、海伊斯编写，第3

章由刘军华、李雯编写，第 4 章由夏舜晖编写，第 5 章由尹根、强小虎编写，第 6 章由马帅编写，全书由陈颖绘制导图、统稿，刘军华审稿。

　　本书提到的素材文件可在西安电子科技大学出版社官网查阅或下载。

　　本书在编写过程中参阅了部分教材和教学资料，在此特向所有作者表示衷心的感谢。限于作者的水平和经验，书中难免存在不足之处，敬请广大读者提出宝贵意见和建议，以便再版时修订和完善。

编　者

2023 年 3 月

目　录

第1章 文档处理

　　WPS Office 是由北京金山办公软件股份有限公司自主研发的一款办公软件套装，其最初的版本 WPS 1.0 诞生于 1989 年。WPS Office 可以实现办公软件最常用的文字、表格、演示、PDF 阅读等多种功能，内存占用低、运行速度快、云功能多，具有强大插件平台支持，免费提供在线存储空间及文档模板，支持阅读和输出 PDF 文件，具有全面兼容微软 Office 格式的独特优势。WPS Office 覆盖 Windows、Linux、Android、iOS 等多个平台，支持桌面和移动办公，且 WPS 移动版通过 Google Play 平台已覆盖超 50 多个国家和地区。WPS Office 个人版提供永久免费升级，可在官方网站下载。

学习目标

　　➢ 掌握文档的基本操作，如打开、复制、保存等，熟悉自动备份文档、联机文档、保护文档、检查文档、将文档发布为 PDF 格式、加密发布 PDF 格式文档等操作。
　　➢ 掌握文本编辑、文本查找替换、字体格式设置、段落格式设置等操作。
　　➢ 掌握图片、图形、艺术字等对象的插入、编辑及美化等操作。
　　➢ 掌握在文档中插入和编辑表格、对表格进行美化、灵活运用公式对表格中的数据进行处理等操作。
　　➢ 熟悉分页符和分节符的插入，掌握页眉、页脚、页码的插入及编辑等操作。
　　➢ 掌握样式与模板的创建和使用，掌握目录的制作和编辑等操作。
　　➢ 熟悉文档不同视图和导航任务窗格的使用，掌握页面设置操作。
　　➢ 掌握打印预览和打印操作的相关设置。
　　➢ 掌握多人协同编辑文档的方法和技巧。

知识导图

　　文档处理知识导图如图 1-1 所示。

文件常用操作
内容编辑
字体编辑
段落编辑

调研报告

插入图片、艺术字
插入形状、文本框
边框和底纹设置
页面设置

产品说明书

文档处理

个人简历

表格常用操作
行、列、单元格常用操作
表格格式设置
项目符号设置

毕业论文

样式编辑
插入分隔符
页眉、页脚编辑
引用目录

年终报告

协同编辑
审阅核对
文档批注

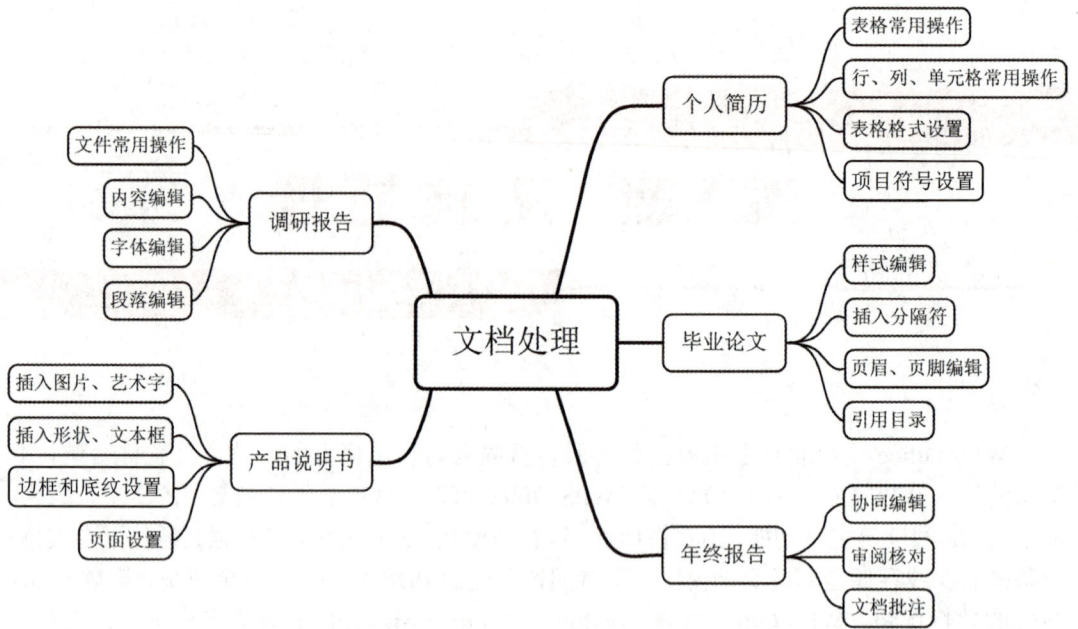

图 1-1　文档处理知识导图

1.1　WPS 文字简介

WPS 文字也称作文档处理软件,主要用于书面文档的编写、编辑,可在文档中插入和处理表格、图形、艺术字、数学公式、流程图、思维导图等,且可在云端自动同步文档,记住工作状态,登录相同账号切换设备也无碍工作,不同的终端设备和系统拥有相同的文档处理能力。WPS 文字文档的文件扩展名为 .wps,WPS 文字模板的文件扩展名为 .wpt,Word 97 至 Word 2003 文档的文件扩展名为 .doc,2007 及以后版本 Word 文档的文件扩展名为 .docx,Word 97 至 Word 2003 模板文档的文件扩展名为 .dot。

1. WPS 文字的启动与退出

1) 启动 WPS 文字

WPS 文字启动的方法与启动其他应用程序的方法相似,常用的方法有以下三种:

(1) 从"开始"菜单中启动。单击"开始"按钮,选择"WPS Office"→单击"WPS 文字"程序,启动程序后再选择"新建文字"即可启动 WPS 文字。

(2) 通过快捷图标启动。用户可在桌面上为 WPS 文字应用程序创建快捷图标,双击该快捷图标,启动程序后再选择"新建文字"即可启动 WPS 文字。

(3) 通过已存在的文档启动。双击已存在的 WPS 文字文档即可启动 WPS 文字。通过已存在的文档启动 WPS 文字的方法不仅会启动该应用程序,而且会打开选定的文档,该操作适合编辑或查看一个已存在的文档。

2) 退出 WPS 文字

WPS 义字退出 (关闭) 的方法与退出其他应用程序的方法相似,常用的方法有以下三种:

(1) 单击程序窗口右上角的关闭按钮 ✕ 。

(2) 选择"文件"→"退出"命令。

(3) 使用组合快捷键【Alt+F4】。

2. WPS 文字的工作窗口界面和主要功能

1) WPS 文字的工作窗口界面

WPS 文字采用窗口化的操作界面,主要包括快速访问工具栏、标题栏、菜单栏、功能区、编辑工作区、滚动条、水平标尺、垂直标尺、状态栏、视图工具、显示比例控制栏等模块,如图 1-2 所示。

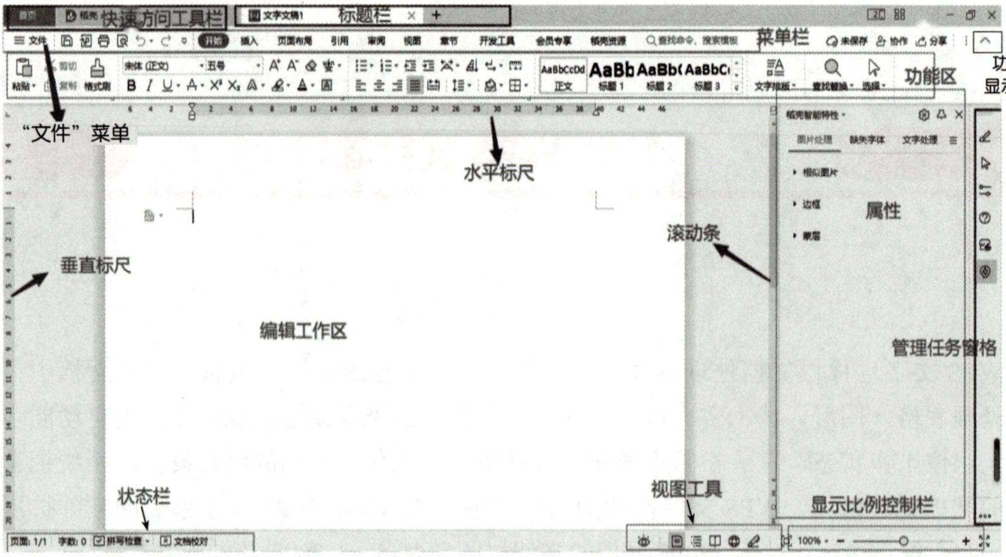

图 1-2　WPS 文字工作窗口界面

（1）快速访问工具栏和标题栏：位于窗口的最上方，标题栏用于显示文档的标题，快速访问工具栏通常放置一些最常用的命令按钮，可单击自定义工具栏右边的"自定义快速访问工具栏"按钮，根据需要删除或添加常用命令按钮或调整位置。

（2）菜单栏：位于标题栏下方，用于放置常用的功能按钮及下拉菜单、列表等，其中包括多个选项卡（见图 1-2），如"文件""开始""插入""页面布局""引用""审阅""视图""章节""开发工具"等。

（3）编辑工作区：输入文本和编辑文本的区域，位于功能区的下方，在屏幕中占了大部分面积。其中有一个不断闪烁的竖条称为插入点，用以表示输入时文字出现的位置。

（4）状态栏：位于窗口底部，用以显示文档的基本信息和编辑状态，如页面、字数、拼写检查、文档校对等文档的基本信息和编辑状态。

2）WPS 文字的主要功能

WPS 文字文档编辑软件的主要功能如表 1-1 所示。

表 1-1　WPS 文字文档编辑软件的主要功能

序号	功能模块	具体功能简述
1	文件操作	新建、打开、关闭、保存、另存为、最近使用文件、信息、打印、配置选项等
2	编辑功能	选择、替换、查找、剪切、复制、粘贴、格式刷等
3	字体编辑	字体、字形、字号、字符间距、颜色、上标、下标、倾斜、下画线等
4	段落编辑	对齐方式、大纲级别、缩进、行间距、段前间距、段后间距、换行、分页、版式、底纹、显示和隐藏编辑标记等
5	编辑插入	插入页、表格、图片、图表、形状、流程图、结构图、关系图、链接、页眉、页脚、页码、文本框、艺术字、日期、时间、符号等

续表

序号	功能模块	具体功能简述
6	页面布局	主题、文字方向、页边距、纸张大小、纸张方向、分栏、分隔符、页面背景、页面边框等
7	邮件操作	开始邮件合并、选择收件人、编辑收件人列表、筛选收件人、插入合并域、预览、完成邮件合并、规则等
8	编辑视图	页面、阅读版式视图，显示标尺、网格线、导航窗口，显示比例，新建、重排、拆分窗口等
9	编辑引用	目录、脚注、题注、索引、引文、书目等
10	表格工具	表格样式、表格属性、表格合并、表格拆分、插入行列、绘制边框、对齐方式、单元格大小、重复标题行、排序、公式等
11	更改式样	样式集、颜色、字体、段落间距等
12	审阅校对	校对、语言、批注、修订、更改、比较、保护等

3. WPS 文字的视图模式

WPS 文字提供了多种显示文档的方式，每一种显示方式称为一种视图。使用不同的显示方式，可以从不同的侧重面查看文档，从而高效、快捷地查看、编辑文档。WPS 文字提供的视图包括页面视图、大纲视图、阅读版式视图、Web 版式视图、写作模式视图。

1) 页面视图

页面视图是默认视图，可以显示整个页面的分布情况及文档中的所有元素，如正文、图形、表格、图文框、页眉、页脚、脚注、页码等，并能对它们进行编辑。在页面视图下，显示效果反映了打印后的真实效果，即"所见即所得"。

2) 大纲视图

大纲视图使得查看长文档的结构变得很容易，并且可以通过拖动标题来移动、复制或重新组织正文。在大纲视图中，可以折叠文档，只查看主标题或者扩展文档，以便查看整篇文档。

3) 阅读版式视图

阅读版式视图不仅隐藏了不必要的工具栏，最大可能地增大了窗口，而且还将文档分为两栏，从而有效地提高了文档的可读性。

4) Web 版式视图

Web 版式视图主要用于在使用 WPS 文字创建 Web 页时能够显示出 Web 效果。Web 版式视图优化了布局，使文档以网页的形式显示，具有最佳屏幕外观，使得联机阅读更容易。Web 版式视图适用于发送电子邮件和创建网页。

5) 写作模式视图

在写作模式视图中可以输入、编辑文字，并设置文字的格式，对图形和表格进行一些基本的操作。写作模式视图取消了页面边距、分栏、页眉、页脚及图片等元素，仅显示标题和正文，提供了写作中可用的一些工具，如"素材推荐""文档校对""公文工具箱""文学工具箱""统计"等，是最节省计算机系统硬件资源的视图方式。

各种视图之间可以方便地进行相互转换，操作方法有以下两种。

方法一：点击"视图"选项卡视图组中的"页面""阅读版式""Web 版式""大纲""写作模式"按钮选择相应的视图，如图 1-3 所示。

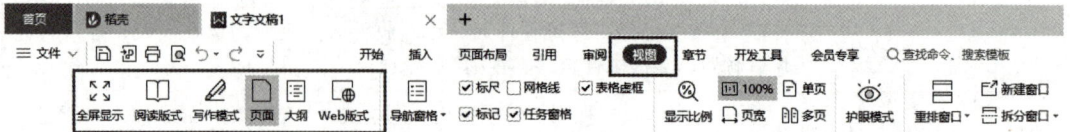

图 1-3　视图模式

方法二：点击编辑工作区下方状态栏右侧视图工具里的视图模式按钮进行视图转换，如图 1-4 所示。

图 1-4　视图模式按钮

1.2 【任务1】编辑调研报告

1.2.1 任务描述

任务场景	小蔡是一名高职院校的大学生，学校要求在暑假完成一项社会调研实践活动，并撰写调研报告，调研题目自定。
任务要求	分析上面的任务场景，我们需要完成任务：创建调研报告文档。
知识准备	**1. 概念与特点** 调研报告是对某项工作、某个事件、某个问题经过深入细致的调研后，将调研中收集到的材料加以系统整理、分析研究，以书面形式向组织和领导汇报调查情况的一种文书。 调研报告有以下几个特点： (1) 写实性。调研报告在大量现实和历史资料的基础上，用叙述性的语言实事求是地反映某一客观事物。 (2) 针对性。调研报告一般有比较明确的意向，相关的调研取证都是针对和围绕某一个综合性或专题性问题展开的。 (3) 逻辑性。调研报告是对核实无误的数据和事实进行严密的逻辑论证，探明事物发展变化的原因，预测事物发展变化的趋势，提出本质性和规律性的东西，得出科学的结论。 (4) 时效性。调研报告所写的内容、所用的数据，都是为了反映当前状况并提供决策参考。 **2. 调研报告的类型** 调研报告主要分为以下几种类型： (1) 情况调研报告。情况调研报告是为了弄清情况，供决策者参考，通常是比较系统地反映本地区、本单位基本情况的一种调研报告。 (2) 典型经验调研报告。典型经验调研报告是通过分析典型事例、总结工作中出现的新经验，从而指导和推动某方面工作的一种调研报告。 (3) 问题调研报告。问题调研报告是针对某一方面的问题，进行专项调查，澄清事实真相，判明问题的原因和性质，确定造成的危害，并提出

知识准备

解决问题的办法和建议，为问题的最后处理提供依据，也为其他有关方面提供参考和借鉴的一种调研报告。

3. 调研报告的写作方法

调研报告一般由标题和正文两部分组成。

1) 标题

标题可以有两种格式。一种是规范化的标题，即"发文主题"加"文种"，基本格式如《××关于××的调研报告》《关于××的调研报告》《××调研》等。另一种是自由式标题，包括陈述式、提问式和正副标题结合式三种。陈述式如《××学生××情况调研》；提问式如《为什么××喜欢××》；正副标题结合式的正标题陈述调研报告的主要结论或提出中心问题，副标题说明调查的对象、范围、问题，如《关于高校××改革情况分析——××大学××改革实践思考》。对于公文标题，最好使用规范化的标题格式或自由式标题格式中的正副标题结合式。

2) 正文

正文一般分前言、主体、结尾三个部分。

(1) 前言。前言有几种写法，第一种是写明调研的起因或目的、时间和地点、对象或范围、经过与方法，以及人员组成等调研本身的情况，从中引出中心问题或基本结论；第二种是写明调研对象的历史背景、大致发展经过、现实状况、主要成绩、突出问题等基本情况，进而提出中心问题或主要观点；第三种是开门见山、直接概括出调查的结果，如肯定做法、指出问题、提示影响、说明中心内容等。前言主要起到画龙点睛的作用，要精练概括，直切主题。

(2) 主体。主体是调研报告最主要的部分，这部分详述调查研究的基本情况、做法、经验，以及分析调查研究所得材料中得出的各种具体认识、观点和基本结论。

(3) 结尾。结尾的写法也比较多，可以提出解决问题的方法、对策、下一步改进工作的建议。

4. 调研报告的结构框架

(1) 标题 (少于 25 个字)。

(2) 署名。

(3) 摘要 (200 ～ 300 个字)。摘要用来概括文章的主要内容与中心思想。

(4) 关键词 (3 ～ 5 个字)。关键词是为了便于文献索引和检索工作而从报告中选取出来用以表示全文主题内容的单词或术语。

(5) 前言。前言包括研究背景、研究目的、研究意义、研究方法等。

(6) 正文。正文包括研究现状、研究过程、调研概况、数据分析、问题讨论与建议等。

	(7) 结论与建议。 (8) 参考文献。 (9) 附录。附录包括调查问卷、统计结果、访谈提纲、访谈记录等。

1.2.2 任务分析

任务主要 技术分析	在本次任务中，需要掌握以下技能： (1) 文档的基本操作：新建、打开、保存、关闭等。 (2) 文档编辑：输入法切换、文本录入、文本查找替换、字体设置、段落设置、拼写检查等。 (3) 文档的特殊操作：自动保存、联机文档、保护文档、检查文档、加密文档、发布 PDF 格式文档、打印文档。
任务职业 素养分析	收集和分析信息的能力，认真负责、仔细严谨的作风。熟悉操作界面、牢记操作步骤、检查文档内容。

1.2.3 示例演示

创建调研报告有两种方式，第一种方式是利用在线模板文档，在联网状态下完成，但对于制作者来说非常简单，只需要修改相应的内容就可以了。第二种方式是纯制作，从一个空白文档开始，要求制作者对 WPS 文字操作相当熟练，并且具有一定的审美，这样制作出来的文档会更加出彩。此处将以第二种方式为例进行讲解。

若采用纯制作方式创建调研报告，可以按下列步骤完成。

(1) 创建文档。利用 WPS 文字创建空白文档。

(2) 录入文本。添加报告内容，注意输入法的切换和键盘常见按键的使用。按照要求编辑报告内容。

(3) 保存文档。按需要将文档保存在磁盘具体位置，注意文档的命名规则、文档的格式。

(4) 打开和编辑文档。打开已有文档进行编辑，查找替换文本，进行字体设置（包括字体、字形、字号、字体颜色、加粗、斜体、下画线、文字效果等）、段落设置（段落样式、对齐方式、缩进、制表位、行距、段落前后间距等）等。

(5) 打印文档。调研报告打印设置，打印预览，打印。

(6) 关闭文档。调研报告制作完成后，关闭文档。

(7) 发布为 PDF 格式。调研报告发布为 PDF 格式，加密发布。

(8) 保护文档。制作的调研报告若不希望被别人修改，可以进行修改保护。

调研报告的内容要求及结构如图 1-5 所示。

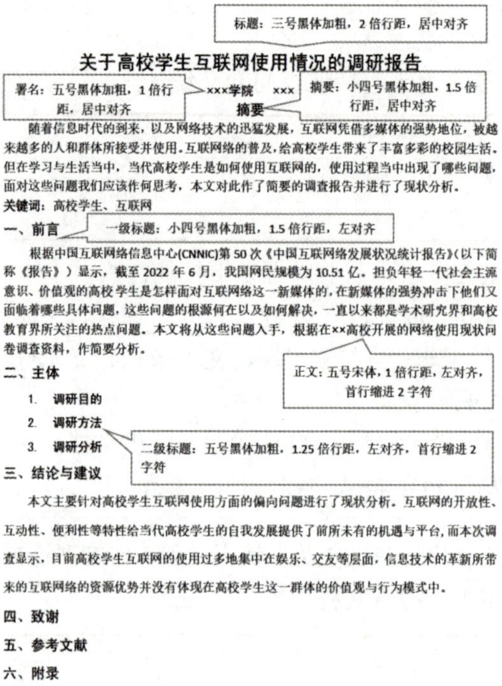

图 1-5　调研报告的内容要求及结构

1.2.4　任务实现

操作步骤	知识链接
1. 启动程序 启动 WPS Office 程序。 **2. 新建文档** 选择"文件"→"新建"命令，选择"新建文字"，如图 1-6 所示。 图 1-6　新建文字	**在线模板新建** 　　在线模板需要在联网状态下获取。在线模板的种类很多，制作者可以根据报告的内容，选择适合的模板创建相应文档，如图 1-7 所示。创建完成后可以对文档内容进行编辑修改，编辑完成后，可保存在本地磁盘，也可保存在云端。 图 1-7　在线模板新建

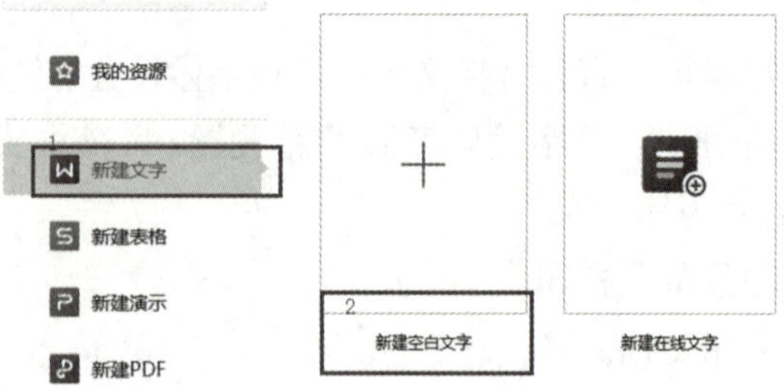

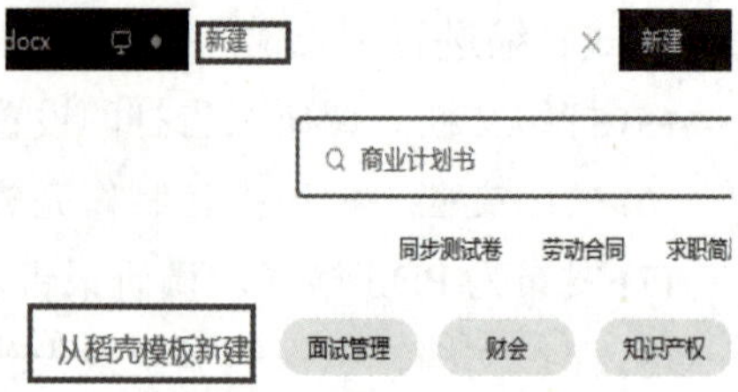

3. 输入内容

将调研报告所需的文本内容参照样文输入编辑工作区，如图1-8所示。

关于高校学生互联网使用情况的调研报告
×××学院 ×××
摘要
随着信息时代的到来，以及网络技术的迅猛发展，互联网凭借多媒体的强势地位，被越来越多的人和群体所接受并使用。互联网络的普及，给高校学生带来了丰富多彩的校园生活。但在学习与生活当中，当代高校学生是如何使用互联网的，使用过程当中出现了哪些问题，面对这些问题我们应该作何思考，本文对此作了简要的调查报告以及现状分析。
关键词：高校学生、互联网
一、前言
根据中国互联网络信息中心(CNNIC)第50次《中国互联网络发展状况统计报告》(以下简称《报告》)，截至2022年6月，我国网民规模为10.51亿。担负年轻一代社会主流意识、价值观的当今高校学生是怎样面对着互联网络这一新媒体的，在新媒体的强势冲击下他们又面临着哪些具体问题，这些问题的根源何在以及如何解决，一直以来都是学术研究界和高校教育界所关注的热点问题。本文将从这些问题入手，根据在××高校开展的网络使用现状问卷调查资料，作简要分析。
二、主体
1.调研目的
2.调研方法
3.调研分析
三、结论与建议
本文主要是对高校学生互联网使用方面出现的偏向问题进行了现状分析。互联网的开放性、互动性、便利性等特性给当代高校学生的自我发展提供了前所未有的机遇与平台，而本次调查显示，目前高校学生互联网的使用过多地集中在娱乐、交友等层面，信息技术的革新所带来的互联网络的资源优势并没有体现在高校学生这一群体的价值观与行为模式中。
四、致谢
五、参考文献
六、附录

图1-8 调研报告文本

输入法切换和文本输入

当输入汉字时，必须先切换到中文输入法。对于中文 Windows 10 操作系统，按快捷组合键【Ctrl+Space】可在中英文输入法之间切换，按快捷组合键【Ctrl+Shift】可以在各种输入法之间切换，也可以单击任务栏右下角的图标，在出现的输入法选择菜单中选择一种输入法。

文本的输入总是从插入点处开始，即插入点显示了输入文本的插入位置。输入文字到达右边界时无须使用【Enter】键，WPS文字会根据纸张的大小和设定的左右缩进量自动换行。当一个自然段文本输入完毕时，按【Enter】键后，在插入点光标处插入一个段落标记以结束段落，插入点移到下一行新段落的开始，等待继续输入下一自然段的内容。一般情况下，不宜使用空格来对齐文本，可以通过格式设置操作达到指定的效果。输入错误时，按【Backspace】键删除插入点左边的字符，按【Delete】键删除插入点右边的字符。

4. 文本查找替换

查找文本中的"高校生"，将其替换成"高校学生"。在"开始"菜单栏下的编辑工具中找到"查找替换"，再在下拉列表中选择"替换"，在"查找内容""替换为"中输入内容，点击"高级搜索"可以对是否区分大小写、使用通配符、区分全/半角、忽略标点符号、忽略空格等选项进行勾选，再根据实际情况确定是"替换"当前位置还是"全部替换"，如图1-9所示。

查找替换

在"开始"菜单栏下的编辑工具中找到 🔍 查找替换 ，或者使用快捷组合键【Ctrl+F】打开"查找""替换""定位"的对话框。

查找、替换文本时，可以通过"格式"和"特殊格式"下拉列表里的内容来设置文本的格式；或者可以插入"特殊格式"，如段落标记、制表符、手动分页符、任意字符等。

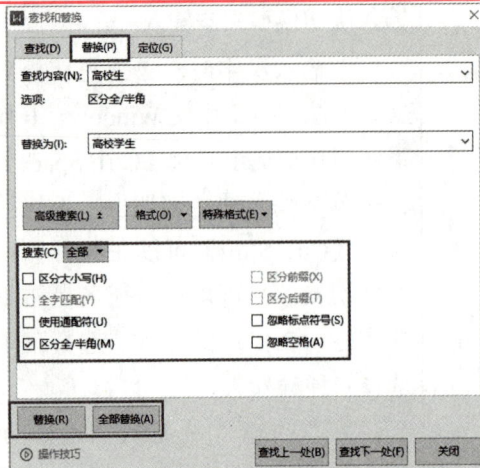

图 1-9 "查找和替换"对话框

"搜索"选项可以设定查找的范围是向上、向下还是全部，也可以根据查找结果选择"查找上一处""查找下一处"按钮手动调整目标定位，进行下一步操作。

5. 保存文档

保存文档有多种方式。

（1）可以按快捷组合键【Ctrl+S】，或单击快速访问工具栏里的"保存"按钮，或选择"文件"→"保存"命令保存文档。通常首次保存文档时会弹出"另存文件"界面，如图 1-10 所示，让用户选择保存的位置。

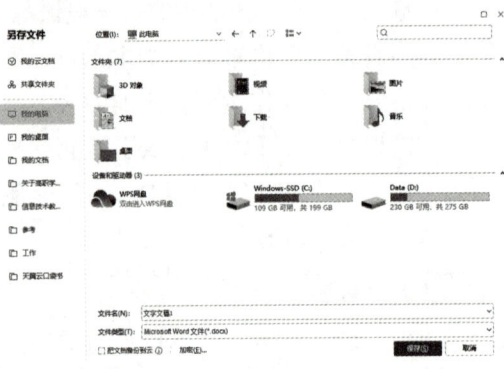

图 1-10 "另存文件"界面

（2）在"另存文件"界面左侧可以选择文件保存在云端还是本地磁盘，选定好保存路径后，在"文件类型"下拉列表中选择文档保存的类型，在"文件名"文本框中输入新建文档的文件名，单击"保存"按钮。

（3）选择"文件"→"关闭"命令也可对文档进行保存。关闭新建文档时，系统会提示用户是否保存该文件。

自动备份

为了防止意外情况发生时丢失对文档所做的编辑，WPS 文字提供定时自动备份文档的功能。点击"文件"→"备份与恢复"→"备份中心"→"本地备份设置"，在弹出的"本地备份设置"对话框中可以将文档的备份方式设置为"智能模式""定时备份""增量备份""关闭备份"，还可以设置本地备份存放的位置。通常选择"定时备份"，设置好时间即可，如图 1-11 所示。

图 1-11 本地备份设置

6. 编辑文档

(1) 打开文档。

打开一个或多个已存在的 WPS 文字文档还有以下几种快捷方法：

① 在资源管理器中双击带有软件图标的文档。

② 按快捷组合键【Ctrl+O】，在打开的窗口中选择要打开的文档。

③ 单击"文件"→"打开"按钮，在窗口中选择文件类型和文件所在位置，点击"打开"。"打开文件"窗口如图1-12所示。

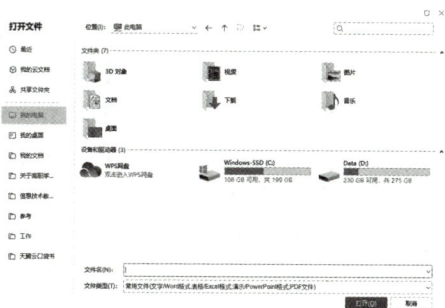

图1-12 "打开文件"窗口

(2) 字体设置。

文档编辑时，需要先选中待编辑的内容。单击功能区字体功能组按钮，依次进行设置。

① 设置标题字体：黑体、三号、加粗。

② 设置署名：黑体、五号、加粗。

③ 摘要：黑体、小四号、加粗。

④ 关键词：宋体、五号、加粗。

⑤ 正文：宋体、五号。

⑥ 一级标题：黑体、小四号、加粗。

⑦ 二级标题：黑体、五号、加粗。

功能区字体功能组按钮如图1-13所示。

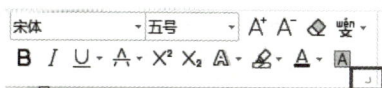

图1-13 字体功能组按钮

也可按功能组按钮下方的 ↘ 按钮打开"字体"对话框，设置字体、字形、字号、字体颜色、加粗、斜体、下画线、文字效果等，如图1-14所示。

编辑文档

1. 快速打开和管理最近使用过的文档

选择"文件"→"打开"→"最近使用"，即可以在罗列的最近使用的文档中进行选择。要管理"最近使用"的文档，在文件名后点击 ↗ ✕ ⟶ 按钮，可以分别对文件进行"分享""删除""固定在列表"操作。如要清除多条最近文件历史记录，可使用 WPS 文字打开文档，点击"文件"→"更多历史记录"，选择文件后，点击"清除记录"即可。

2. 文本选定

在编辑工作区中选中待编辑的文字有以下两种方法。

方法一：用鼠标选定。

(1) 选定任意长度的文本：把光标移到要选定的文本内容的起始处，然后按住鼠标左键进行拖动，直到选定文本内容的结束处放开鼠标左键。

(2) 选定某一范围的文本：把插入点放到要选定的文本之前，然后按住【Shift】键不放，把鼠标指针移到要选定的文本末尾，再单击鼠标左键，此时将选定插入点到鼠标光标之间的所有文本。

(3) 选定一个词：把光标移到要选定的文本内容中的任意一个位置，然后双击鼠标左键，即可选定光标所在的一个英文单词或一个词。

(4) 选定一行：使用鼠标单击此行左端的选定栏，即可选定该行。

(5) 选定一个段落：使用鼠标双击该段落左端的选定栏，或在该段落上任意位置处三击鼠标左键，即可选定一个段落。

图1-14 "字体"对话框

(3) 段落格式设置。

在编辑工作区中选中段落文字，单击"段落"按钮，在弹出的对话框中设置对齐方式、行距、特殊格式等，再按"确定"按钮，完成设置。

① 标题：2倍行距，居中对齐。

② 署名：1倍行距，居中对齐。

③ 摘要：1.5倍行距，居中对齐。

④ 一级标题：1.5倍行距，左对齐。

⑤ 正文：1倍行距，左对齐，首行缩进2字符。

⑥ 二级标题：1.25倍行距，左对齐，首行缩进2字符。

弹出的"段落"对话框如图1-15所示。

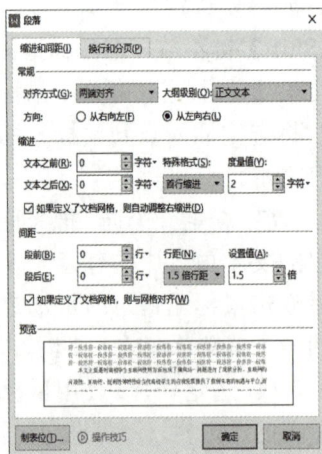

图1-15 "段落"对话框

(4) 拼写检查。

拼写检查功能只限用于英文的拼写检查。

(6) 选定整个文档：使用鼠标三击任一行左端的选定栏，或按住【Ctrl】键的同时单击选定栏，即可选定整个文档。

(7) 选定不连续区域的文本：先选定第一个文本区域，按住【Ctrl】键，再选定其他文本区域。

(8) 选定矩形块文本：把鼠标指针放到要选定文本的一角，然后按住【Alt】键和鼠标左键，拖动鼠标指针到文本块的对角，即可选定矩形块文本。

方法二：用键盘选定。

(1) 按快捷组合键【Shift+End】可以选定插入光标右边的一行文本。

(2) 按快捷组合键【Shift+Home】可以选定插入光标左边的本行文本。

(3) 按快捷组合键【Ctrl+A】可以选定整个文档。

3. 段落设置

段落的设置让整个文档的排版显得更加美观。

(1) 段落对齐方式。

① 左对齐：文本或对象以左边线为基准向右排开。

② 右对齐：文本或对象以右边线为基准向左排开。

③ 居中对齐：文本或对象以中心线为基准向两边排开。

④ 两端对齐：文本或对象以左、对应的右边线为基准分散排开。

⑤ 分散对齐：在文字左右两端同时进行对齐，并根据需要增加字间距。

注意：两端对齐对于不是满行的文本没有效果，其与左对齐效果相同，而只有满行时才显示两端对齐效果。

(2) 段落缩进方式。

① 首行缩进：将段落的第一行从左向右缩进一定的距离，而其他各行缩进内容保持不变。通常设置为将首行缩进两个字符的距离。

在"审阅"菜单的功能区里找到"拼写检查",在它的下拉列表里有"拼写检查""英文语法检查""设置拼写检查语言"三个选项。"拼写检查"会定位拼写有疑问的位置,可在"更改为"文本框里输入需要修改的信息,并点击"更改""全部更改""忽略""全部忽略"等进行相应操作,如图1-16所示。

图1-16 "拼写检查"对话框

② 悬挂缩进:这个方法恰好与首行缩进相反,首行文本不加改变,而除首行以外的文本向右缩进一定的距离。

③ 文本之前:在选定文本的前面偏离指定的距离。

④ 文本之后:在选定文本的后面偏离指定的距离。

(3) 段落间距和行距。

"段前"可以设置段落前面的间距,"段后"可以设置段落后面的间距。"行距"是两行之间的距离。

4. 格式刷

编辑文档的过程中,可以使用格式刷功能快速、多次复制已有格式。选中设置好格式的文字,单击格式刷工具，拖动鼠标,选中待设置同样格式的文字,即可将选中的格式复制到该位置。

7. 页面布局和打印

文档打印前需进行页面布局,再通过打印预览检查是否符合要求,否则需进一步修改。确认无误后选择"文件"→"打印"命令,完成打印机的选择、单双面、打印份数等信息的设置,最后点击"确定"按钮进行打印。"打印"对话框如图1-17所示。

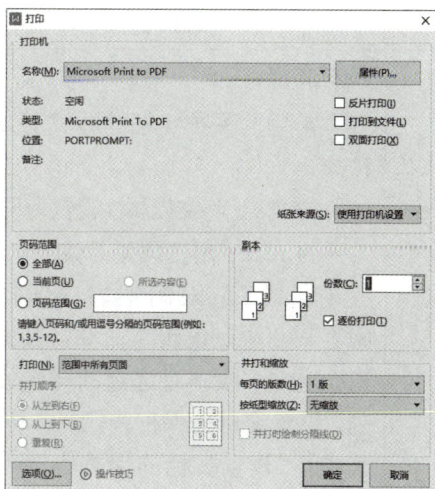

图1-17 "打印"对话框

页面布局

页面设置可以改变页面的大小和工作区域,除了传统页面设置的功能(页边距、纸张、版式、文档网格等)设置外,WPS文字更提供了分隔符、分栏、行号、背景、页面边框、文字环绕等操作,为文档的丰富制作提供了更强的可操作性。

其中,页边距是页面边缘到工作区的距离;纸张的大小规格,可以自定义大小,也提供了规范的样式,最常见的是A4规格的纸张;版式提供了页眉和页脚;文档网络提供了排列方式、文字之间的间距及行距等参数。

8. 输出为 PDF 格式

　　选择"文件"→"输出为 PDF"命令，在弹出的对话框内选择要输出的文件、输出的选项和保存的位置。"输出为 PDF"对话框如图 1-18 所示。

图 1-18　"输出为 PDF"对话框

PDF 文件

　　PDF 是 Portable Document Format 的简称，是由 Adobe Systems 用于与应用程序、操作系统、硬件无关的方式进行文件交换所发展出的文件格式。PDF 文件以 PostScript 语言图像模型为基础，无论在哪种打印机上都可以保证精确的颜色和准确的打印效果。PDF 文件是固定版式的文档格式，可以保留文档格式并支持文件共享。进行联机查看或打印文档时，文档可以完全保持预期的格式，且文档中的数据不会轻易被更改。

9. 关闭文档

　　可点击当前窗口的关闭按钮关闭文档，也可选择"文件"→"退出"命令关闭文档。

1.2.5　能力拓展

　　为了防止其他人对文档进行修改，可以对文档进行加密，具体操作如下。

操作步骤	知识链接
(1) 打开需要加密的文件。 　　(2) 选择"文件"→"文档加密"命令，可以看到有"文档权限""密码加密""属性"三个选项。可以打开私密文档保护，指定特定人才能查看和编辑文档。"文档权限"对话框如图 1-19 所示。	**保护文档** 　　常用的保护文档的方式有以下五种。 　　方式一：将文档属性设置为只读。 　　方式二：用密码进行加密。 　　方式三：限制编辑。选择"审阅"→"限制编辑"命令，其提供了三个选项：限制对选定的样式设置限制、设置文档的保护方式、启动保护。其中，"设置文档的保护方式"可进一步进行设置，如图 1-21 所示。

图 1-19　"文档权限"对话框

也可以对文档的打开、修改分别设置密码，输入正确的密码才能进行相应的操作。"密码加密"对话框如图 1-20 所示。

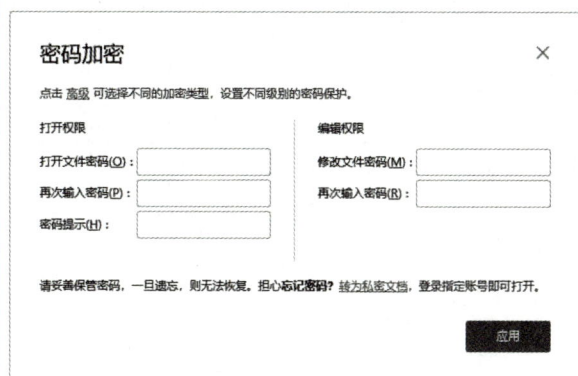

图 1-20　"密码加密"对话框

图 1-21　"限制编辑"对话框

方式四：按人员限制权限，即按系统用户账户限制文档权限。

方式五：添加水印或数字签名。

1.2.6　任务考评

任务 1 【编辑调研报告】考评记录

学生姓名		班级		考评日期	
实训地点		学号		任务评分	
考核点	考核内容与目标			标准分值	得分
创建文档	利用任意一种方法创建文档并正确保存			10	
输入文本	根据样文完成内容输入，掌握输入法切换方法			10	
保存文档	将文档正确保存命名			5	
编辑文档	按样文完成报告的编辑，掌握调研报告写作结构和要求			25	
打印文档	掌握文档页面设置、打印预览和打印操作			10	
输出文档	掌握输出为PDF格式的方法			10	
保护文档	掌握文档加密方法			10	
职业素养	实训管理：整理、整顿、清扫、清洁、素养、安全等			5	
	团队精神：沟通、协作、互助、主动			5	
	工单和笔记：清晰、完整、准确、规范			5	
	学习反思：技能点表达、反思改进等			5	
学生反馈					
教师评语					

小　结

本节主要介绍了用 WPS 文字编辑调研报告的方法，学生需要重点掌握文件的常用操作（新建、打开、保存、关闭）、文本的录入、字体的设置、段落的设置、文件的保密、发布为 PDF 文件的方法。

课后习题

一、填空题

1. 1989 年由（　　　　）公司正式推出 WPS1.0。

2. （　　　　）文件以 PostScript 语言图像模型为基础，无论在哪种打印机上都可以保证精确的颜色和准确的打印效果。

二、不定项选择题

1. WPS 文字的启动方法有（　　　）。

A. 从"开始"菜单中启动

B. 通过快捷图标启动

C. 通过已存在的文档启动

D. 通过其他应用程序启动

2. WPS 文字提供的视图包括（　　　）和 Web 版式视图。

A. 页面视图

B. 大纲视图

C. 阅读版式视图

D. 写作模式视图

3. 选定整个文档的快捷组合键是（　　　）。

A. Ctrl + Shift

B. Ctrl + Space

C. Shift + End

D. Ctrl + A

三、操作题

参照图 1-22 编辑"招聘启事"文档，具体要求如下：

(1) 新建文档，并参照图 1-22 录入文本。

(2) 将标题"招聘启事"设置为黑体、三号字、加粗，居中对齐。

(3) 将正文部分设置为宋体、四号字，首行缩进 2 字符，1.5 倍行距。

(4) 页面设置：纸张大小为 16 开，页边距上下各 2 厘米。

(5) 设置文件编辑密码为"word"。

(6) 保存文件名为 word1_1xt.doc，并发布为同名 PDF 文件。

招聘启事

招聘职位：平面设计师

职位要求：大专以上文化程度，设计类相关专业，具有一年以上美术或广告设计工作经验，能熟练操作 CorelDraw、Photoshop、PageMaker 等平面设计软件；具备良好的艺术审美能力，有自己独特的设计风格、设计见解和创意观点；具有良好的沟通能力及团队合作精神，服务态度好，能吃苦耐劳，工作认真负责。

工资薪酬：面议

联系地址：高新技术产业园 E2 组团

联系人：杨先生

联系电话：88888888

无限设计空间，释放精彩人生！

图 1-22 招聘启事样图

1.3 【任务2】编辑产品说明书

1.3.1 任务描述

任务场景	小蔡实习的单位需要制作一份产品说明书，要求图文并茂，条理清晰。
任务要求	分析上面的工作情境，我们需要完成任务：编辑产品说明书。
知识准备	**1. 概念与特点** 产品说明书是指以文本的方式对某产品进行相对的详细表述，使人认识、了解到某产品。其基本特点有真实性、科学性、条理性、通俗性和实用性。 产品说明书是一种常见的说明文，是生产者向消费者全面、明确地介绍产品名称、用途、性质、性能、原理、构造、规格、使用方法、保养维护、注意事项等内容而写的准确、简明的文字材料。 **2. 产品说明书的类型** 产品说明书应用广泛，类型多种多样，按不同的分类标准可分类如下： (1) 按对象、行业的不同，可分为工业产品说明书、农产品说明书、金融产品说明书、保险产品说明书等。 (2) 按形式的不同，可分为条款（条文）式产品说明书、图表式产品说明书、条款（条文）和图表结合说明书、网上购物产品说明书、音像型产品说明书、口述产品说明书等。 (3) 按内容，可分为详细产品说明书、简要产品说明书等。 (4) 按语种，可分为中文产品说明书、外文产品说明书、中外文对照产品说明书等。 (5) 按说明书性质的不同，可分为特殊产品说明书、一般产品说明书等。 **3. 产品说明书的写作方法** 产品说明书的结构通常由标题、正文和落款三个部分构成。正文是产品说明书的主题、核心部分。

说明书的标题通常由产品名称或说明对象加上文种构成，一般放在说明书第一行，要注重视觉效果，可以有不同的形体设计。

正文是产品说明书的主体部分，是介绍产品特征、性能、使用方法、保养维护、注意事项等内容的核心所在。常见主体有以下内容：概述、指标、结构、特点、方法、配套、事项、保养、责任等。

落款即写明生产者、经销单位的名称、地址、电话、邮政编码、E-mail等内容，为消费者进行必要的联系提供方便。

1.3.2　任务分析

任务技术分析	在本次任务中，需要掌握以下技能： (1) 文档的基本操作：新建、打开、保存、关闭等。 (2) 图文混排：艺术字、图片、文本框、形状等的插入和编辑。 (3) 常见的格式设置：首字下沉、页面设置。
任务职业 素养分析	认真负责、仔细严谨的作风，信息检索的能力，具备一定的美学感知力；熟悉操作界面、牢记操作步骤、检查文档内容。

1.3.3　示例演示

完成"××品牌智能音箱产品说明书"的编辑，具体步骤如下：

(1) 插入艺术字。结合产品特点和艺术字样式，使标题更直观精美。

(2) 插入形状。将说明的内容通过形状展示出来，更加美观有条理。

(3) 插入图片。适当对图片进行编辑，使图片和其他元素布局协调。

(4) 编辑文本。对文本内容进行字体、段落设置，首字下沉。

(5) 插入文本框。文本框可以将文本或图形移动到页面的任意位置，进一步增强图文混排的感染力。

最终效果如图 1-23 所示。

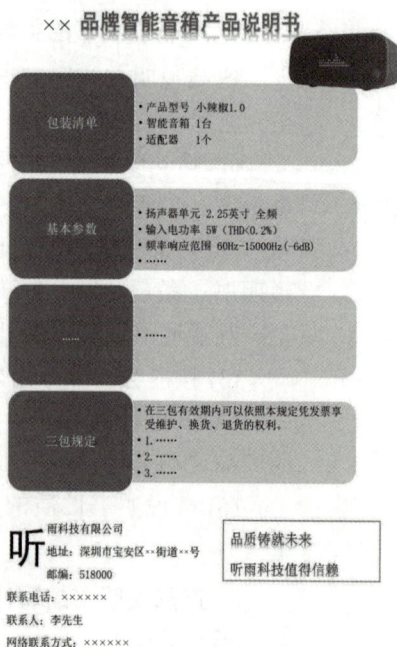

图1-23　产品说明书样图

1.3.4 任务实现

操作步骤	知识链接
1. 新建文档 启动 WPS Office 程序，创建一个空白文档。	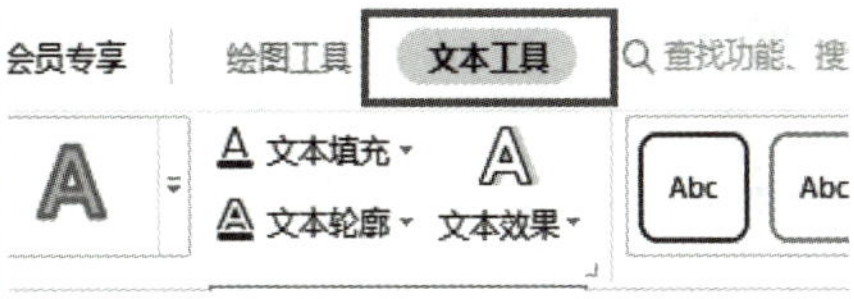 **艺术字** 艺术字结合了文本和图形的特点，使文本具有了图形的某些属性，除了字体属性外，还可以设置阴影、倒影、发光、三维旋转、转换等效果，使文本更吸引人。
2. 插入艺术字 选择"插入"→"艺术字"→"预设样式"命令，选择"渐变填充 - 钢蓝"。插入艺术字功能区界面如图 1-24 所示。  图 1-24 插入艺术字功能区界面 在文本框内输入文字，再选中文字，在"文本工具"内设置字体为黑体、二号、加粗，完成后将艺术字居中，效果如图 1-25 所示。  ××品牌智能音箱产品说明书 图 1-25 艺术字效果图	选中艺术字文本后，在功能区会激活"文本工具"菜单，在菜单内有多个功能按钮可对艺术字的效果进行设置。艺术字"文本工具"窗口如图 1-26 所示。 图 1-26 艺术字"文本工具"窗口
3. 插入形状 系统预设的形状有线条、矩形、基本形状、箭头总汇、公式总汇、流程图、星与旗帜、标注等，用户可以根据需要选择形状插入并编辑。 为了让说明书的内容分类更直观，该任务选择插入"智能图形"中的"列表"→"垂直块列表"。"智能图形"对话框如图 1-27 所示。 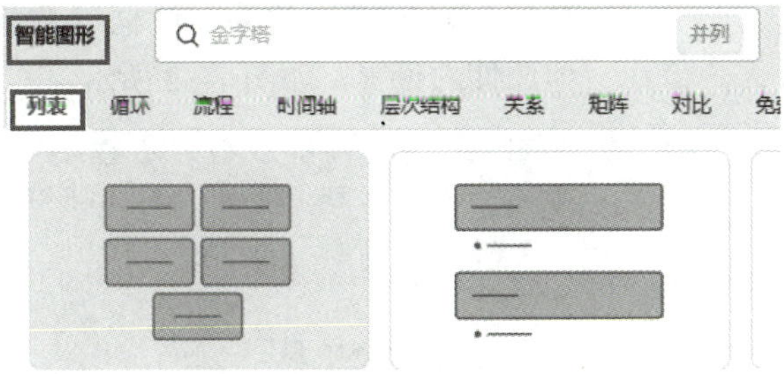 图 1-27 "智能图形"对话框	**形状、图片等的组合和取消** 可以组合形状、图片或其他对象。分组可以旋转、翻转、移动或同时调整所有形状或对象，就好像它们是一个单独的形状或对象；也可以一次更改所有组中的形状属性，可随时取消组合，然后重新组合它们。 (1) 按住【Ctrl】键的同时单击要组合的形状、图片或其他对象。 (2) 若要组合形状和其他对象，可在"绘图工具"功能区单击"组合"→"组合"。 若要组合图片，则可在"图片工具"功能区单击"组合"→"组合"。

插入图形后，可以对图形内的文字进行编辑，并设置一级标题字体为宋体、四号，二级标题字体为宋体、小四号。

图片工具的组合功能如图 1-28 所示，可以让对象旋转、组合、对齐、上移一层、下移一层。

图 1-28　图片工具的组合功能

4. 插入图片

选择"插入"→"图片"，打开"插入图片"对话框，如图 1-29 所示，选择需要插入的图片的位置及图片名字。

图 1-29　"插入图片"对话框

选中素材图片，设置长度为 5 厘米，勾选锁定纵横比，单击"抠除背景"，选择"环绕"→"浮于文字上方"，将图片放置在标题和图形空白处，如图 1-30 所示。

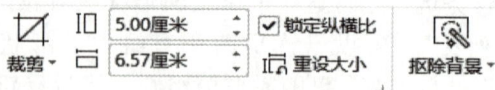

图 1-30　图片设置

稻壳图片

图片可以是本地图片、来自扫描仪、手机传图、资源夹图片，也可以通过稻壳图片搜索合适的图片。

图片工具常用设置

选中图片后可激活"图片工具"菜单，对图片进一步设置特性。

1. 图片大小设置

可以通过设置裁剪工具按比例、按形状直接改变图片大小；也可以通过设置图形的长度和宽度，勾选"锁定纵横比"保持图形的长宽比不变，如图 1-31 所示。

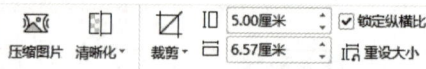

图 1-31　图片大小设置

通过压缩图片减小图片文件的大小，通过清晰化可以让"图片清晰化"、"文字增强"。

2. 图片效果编辑

抠除背景、设置透明色、色彩、亮度、对比度、效果、边框以及其他属性的设置，如图 1-32 所示。

图 1-32　图片效果设置

3. 多对象工具

可以对图片、图形等对象进行

旋转、组合、对齐、环绕、上下层移动设置，如图1-33所示。

图1-33 多对象设置

其中环绕包括嵌入型、四周型环绕、紧密型环绕、衬于文字下方、浮于文字上方、上下型环绕、穿越型环绕。

5. 文本编辑

参照图1-23录入公司联系信息。选中文本，设置字体为宋体小四号，段落为1.5倍行距。

选择"插入"→"首字下沉"，在"首字下沉"对话框内设置位置为下沉，字体为黑体，下沉行数为3，如图1-34所示。

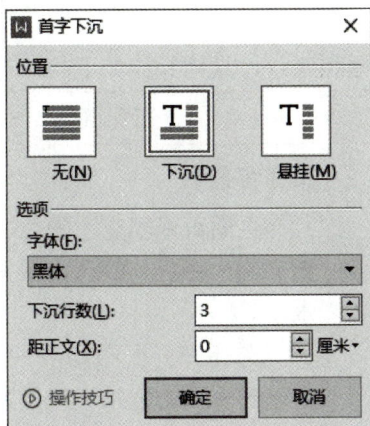

图1-34 首字下沉对话框

6. 插入文本框

在公司联系信息右侧空白处选择"插入"→"文本框"→"预设文本框"→"横向"，框内输入"品质铸就未来 听雨科技值得信赖"。

选中文本框内的文字，在"文本工具"栏中设置字体为宋体小三号，选择"预设样式"→"渐变填充-钢蓝"，选择"形状轮廓"→"主题颜色"→"矢车菊蓝，着色1"。文本框"文本工具"功能区显示如图1-35所示。

首字下沉

首字下沉就是文档的第一个字下沉，包括首字下沉的位置、首字下沉的字体、首字下沉的行数和首字与正文的距离。

文本框

文本框是指一种可移动、可调大小的文字或图形容器。使用文本框，可以在一页纸上放置数个文字块。文本框分横排和竖排两种格式，在横排文本框中可以按平常习惯从左到右输入文本内容；在竖排文本框中则可以按中国古代的书写顺序以从上到下、从右到左的方式输入文本内容。

图 1-35　文本框"文本工具"功能区显示

插入竖排文本框效果如图 1-36 所示，也可以单击表格工具下的格式，选择"文字方向"设置文本框中文字的方向。

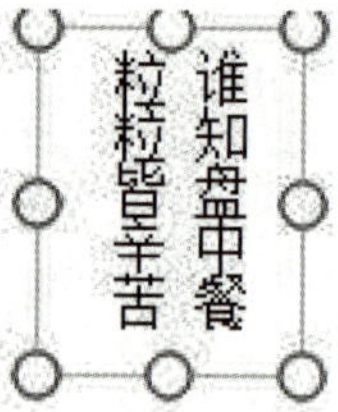

图 1-36　竖排文本框效果

选中文本框激活"文本工具"，可以对文本框的文本、边框、填充效果进行设置。拖动文本框外的控制柄也可以手动调整文本框的大小。

1.3.5　能力拓展

为了让说明书更精美，还可以设置文档的边框和底纹，具体操作如下：

操作步骤	知识链接
选择"页面布局"→"页面边框"→"边框和底纹"，在弹出的对话框中选择"页面边框"，可以设置线型、颜色、宽度、艺术型、应用范围，如图 1-37 所示。 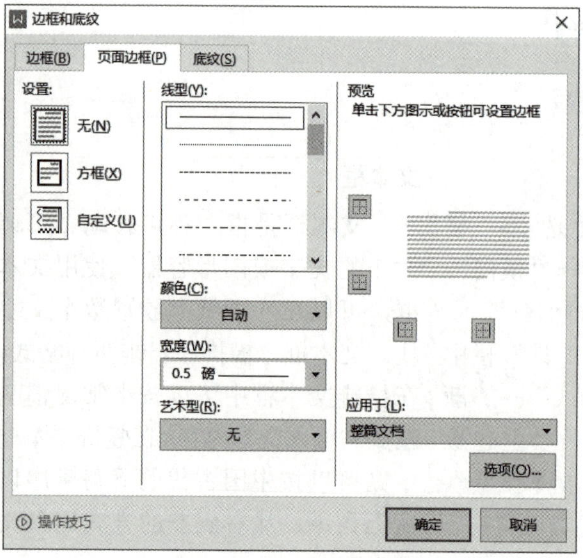 图 1-37　页面边框设置	**页面背景** 　　页面可以填充主题色、标准色、渐变色、颜色、纹理、图案、图片、水印等。 　　选择"页面布局"→"背景"可以对页面的背景进行设置。 **水印** 　　我们常常看到一些论文稿件的文字下面印着作者的名称或者 Logo 水印，在一些保密文件的正文页面底部可看到"机密""绝密"等字样，这些就是水印。 　　水印可以是图片水印也可以是文字水印，可以选择预设水印也可以自定义。添加水印常用的方法有两个。

选择"页面布局"→"页面边框"→"边框和底纹",在弹出的对话框中选择"底纹",可以设置填充颜色、图案的样式和颜色、应用的范围,如图1-38所示。

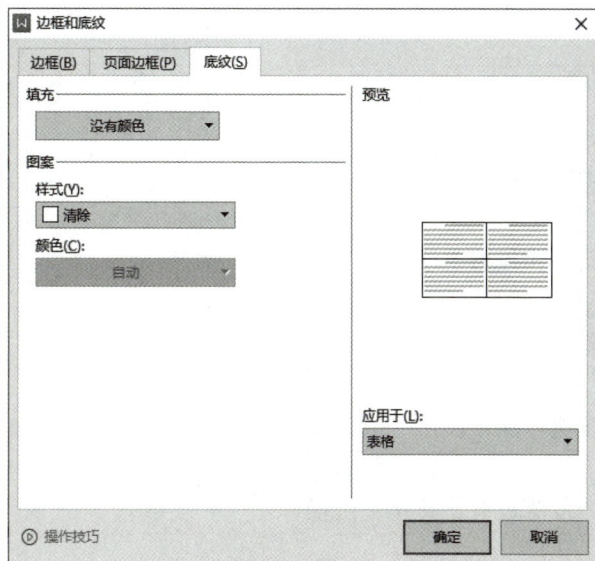

图1-38 页面底纹设置

(1) 选择"页面布局"→"背景"→"水印",可以添加水印和删除水印。

(2) 选择"插入"→"水印",点击 ⊖ 水印▼ 工具按钮。

1.3.6　任务考评

任务 2　【编辑产品说明书】考评记录

学生姓名		班级		任务评分	
实训地点		学号		日期	
序号	考核内容			标准分	得分
1	插入艺术字 掌握艺术字插入和设置方法			10	
2	插入形状 掌握形状智能图形插入和设置方法			15	
3	插入图片 掌握图片插入和设置方法			10	
4	插入文本框 掌握文本框插入和设置方法			15	
5	文本编辑 掌握文本字体设置、段落设置、首字下沉操作			10	
6	页面设置 掌握页面边框、底纹方法			10	
7	水印制作 掌握水印制作方法			10	
8	职业素养				
	实训管理：整理、整顿、清扫、清洁、素养、安全等			5	
	团队精神：沟通、协作、互助、主动			5	
	工单和笔记：清晰、完整、准确、规范			5	
	学习反思：技能点表达、反思改进等			5	
学生反馈					
教师评语					

小 结

本节主要介绍了用 WPS 文字编辑产品说明书的方法，学生需要重点掌握插入艺术字、形状、智能图形、图片、文本框、文本、水印的方法，以及其效果设置。

课后习题

一、填空题

1. 产品说明书按内容分类，可分为 (　　　) 产品说明书、(　　　) 产品说明书等。

2. 产品说明书通常由 (　　　)、(　　　)、(　　　) 三个部分构成。

二、不定项选择题

1. WPS 文字的文本框可以 (　　　)。

A. 将文本或图形移动到页面的任意位置

B. 通过"插入""文本框"实现

C. 调整大小

D. 设置页面布局

2. WPS 文字中艺术字可以设置 (　　　) 等效果。

A. 阴影

B. 倒影

C. 三维旋转

D. 转换

3. 插入图片，要让图形的长宽比不变，需要 (　　　)。

A. 勾选应用于段落

B. 勾选锁定纵横比

C. 按住【Ctrl】键，拖动鼠标

D. 按住【Alt】键，拖动鼠标

三、操作题

参照图 1-39 编辑"开业海报"文档，具体要求如下。

(1) 新建文档。

(2) 插入艺术字，字体为华文行楷 100 磅加粗，预设样式为"渐变填充 - 金色，轮廓 - 着色 4"，文本效果选择"转换"→"倒 V 形"。

(3) 插入文本框，横向，形状无填充色，形状轮廓选择"标准色"→"红色"，形状效果选择"发光"→"巧克力黄，18 pt，着色 2"，添加文字，设置字体为微软雅黑二号。

(4) 插入形状"爆炸形 1"，填充为"黄色"，线条为"实线""橙色，着色 4"，文本填充为"红色"。

(5) 插入图片 word1_2xt 图片 .jpg，设置透明色，放置在图 1-39 所示位置。

(6) 设置页面背景为"渐变填充"→"红色 - 栗色渐变"。

(7) 插入文字水印"有礼相送"，设置字体为微软雅黑，字号为自动，颜色为"巧克力黄，着色 2"，透明度为 50%。

(8) 保存在指定位置。

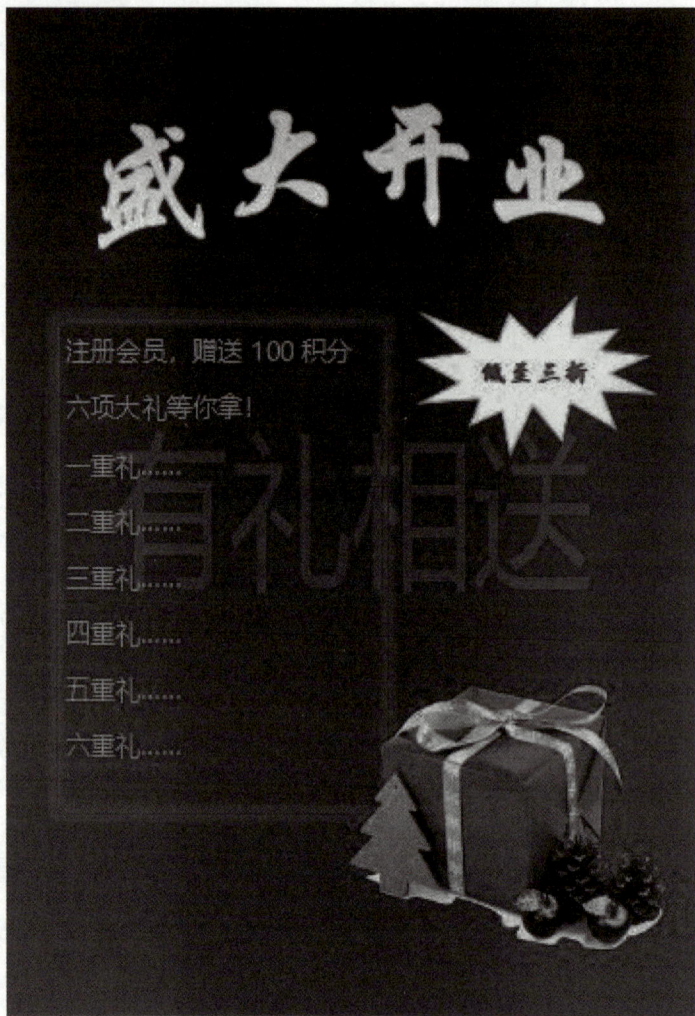

图 1-39　开业海报样图

1.4 【任务3】制作个人简历

1.4.1 任务描述

任务场景	小蔡准备向意向单位应聘，需要制作个人简历，要求重点突出，条理清晰。
任务要求	分析上面的工作情境，需要完成任务：制作个人简历。
知识准备	**1. 概念与特点** 个人简历是求职者向招聘单位发的一份简要介绍，包含自己的基本信息 (姓名、性别、年龄、民族、籍贯、政治面貌、学历、联系方式，以及自我评价、工作经历、学习经历、荣誉与成就、求职愿望、对这份工作的简要理解等)，以简洁重点为最佳标准。 一份良好的个人简历对于获得面试机会至关重要。 **2. 制作个人简历的核心原则** 1) 真实性 简历是给企业的第一张"名片"，不可以撒谎，更不可以掺假，但可以进行优化处理，即可以选择把强项进行突出，将弱势进行忽略。 2) 针对性 制作简历时可以事先结合职业规划确定自己的求职目标，做出有针对性的版本，根据不同企业需求递送简历，这样往往更容易得到人力资源工作人员的认可。 3) 价值性 把最有价值的内容放在简历中，通常简历的篇幅为 A4 纸版面 1～2 页，不宜过长。简历中尽量提供能够证明工作业绩的量化数据，最好还可以提供能够提高职业含金量的成功经历。 4) 条理性 将公司可能雇佣你的理由用过去的经历有条理地表达出来，最重点的信息有个人基本资料、工作经历 (职责和业绩)、教育与培训经历；次重要的信息有职业目标、核心技能、背景概述、语言与计算机能力以及奖励和荣誉信息。其他的信息可不作展示，也可对于最闪光的点点到即止，留到面试时再详细展开。

3. 制作个人简历的基本内容

标准的求职简历主要由四个基本内容组成。

(1) 基本情况：姓名、性别、出生日期、民族、婚姻状况、联系方式等。

(2) 教育背景：按时间顺序列出初中至最高学历的学校、专业和主要课程，所参加的各种专业知识和技能培训。

(3) 工作经历：按时间顺序列出参加工作所有的就业记录，包括公司（单位）名称、职务、就任及离任时间，应该突出所任每个职位的职责、工作性质等，此为求职简历的精髓部分。

(4) 其他：个人特长及爱好、其他技能、专业团体、著述、证明人等。

1.4.2　任务分析

任务技术分析	个人简历有多种表现形式，利用表格可以直观地对个人信息进行分类展示。本次任务选择以在文档中插入表格的方式完成简历，需要掌握的技能如下： (1) 文档的基本操作：新建、打开、保存、关闭等。 (2) 在文档内插入、绘制、删除表格。 (3) 表格常用操作：插入、复制、删除单元格、行或列，合并、拆分单元格。 (4) 表格格式设置：表格行高、列宽、边框、底纹格式、对齐方式设置。 (5) 其他格式设置：插入图片、添加项目符号等。
任务职业素养分析	信息分类整理能力，认真负责、仔细严谨的作风，熟悉操作界面、牢记操作步骤、检查文档内容。

1.4.3　示例演示

制作个人简历有两种方式，一种是利用在线模板文档，在联网状态下搜索相应模板，选中修改相应的一些内容就可以了；另一种是从一个空白文档开始自行设计。本次任务采用空白文档进行设计，步骤如下：

(1) 新建文档。

(2) 输入标题，插入表格。

(3) 表格结构调整操作：插入、复制、删除、合并插入单元格、行或列，合并、拆分单元格，设置行高、列宽。

(4) 表格格式设置：单元格对齐方式、边框、底纹、表格样式。

(5) 内容录入和设置：文本字体字号、对齐方式、项目符号和编号。

(6) 文档保存。

最终效果如图 1-40 所示。

个人简历

个人信息						
姓 名	黄小露	性 别	女	出生日期	1993. 10. 29	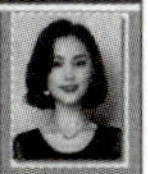
籍 贯	广东广州	民 族	汉	政治面貌	党员	
联系电话	13800138000		E-mail	123456@qq.com		
现所在地	广东省广州市白云区					
求职意向	财务管理类岗位				婚姻状况	否
身份证号码	400000008880000				邮政编码	510000

教育背景

起止日期	毕业学校	详细情况
2016.09-2020.06	广州大学/经济学院/财务管理/本科	毕业
2013.09-2016.07	广州培正附属中学	毕业
2007.09-2013.07	广州培正附属小学	毕业

工作经历

起止日期	单位名称	职位\职称
2020.07-2022.08	广东米奥兰特集团	区域财务专员

个人技能

✓ **语言能力** 通过大学英语 CET6、普通话二级甲等

✓ **专业技能** 会计从业资格证书、中级会计师和执业资格证

✓ **办公技能** 通过全国计算机等级考试（二级 C），熟练掌握办公软件等

自我评价

本人性格开朗、为人诚恳、乐观向上、兴趣广泛，有较强的组织能力和独立解决问题能力，四年的学生干部锻炼、二年的财务管理工作经验，让我拥有了丰富的财务管理经验、部门协调能力、主导工作能力，能够独当一面。

个人爱好

看书、听音乐、运动、电影

图 1-40 个人简历样图

1.4.4 任务实现

操作步骤	知识链接
1. 新建文档 启动 WPS Office 程序，新建空白文档，创建个人简历文档。 录入文字“个人简历”，字体为微软雅黑、小三号、加粗，居中对齐。	
2. 插入表格 选择“插入”→“表格”命令，弹出的对话框如图 1-41 所示，选择插入 8 行 7 列的一个表格。	**插入表格、绘制表格和选择表格** 插入表格是根据用户指定的行列数量生成指定大小表格。 绘制表格可以拖动鼠标在指定位置按用户需求生成任意大小的表格。

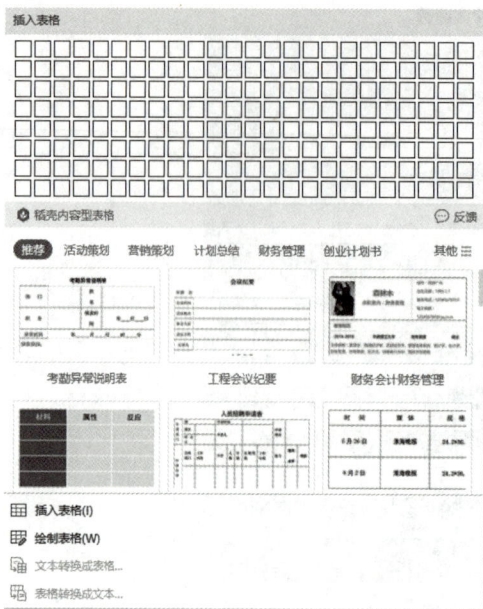

图 1-41 "插入表格"对话框

表格可以作为独立的对象复制、粘贴、删除、移动，点击表格的左上角，出现 ⊹ 提示，表示已经选中整个表格，可以根据需要进行复制、粘贴、移动、删除等后续操作。

3. 表格结构调整

(1) 选中第一行，点击鼠标右键，选择"合并单元格"。选中第四行二、三列，点击鼠标右键，选择"合并单元格"。根据图 1-40，将需要合并的位置进行合并。

(2) 在表格选中第一行，点击鼠标右键，选择"复制"，再选中表格最后一行，点击鼠标右键，选择"粘贴"，完成第一行的复制。

(3) 在表格中参照图 1-40 完成后续行的增加。

(4) 选中第 1 ～ 8 行，通过"表格工具"→"高度"，设置行高为 1.1 厘米。

完成表格结构的设置，效果如图 1-42 所示。

表格结构编辑

表格结构编辑包括插入或删除单元格、行或列，移动或复制单元格、行或列中的内容等操作。

1. 选定操作对象

1) 用鼠标选定

将鼠标指针移动到指定单元格左侧，当光标变成 ➚ 时单击，则可选中指定单元格。将鼠标指针移动到表格指定行最左边，当光标变成 ⬁ 时单击，则可选中一行。将鼠标移动到该列上方，当光标变成 ↓ 时单击，则可选中该列。按住鼠标拖动可以选定多个行列。

2) 用表格工具选定

将光标移到选定表格的位置，在"表格工具"功能区的最右侧找到"选择"命令，弹出的子菜单如图 1-43 所示，可根据需要进行选择。

图 1-42   个人简历表格结构图

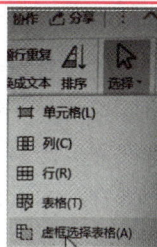
图 1-43 "选择"子菜单

2. 插入操作

将光标移到表格待插入位置，选择"表格工具"中插入工具组的按钮来实现。插入工具组如图 1-44 所示。

图 1-44   插入工具组

3. 删除操作

选中要删除的表格选项，选择"表格工具"→"删除"，在弹出的下拉菜单里选择删除单元格、行、列、表格。

还有一种方法是可以通过选中要删除的表格选项，点击鼠标右键，在弹出的快捷菜单中选择"删除"，再在弹出的下拉菜单里选择对应的内容。

4. 调整表格的列宽和行高

表格的列宽和行高可以手动指定高度和宽度，也可以通过"自动调整"命令的下拉菜单选择，如图 1-45 所示。

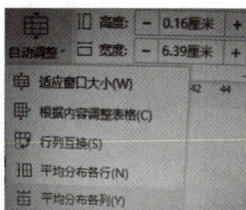

图 1-45   调整表格的列宽和行高

4. 表格的格式设置

表格的格式设置有两种方式，一种是手动设置表格的边框、底纹，另一种是套用已有的表格样式。其中，手动方式更灵活，套用方式更快捷，可以根据实际需要进行选择。本次任务是直接套用表格的样式。

选中表格任意单元格，"表格样式"栏就会被激活，勾选"首行填充""隔行填充"，在预设样式中选择"主题样式1- 着色1"，如图1-46所示。

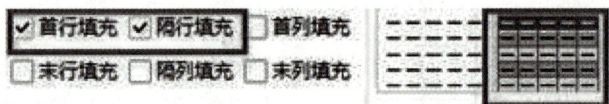

图 1-46　套用预设表格样式

表格的边框、底纹和斜线表头

选中表格任意单元格，在"表格样式"里可以手动设置表格的边框、底纹、绘制斜线表头，如图1-47所示。

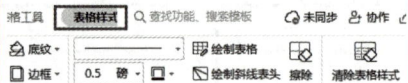

图 1-47　"表格样式"功能区

"边框和底纹"对话框如图1-48所示。

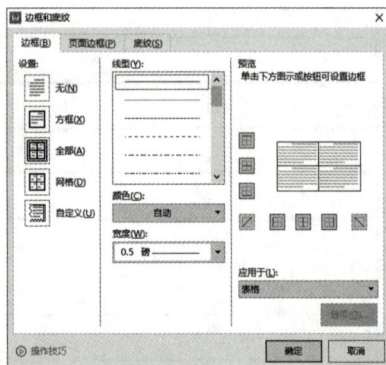

图 1-48　"边框和底纹"对话框

5. 文本录入和设置

(1) 参照图1-40完成文本的录入。

(2) 设置字体格式。

其中，第1、8、13、16、18、20行的字体为微软雅黑四号加粗，左对齐。

表格所列项的名称(如：姓名、性别、出生日期等文字)设置为宋体11磅加粗，对齐方式为水平居中。

表格所填的具体内容(如：黄小露，女、1993.10.29等文字)设置为宋体11磅，对齐方式为水平居中。

(3) 插入图片。在第2行第7列的位置选择"插入"→"图片"→"本地图片"，选择素材文件中的"word1_3 图片"。

(4) 添加项目符号。选中第17行内容，选择"开始"→"项目符号"→"选中标记项目符号"，操作界面如图1-49所示。

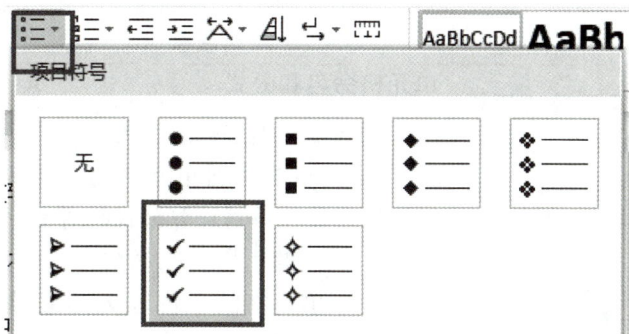

图1-49 "项目符号"下拉菜单

项目符号有三种选择方法：系统自带项目符号、在线稻壳项目符号、自定义项目符号。其中，"自定义项目符号列表"对话框如图1-50所示。

图1-50 "自定义项目符号列表"对话框

(5) 第17行中的部分文字参照图1-40加粗。

6. 保存文档

点击 🖫 按钮，或者选择"文件"→"保存"命令，保存当前文档。

移动或复制表格中的内容

(1) 用拖动的方法移动或复制单元格、行或列中的内容。

选定所要移动或复制的单元格、行或列，即选定了其中的内容。拖动选定的单元格到新的位置上，然后释放鼠标左键，即实现对单元格及其文本的移动操作。如果要复制单元格及文本，则在选定后，按住【Ctrl】键，再将其拖动到新的位置上。

(2) 用命令移动或复制单元格、行或列中的内容。

选定所要移动或复制的单元格、行或列，若要移动文本，可选择"开始"→"剪切"命令，或单击快速访问工具栏中的"剪切"按钮；若要复制文本，可选择"开始"→"复制"命令，或单击快速访问工具栏中的"复制"按钮。

(3) 用快捷键移动或复制单元格、行或列中的内容。

选定所要移动或复制的单元格、行或列，若要移动其中的文本，可按快捷组合键【Ctrl+X】；若要复制文本，可按快捷组合键【Ctrl+C】。将光标移到所要移动到或复制到的位置，按快捷组合键【Ctrl+V】，这时，就完成了所选文本移动或复制的操作。

1.4.5　能力拓展

WPS 文字的表格中常需要做一些简单的数据处理，可以通过常用的函数和单元格公式设置，具体操作如下：

操作步骤	知识链接
在"表格工具"里选择"快速计算""公式""排序""转换成文本"，分别可以对 WPS 文字表格中的数据进行不同的处理。该功能区如图 1-51 所示。 图 1-51　"表格工具"中数据处理功能区 (1) 选中需处理的数据，点击"快速计算"再选择"求和""平均值""最大值"或"最小值"，在单元格下方会自动出现结果。 (2) 选中需处理的数据，再点击"公式"，在弹出的对话框内输入相应公式和参数，就会自动出现公式计算结果。 (3) 选中表格，点击"表格工具"→"转换成文本"，会弹出如图 1-52 所示的对话框，根据情况选择文字分隔符。 图 1-52　"表格转换成文本"对话框	**单元格命名和公式** 　　对表格数据进行运算之前，需要先了解 WPS 文字对单元格的命名规则，以方便在编写计算公式时对单元格进行准确的引用。在 WPS 文字的表格中，单元格的命名与 WPS 表格中对单元格的命名规则相同，都是以"列编号＋行编号"的形式对单元格进行命名的，用英文字母"A、B、C、…"从左至右表示列，用数字"1、2、3、…"自上而下表示行，每一个单元格的名字由它所在的列和行的编号组合而成，如第 1 行 1 列用 A1 表示。 　　在 WPS 文字的表格中，可以通过输入带有加、减、乘、除 (+、-、*、/) 等运算符的公式进行简单计算，也可以使用 WPS 文字带的函数进行较为复杂的计算。表格中的计算都是以单元格或单元格区域为单位进行的，当参与运算的单元格数据发生变化时，应及时更新计算结果。

(4) 选中需处理的数据，点击"表格工具"→"排序"，会弹出如图1-53所示对话框，根据实际情况选择排序的主关键字、次关键字和升降序、列表。

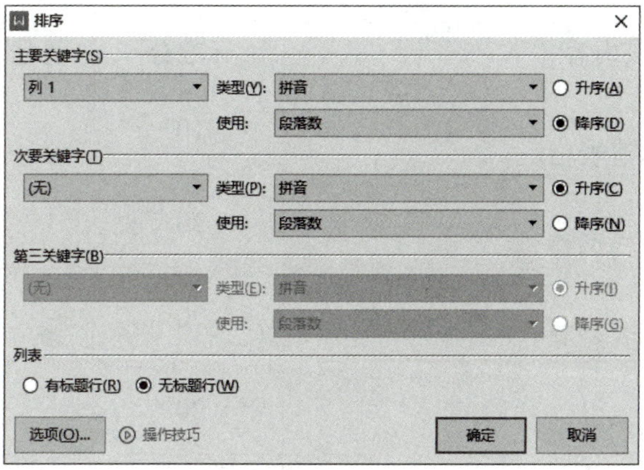

图1-53 "排序"对话框

1.4.6　任务考评

任务 3　【制作个人简历】考评记录

学生姓名		班级		任务评分	
实训地点		学号		日期	
序号	考核内容			标准分	得分
1	插入表格 利用任意一种方法创建表格			10	
2	表格结构调整 根据样文完成表格结构调整			20	
3	表格格式设置 根据样文完成表格格式设置			20	
4	文本录入和格式设置 按样文完成个人简历的编辑			20	
5	添加项目符号、插入图片 按样文完成项目符号、图片的添加			10	
6	职业素养				
	实训管理：整理、整顿、清扫、清洁、素养、安全等			5	
	团队精神：沟通、协作、互助、主动			5	
	工单和笔记：清晰、完整、准确、规范			5	
	学习反思：技能点表达、反思改进等			5	
学生反馈					
教师评语					

小　结

本节主要介绍了用 WPS 文字制作个人简历的方法，学生需要重点掌握文档插入表格的常用操作、表格结构的调整、表格样式的设置、对齐方式、数据的处理、文本和表格转换的方法。

课后习题

一、填空题

1. 个人简历的核心原则是 (　　　)、(　　　)、(　　　)、(　　　)。

2. 排序主要有 (　　　) 排列和 (　　　) 排列两种方式。

二、不定项选择题

1. WPS 文字中的表格，可以设置的对象主要是 (　　　)。

A. 表格　　　　　B. 单元格　　　C. 行　　　　　D. 列

2. WPS 文字中的表格"快速计算"时，可以快速得到 (　　　)。

A. 求和　　　　　B. 平均值　　　C. 最大值　　　D. 排序

3. WPS 文字中的表格的第 1 行第 2 列可表示为 (　　　)。

A. A1　　　　　　B. A2　　　　　C. B1　　　　　D. B2

三、操作题

参照图 1-54 编辑"×× 公司第二季度促销产品销售金额统计表"，具体要求如下。

(1) 新建文档，并保存在指定位置，文件名为"×× 公司第二季度促销产品销售金额统计表"。

(2) 字体设置要求：标题字体为宋体小三加粗，行列标题字体为宋体小四号加粗，内容字体为宋体小四。

(3) 对齐方式设置：标题为居中对齐，单位为右对齐，表格内容为水平居中。

(4) 边框底线设置：外边框为实线 2.25 磅、颜色为"矢车菊蓝 - 着色 1"，内边框为实线 0.5 磅、颜色为"矢车菊蓝 - 着色 1"。

(5) 通过"快速计算"命令求出表格的合计。

××公司第二季度促销产品销售金额统计表

单位：万元

月份 商品名称	4 月	5 月	6 月	合计
台式计算机	142.5	250.28	166.02	558.8
移动硬盘	1	2.2	1.5	4.7
笔记本计算机	100.5	300.2	180.8	581.5
合计	244	552.68	348.32	1145

图 1-54　×× 公司第二季度促销产品销售金额统计表样图

1.5 【任务4】排版毕业论文

1.5.1　任务描述

任务场景	小蔡临近毕业已完成毕业成果撰写，需要根据学校论文格式要求，排版编辑好毕业论文。
任务要求	分析上面的工作情境，我们需要完成任务：排版毕业论文。
知识准备	**1. 论文内容及顺序** (1) 封面。部分论文封面后续页面要求有英文对照内容。 (2) 摘要、关键词。部分论文摘要后续页面要求有英文对照内容。 (3) 目录。通常为自动生成目录。 (4) 论文正文。 (5) 总结、致谢、参考文献等。 **2. 论文排版（以样文为例）** (1) 页面设置：通常设置纸型为A4，单栏纵向排列，上页边距2.5 cm，下页边距2.5 cm，左页边距3 cm，右页边距2 cm。 (2) 封面：通常包含标题、基本信息（论文选题、姓名、学号、专业方向、指导老师等）、论文日期。样文标题字体为宋体、初号、加粗，基本信息字体为黑体、小三号，日期字体为宋体、四号。 (3) 正文与摘要、关键词之间空一行，正文用宋体、五号，段落为首行缩进两字符，单倍行距；"摘要"两个字字体为宋体、二号、加粗，内容关键字字体为宋体、五号、加粗，全文单栏排版。关键词3～5个，用分号隔开，字体为宋体、五号，"关键词"三个字字体为宋体、五号、加粗。 (4) 表、图与上下正文之间空一行，位置居中，表头文字用黑体、小五号、居中对齐，表中文字用宋体、小五号；表图的位置与正文中文字描述接近。图题用黑体、小五号，在图正下方居中，图中文字用宋体、小五号。 (5) 使用国际标准单位。英文全部用Times New Roman字体。

3. 页眉页码

页眉文字为宋体、小五号、左对齐，页码为底部居中、样式为"第1页共 × 页"、宋体、小五号。

4. 论文标题

论文标题格式要求示例说明如表1-2所示。

表1-2 论文标题格式要求示例说明

标题级别	字体字号	段落格式	说明与举例
论文标题	宋体初号加粗	居中，段前一行	
一级标题	宋体二号加粗	顶格排，单独占一行，段后一行，单倍行距	阿拉伯数字后空格，如"1概述"
二级标题	宋体小四加粗	顶格排，单独占一行	如"1.1研究背景"
三级标题	宋体五号加粗	顶格排，单独占一行	如"1.1.1国内研究背景"
四级标题	宋体五号	首行缩进两个字符，右边空一个字符，接排正文	阿拉伯数字加括号，如"(1)"，允许用于无标题段落

5. 图表说明

图表格式要求示例说明如表1-3所示。

表1-3 图表格式要求示例说明

内容	字体字号	格式	说明与举例
图题	宋体小五号	排图下方，居中，单独占一行	图号按顺序编排，如"图1"
图注	宋体小五号	排图题下方，居中，接排	图注是对图片的注释和说明，格式为"图中标示序号—对应说明"，之间用分号分隔，以句号结束，如"1—×××；2—×××。"
表题	宋体小五号	排表上方，居中，可在斜杠后接排计量单位，组合单位需加括号	表号按顺序编排，如"表1"，或者按章节加序号的方法，如"表1-1"
表头	宋体小五号	各栏居中，计量单位格式同上	
图文/表文	宋体小五号	表文首行前空1个字符，段中可用标点符号，段后不用标点符号	

知识准备

6. 参考文献排版

参考文献字体均用宋体五号，序号用阿拉伯数字。引用文献应在文章中的引用处右上角加注序号。参考文献的注录格式如下：

(1) 期刊类：[序号]作者. 篇名[J]. 刊名，出版年份，卷号(期号)：起止页码.

(2) 专著类：[序号]作者. 书名[M]. 出版地：出版社，出版年份：起止页码.

(3) 报纸类：[序号]作者. 篇名[N]. 报纸名，出版日期(版次).

(4) 论文集：[序号]作者. 篇名[C]. 出版地：出版者，出版年份：起始页码.

(5) 学位论文：[序号]作者. 篇名[D]. 出版地：保存者，出版年份：起始页码.

(6) 研究报告：[序号]作者. 篇名[R]. 出版地：出版者，出版年份：起始页码.

(7) 电子资源：[序号]主要责任者. 题名：其他题名信息[OL]. 出版地：出版者，出版年：引文页码(更新或修改日期)[引用日期]. 获取和访问路径. 数字对象唯一标识符.

1.5.2　任务分析

任务技术分析	在本次任务中，需要掌握以下技能： (1) 页面设置：根据论文格式要求，完成页面的基本设置。 (2) 创建标题样式：论文中的一级标题、二级标题、三级标题样式设置。 (3) 正文编辑：多级列表自动编号设置。 (4) 插入分隔符。 (5) 插入页眉和页脚。 (6) 创建目录和更新目录。
任务职业 素养分析	认真负责、仔细严谨的作风，熟悉操作界面、牢记操作步骤、检查文档内容。

1.5.3　示例演示

学校对论文的排版格式有比较明确的要求和规范，同时也规定了页面设置和目录格式的要求。完成本次任务主要按以下步骤进行：

(1) 页面设置：版面大小、页边距。

(2) 标题样式：论文中的一级标题、二级标题、三级标题样式设置。

(3) 正文编辑：多级列表自动编号设置，图、表、字体、段落格式设置。

(4) 插入分隔符：分节符、分页符的使用。

(5) 插入页眉和页脚：页眉、页脚、页码设置。

(6) 创建目录和更新目录。

(7) 保存文档。

论文封面排版效果如图 1-55 所示。

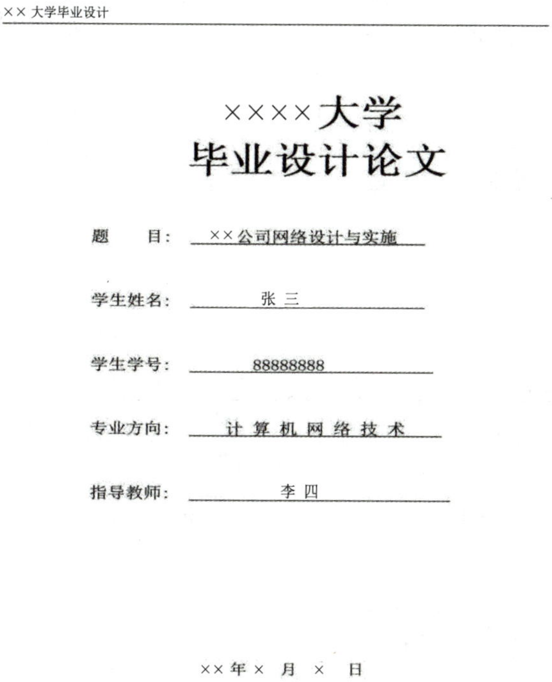
××大学毕业设计

××××大学
毕业设计论文

题　　目：××公司网络设计与实施

学生姓名：张 三

学生学号：88888888

专业方向：计 算 机 网 络 技 术

指导教师：李 四

××年×　月　×　日

图 1-55　论文封面样图

1.5.4　任务实现

操作步骤	知识链接
1. 打开文档 启动 WPS Office 程序，打开素材文件中的“毕业论文排版素材”文档。	**分栏** 分栏可以将整个文档或插入点之后的文本分成指定栏数。可以在“页面布局”菜单“分栏”功能的下拉菜单里选择要分栏的栏数，通过设置“宽度和间距”可以调整各栏的大小。如果勾选“分隔线”，则在各栏间会有一条分隔线出现。“分栏”对话框如图 1-58 所示。
2. 页面设置 (1) 在“页面布局”中选择功能区的“页边距”，上页边距设置为 2.5 cm，下页边距设置为 2.5 cm，左页边距设置为 3 cm，右页边距设置为 2 cm，如图 1-56 所示。	

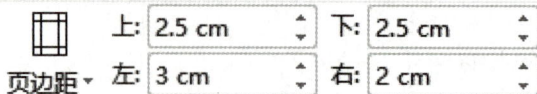

图1-56　页边距设置图

(2) 设置纸张方向为纵向，纸张大小为 A4，分栏为一栏，如图 1-57 所示。

图1-57　纸张设置功能区

图 1-58　"分栏"对话框

3. 新建标题样式

论文中的一级标题、二级标题、三级标题会在多处重复出现，为方便快速应用样式，采用创建标题样式的方法，创建各级标题样式；也可以基于"标题 1"创建一级标题样式，基于"标题 2"创建二级标题样式，基于"标题 3"创建三级标题样式。下面以创建一级标题样式为例，介绍标题样式的创建方法，具体参数为宋体、二号、加粗、段后间距 1 行、单倍行距。

(1) 在"开始"菜单里找到"样式"功能区，如图 1-59 所示。

图 1-59　"样式"功能区

(2) 在下拉列表里选择"新建样式"。

(3) 在"新建样式"对话框的"属性"区输入名称，为区分标题级别，将样式名称命名为"样式 1"。在"格式"区将字体设置为宋体、二号、加粗；再点击"格式"下拉列表的"段落"，将其设置为段后一行，单倍行距，如图 1-60 所示。

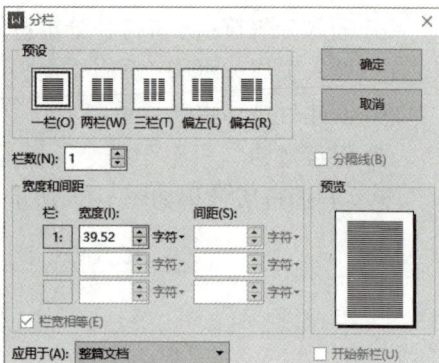

修改标题样式

系统自带了很多预设样式，可以在文档右侧的"任务窗格"中点击"样式"，在"样式和格式"任务栏中选择需要修改的样式名称，再点击样式名称右侧下拉菜单里的"修改"，如图 1-61 所示。

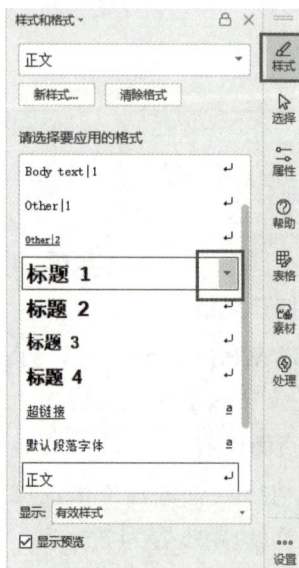

图 1-61　"样式和格式"任务栏

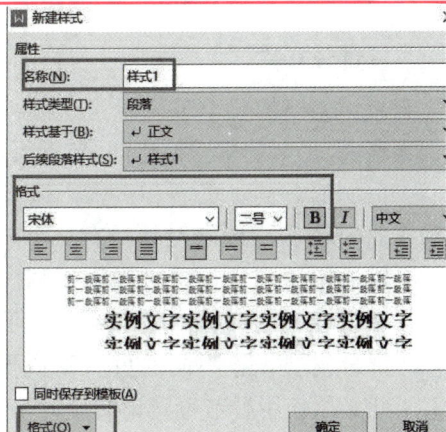

图1-60 "新建样式"对话框

(4) 依次设置二级标题样式名称为"样式2"，字体为宋体、小四、加粗；三级标题样式名称为"样式3"，字体为宋体、五号、加粗。

(5) 选中要设置一级标题的文本，点击样式按钮中的"样式1"，完成格式设置自动套用。二级标题和三级标题依照此操作完成。

4. 正文编辑

(1) 点击"开始"，设置"正文"样式为宋体、五号、首行缩进两个字符、单倍行距。选中正文，点击"样式"中的"正文"。

(2) 自动编号。选中"1.1 课题背景"的第2～5自然段，点击"开始"中的"编号"，弹出"编号和项目符号"对话框，从列表框中选择合适的编号样式或项目符号。

(3) 插入表格。找到素材文件中"毕业论文排版素材"文档里"3.3.2 IP子网设计"省略号的下方，输入表题"表3-1 IP子网设计表"，将其设置为居中对齐。点击"插入"→"表格"，选择三行四列表格居中对齐。

(4) 插入图片。找到素材文件中"毕业论文排版素材"文档里"3.3.3 IPv6网络设计"的"1.IPv6的优势"的下方，点击"插入"→"图片"→"本地图片"，选择素材文件里的"word1_5图片"，将该图片设置为居中对齐，环绕方式为上下型环绕。在图片下方，输入图题"图3-1 IPv4-IPv6"，文本居中对齐。

编号

编号是放在文本前的序号。合理使用编号，可以使文档的层次结构更清晰、更有条理。

在"开始"菜单中点击"编号"的下拉菜单，选择需要的编号样式，如果预设编号中没有，也可以选择"自定义编号"，如图1-62所示。

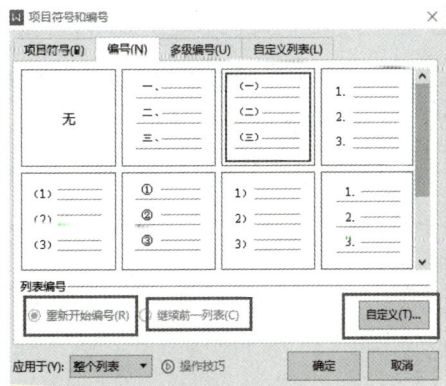

图1-62 "项目符号和编号"对话框

5. 分隔符

分节符、分页符的使用。

(1) 由于页码编号从正文第一页开始，页脚设置内容和前面不同，因此需要在素材文件"目录"后面插入分节符。选中需要插入的位置后，点击"页面布局"，选择"分隔符" ，在下拉菜单里选择"下一页分节符"。

(2) 封面、摘要、目录、正文的章节间都需要和后继内容分页，所以需要在对应的位置插入分页符。在"插入"菜单内选择 ，在下拉菜单里选择"分页符"。可以看到在"页面布局"中的"分隔符"里同样有"分页符"可以实现相同的功能。

设置分节符

文档的一个节表示一个连续的内容块，每节的格式都相同，包括页边距、页面的方向、页眉和页脚，以及页码的顺序等。Word 默认只有一个节，所以通常情况下设置页眉和页脚，每页都是相同的。在本任务中，由于不同部分需要设置不同的页眉和页脚，因此必须使用分节符将论文分为多个节，分别设置页眉和页脚。

根据分节需求的不同，有下一页分节符、连续分节符、偶数页分节符、奇数页分节符，分节符分别出现在下一页、插入位置、所有偶数页后、所有奇数页后。

6. 插入页眉和页脚

(1) 选择"插入"中的"页眉页脚" ，鼠标点击页眉内容框输入"××大学毕业设计"，字体为宋体小五号、左对齐。

(2) 鼠标点击页眉内容框，在"页眉页脚"中选择"页眉横线" ，选择实心横线。

(3) 鼠标点击第二节第一页位置的页脚内容框，再在"页码" 的下拉菜单里选择 ，在"页码"对话框中选择"样式"为"第 1 页共 × 页"，位置为"底端居中"，页码编号为"起始页码"，应用范围为"整篇文档"或者"本节"，最后点击"确定"按钮，如图 1-63 所示。

页眉、页脚、页码

文档中，一般称每个页面的顶部区域为页眉，用于显示文档的附加信息，可以插入时间、图形 (如公司徽标)、文档标题、文件名或作者姓名等。

页脚是文档中每个页面底部的区域，可以添加的内容同页眉。

页码是文档每一页面上标明次第的数目字，用以统计书籍的面数，便于读者检索。

"页眉 / 页脚设置"对话框如图 1-64 所示。勾选"首页不同"复选框，表示首页与本节的页眉页脚不同；勾选"奇偶页不同"复选框，表示奇偶页的页眉页脚不同；勾选"显示页眉横线"里的选项，可以决定页眉横线的位置；勾选"页眉 / 页脚同前节"里的选项，可以决定本节页眉 / 页脚与前一节页眉 / 页脚是否一样。

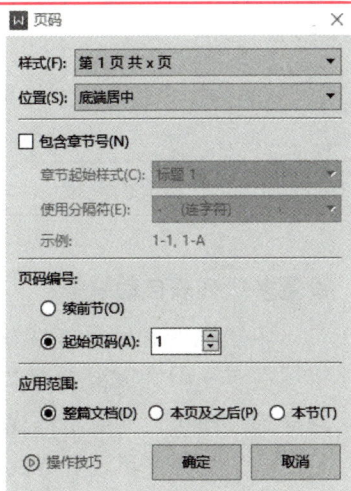
图1-63 "页码"对话框

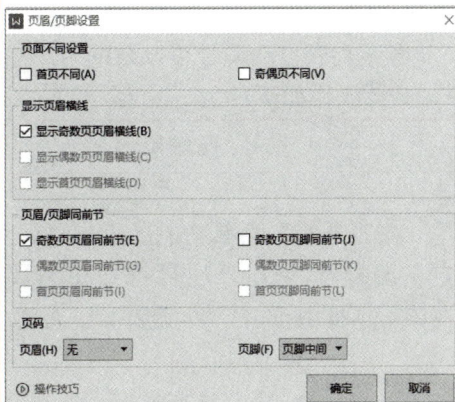
图1-64 "页眉/页脚设置"对话框

7. 创建目录

(1) 将插入点定位到需要插入目录的位置，单击"引用"选项卡，单击"目录"→"自定义目录"，弹出"目录"对话框。

(2) 在"目录"对话框中，设置"显示级别"为3，单击"确定"按钮，如图1-65所示。

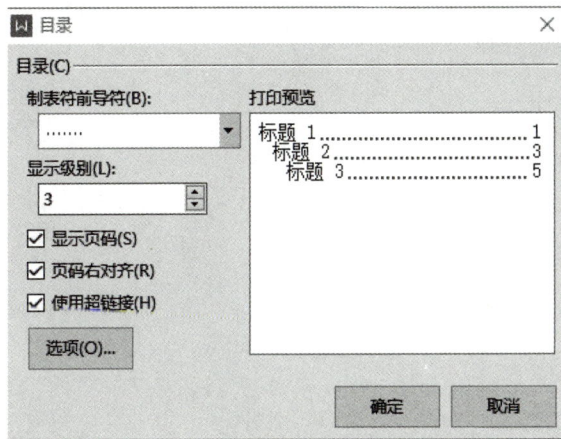
图1-65 "目录"对话框

(3) 选中生成的目录的所有内容，设置字体为宋体四号。若自动生成的目录行距太小，可以适当设置目录的行距。

(4) 当目录标题或者页码发生变化时，可在目录上单击鼠标右键，在快捷菜单中选择"更新域"，更新相应内容。

创建目录注意事项

在完成格式、章节符号、标题格式、页面等的设置后，就可以创建目录了。目录完全由WPS文字自动创建，不需要手工输入。

值得注意的是，目录默认使用系统预设的样式来生成目录级别，如果是新建的样式，则需要在"目录"对话框中点击"选项(O)…"，在弹出的"目录选项"对话框中确定"目录建自"的"样式"，需根据前期文档编辑时的样式的级别手动给出目录级别，如图1-66所示。

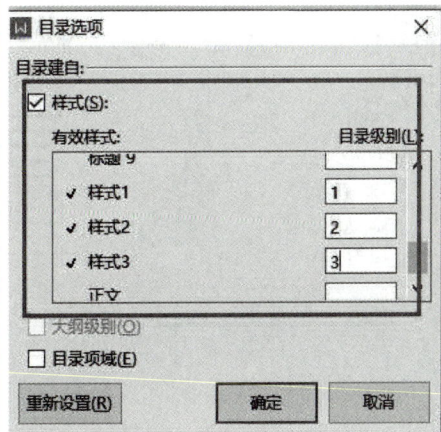
图1-66 "目录选项"对话框

1.5.5　能力拓展

多级列表自动编号可以帮助用户在确定标题级别的同时为用户编号，避免手工编号出错，具体操作如下：

操作步骤	知识链接
在"开始"菜单功能区点击"编号"→"自定义编号"，弹出"项目符号和编号"对话框，在该对话框中点击"多级编号"，如图1-67所示。 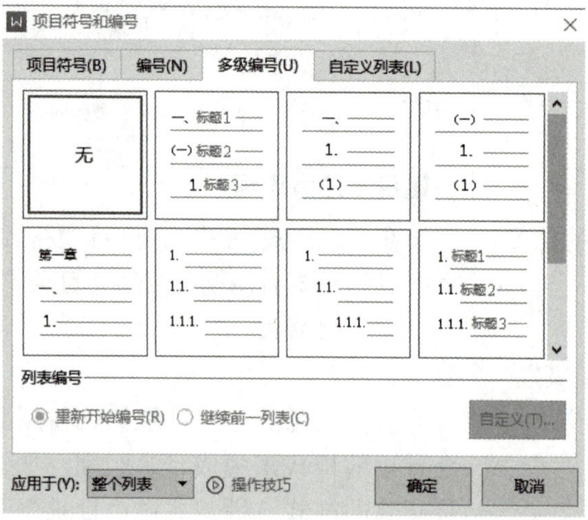 图1-67　"项目符号和编号"对话框 点击"自定义(T)…"按钮，弹出"自定义多级编号列表"对话框，进行"级别"为1的"编号格式""编号样式""起始编号""高级"的设置，如图1-68所示。 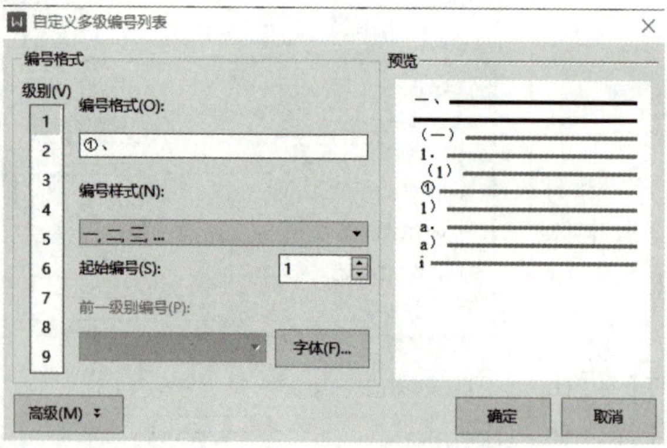 图1-68　"自定义多级编号列表"对话框	**设置多级列表自动编号** 各级标题和编号样式确定之后，可以在正文中选择相应内容，单击标题样式，即可自动应用样式和自动编号，这大大提高了设置样式和编号的效率。

1.5.6　任务考评

任务4　【排版毕业论文】考评记录

学生姓名		班级		任务评分	
实训地点		学号		日期	
序号	考核内容			标准分	得分
1	页面设置 根据论文格式要求，完成页面的基本设置			10	
2	创建标题样式 根据样文完成各级标题样式设置			15	
3	正文编辑 完成多级列表自动编号、图、表、字体、段落设置			15	
4	插入分隔符 按样文插入分节符、分页符			10	
5	插入页眉和页脚 掌握文档样文插入页眉和页脚、页码			15	
6	创建目录 按要求完成论文目录创建			15	
7	职业素养				
	实训管理：整理、整顿、清扫、清洁、素养、安全等			5	
	团队精神：沟通、协作、互助、主动			5	
	工单和笔记：清晰、完整、准确、规范			5	
	学习反思：技能点表达、反思改进等			5	
学生反馈					
教师评语					

小　结

本节主要介绍了用 WPS 文字排版毕业论文的方法，学生需要重点掌握文件的页面设置、创建标题样式、正文编辑、自动编号、插入分隔符、插入页眉和页脚、创建目录的方法。

课后习题

一、填空题

1. 在（　　　　）菜单里可以设置页边距、纸张方向、纸张大小等。

2. 插入（　　　　），插入点跳至下一页开始位置，实现分页。

二、不定项选择题

1. 下面关于分栏叙述正确的是（　　　　）。

A. 可分三栏　　　　　　　　B. 栏间距是固定不变的

C. 各栏的宽度必须相同　　　　D. 各栏的宽度必须不同

2. 若已建立了页眉页脚，要打开它可以双击（　　　　）。

A. 文本区　　　　　　　　　B. 页眉页脚区

C. 菜单区　　　　　　　　　D. 页面视图

3. 点击"更新目录"可以实现（　　　　）。

A. 只更新页码　　　　　　　B. 更新整个目录

C. 更新标题样式　　　　　　D. 更新编号

三、操作题

打开素材文件里的"毕业论文素材"文档完成排版，具体要求如下。

(1) A4 纸张，纵向单栏排版，页边距适中（上下各 2.54 cm，左右各 1.91 cm）。

(2) 封面"××××大学毕业设计论文"这几个字的字体设置为宋体小初加粗，封面其他内容的字体设置为宋体三号加粗、单倍行距；"摘要""关键词"设置为宋体四号加粗；正文设置为宋体小四号，首行缩进 2 字符，1.5 倍行距。

(3) "标题 1"样式为"左对齐，黑体四号加粗，间距为段前 1 行、段后 1 行，单倍行距"；"标题 2"样式为"左对齐，黑体小四号加粗，1.5 倍行距"；"标题 3"样式为"左对齐，黑体小四号加粗，首行缩进 2 字符，单倍行距"。

(4) 参照素材文件里的"毕业论文排版素材效果图"设置分隔符、页眉、页码。

(5) 参照素材文件里的"毕业论文排版素材效果图"位置插入自动生成的目录，其中"目录"两字的字体为宋体三号加粗；目录为 2 级目录，字体为宋体小四号。

(6) 按原文件名保存在指定位置。

1.6 【任务5】编制企业年终报告

1.6.1 任务描述

任务场景	年末来临，某公司需要编制一份企业年终报告，该报告需要协同办公室、财务处、市场部等多个部门共同完成。
任务要求	分析上面的工作情境，我们需要完成任务：多人协同编辑企业年终报告。
知识准备	企业的年终报告通常要涉及多个部门且篇幅较长，因此需要由多个部门或者多个人共同编写。协同工作是一个比较复杂的过程，WPS可以通过编辑云文档、批注、修订、审阅等操作完成多人协同编制报告。 WPS个人版协作编辑，最大支持50人同时编辑；WPS+企业版协作编辑，最大支持365人同时编辑。

1.6.2 任务分析

任务主要 技术分析	在本次任务中，需要掌握以下技能： (1) 通过云共享实现在线实时协同编辑文档。 (2) 审阅和修订。 (3) 创建文档批注。
任务职业 素养分析	主动沟通的态度，团队协作的精神，认真负责、仔细严谨的作风。

1.6.3 示例演示

要完成"多人协同编辑制作企业年终报告"的任务，我们选择通过云共享实现协同编辑工作，操作过程中可以按下列步骤完成：

(1) 明确企业年终报告的框架结构和项目分工。

(2) 报告负责人登录到WPS，创建主文档。通过"协作"→"使用金山文档在线编辑"或者直接通过"分享"，将企业年终报告主文档分享给各部门分项工作负责人，各用户登录到WPS云端文档，共同进行协作。

(3) 各部门负责人，通过"插入""审阅""页面""效率"，对云共享文件进行编辑并保存。

1.6.4 任务实现

操作步骤	知识链接
1. 明确本企业年终报告的框架结构和分工 　　生产经营情况、年度重点工作情况、人员培训情况、安全保卫工作四个部分，涉及财务处、办公室、人事处、安保部四个部门。报告由办公室负责审阅汇总定稿。	**WPS 云功能——分享** 　　普通的传输方式传输时间久，此时就可以使用 WPS 云功能——分享。它会将文件以链接方式发送给他人，减少因文件过大带来的传输时间；还可以设置好友编辑权限、链接有效期、自定义关闭文件的分享权限，大大提高文件传输的安全性。

2. 创建云文档

　　各部门明确责任人，登录到 WPS，点击文档右上角的"协作"按钮，然后点击"使用金山文档在线编辑"进入在线编辑界面，如图 1-69 所示。

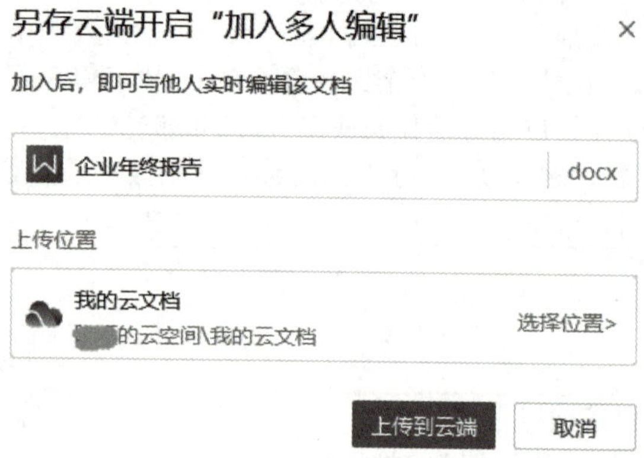

图1-69　使用金山文档在线编辑

　　上传的位置默认是登录用户的云文档，可点击"选择位置"→"共享"，创建共享文件夹，如图 1-70 所示。

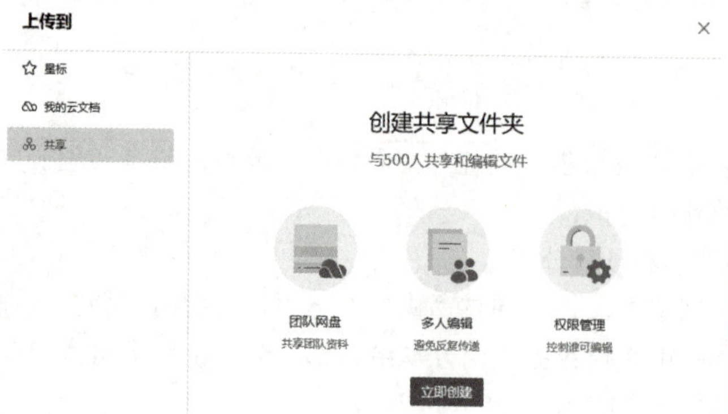

图1-70　创建共享文件夹

3. 协同编辑

进入金山在线文档后，在"审阅"菜单里可以对在线文档进行"评论""显示协作者颜色""修订""修订设置""开启限制编辑""文档加密保护""文档定稿"设置，如图1-71所示。

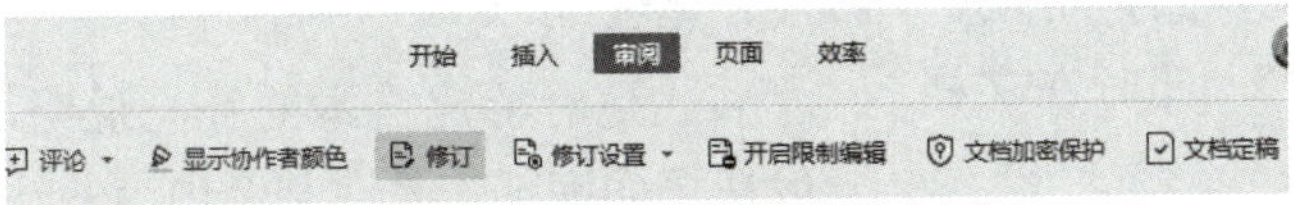

图1-71 "审阅"菜单

"效率"菜单里有"导出为PDF""导出为图片""智能格式整理""拼写检查""提出文字""论文查重""全文翻译""文档校对"等多个功能，帮助快速对文档进行处理。"效率"菜单按钮如图1-72所示。

图1-72 "效率"菜单按钮

4. 分享文档

完成编辑后，点击文档右上角的"分享"按钮，可将已编辑的文件分享给其他部门。在"分享"对话框中可以复制链接、设置分享的文档权限、确定分享的设置以及分享到的应用，如图1-73所示。

图1-73 "分享"对话框

修订和修订设置

点击"修订"可"开启修订"模式，任何修订行为都会在旁边的"修订框"里提示具体操作的用户、操作的时间和修订内容等信息，再次点击"修订"按钮，可以关闭修订。

在修订设置里可以设置"接受修订""拒绝修订""修订状态""修订框"。其中在"修订状态"中可以设置"显示标记的最终状态""最终状态""显示标记的原始状态""原始状态"。

在线编辑的功能按钮

在线编辑还有"举报""会议""历史版本""WPS打开"等功能按钮。其中，"举报"可举报不合法规的文件；"会议"可加载金山会议控件创建、加入视频会议；"历史版本"可查看曾经编辑的历史版本；在线编辑模式下点击"WPS打开"可退出在线编辑进入WPS常用界面。在线编辑功能按钮如图1-74所示。

图1-74 在线编辑功能按钮

1.6.5　能力拓展

除了使用金山文档在线编辑外，还可以各部门完成文档后共享文件，再通过批注、修订、审阅的功能，确定修改后的版本。批注的常见操作方法如下：

操作步骤	知识链接
（1）将鼠标光标移动至需要插入批注的地方，依次点击"审阅"→"插入批注"，此时在文档右侧会显示批注框。 （2）在批注框中输入需要批注的内容即可完成批注，如图1-75所示。 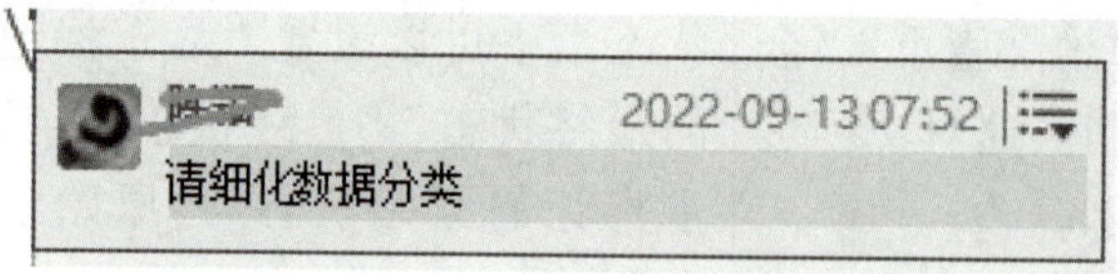 <div align="center">图1-75　批注框</div> （3）如果需要解答某个批注，则点击批注框右上方的"编辑批注"（见图1-76），然后点击"答复"并输入答复内容即可解答批注；如果此问题已经得到解决，则点击"解决"；如果想删除此批注，则点击"删除"。  <div align="center">图1-76　编辑批注</div> （4）在"插入批注"功能按钮，右侧有"上一条"和"下一条"功能按钮，可以方便对批注进行跳转。 （5）选中批注，即可激活功能区的"删除"按钮，点开其下拉菜单，可以选择"删除批注"和"删除文档中的所有批注"。	**脚注、尾注** 　　脚注是对特定文本的补充说明，一般在页面底部，是对某个内容的注释。而尾注也是对特定文本的补充说明，但通常在文本的末尾，用于引文的出处。 　　将光标定位在要插入脚注的位置，然后点击"引用"→"插入脚注"，此时脚注的标已出现在特定文本的右上角，并且在页面下方也添加出内容注释区域，选中脚注，点击鼠标右键，在弹出的菜单栏中选择"转换至尾注"即可将脚注一键转换成尾注。通过"上一条脚注""下一条脚注"，实现脚注的上下移动。可参照此方法处理尾注。 　　点击"引用"功能区的 ⌐（脚注和尾注）按钮，弹出"脚注和尾注"对话框，可对"位置""格式""应用更改"三个区域进行设置，如图1-77所示。 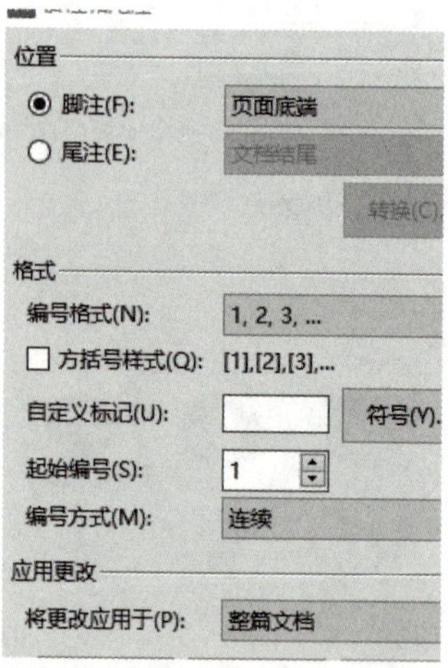 <div align="center">图1-77　"脚注和尾注"对话框</div>

1.6.6 任务考评

任务5 【编制企业年终报告】考评记录

学生姓名		班级		任务评分	
实训地点		学号		日期	
序号	考核内容			标准分	得分
1	文档框架确定和任务分工 根据协作文档的主题，确定框架结构和任务分工			20	
2	云端协作操作 根据文档主题收集相关数据和资料，完成云端协作编辑			20	
3	审阅和修订 根据文档的主题，进行审阅和修订			20	
4	插入批注 在需要讨论的位置添加批注			20	
5	职业素养				
	实训管理：整理、整顿、清扫、清洁、素养、安全等			5	
	团队精神：沟通、协作、互助、主动			5	
	工单和笔记：清晰、完整、准确、规范			5	
	学习反思：技能点表达、反思改进等			5	
学生反馈					
教师评语					

小　结

　　本节主要介绍了用 WPS 文字编辑企业年终报告的方法，学生需要重点掌握通过云共享实现在线实时协同编辑文档、创建文档批注、对文档进行审阅和修订的方法。

课后习题

一、填空题

1. WPS 个人版协作编辑，最大支持（　　　）人同时编辑。

2.（　　　）是对特定文本的补充说明，但通常在文本的末尾，用于引文的出处。

二、不定项选择题

1. 在"脚注和尾注"对话框中，共分为（　　　）设置区域。

A. 位置　　　　　　　　B. 格式

C. 应用更改　　　　　　D. 名称

2. 批注可以（　　　）。

A. 删除　　　　　　　　B. 插入

C. 复制　　　　　　　　D. 答复

3. 使用金山文档在线编辑，必须先（　　　）。

A. 用户登录　　　　　　B. 共享文件

C. 审阅　　　　　　　　D. 插入批注

三、操作题

　　班级按 4～6 人分组，每组共同编辑一份"班级行为规范"。要求分工合作，通过云共享实现在线实时协同编辑、创建文档批注、审阅和修订的操作。

第2章　电子表格处理

　　电子表格又称电子数据表，是一类模拟纸上计算表格的计算机程序。它会显示由许多行与列构成的网格，每个网格内可以存放数值、公式或文本。电子表格处理是信息化办公的重要组成部分，在数据分析和处理中发挥着重要的作用，广泛应用于财务、管理、统计、金融、工程等领域。

　　目前，主流的电子表格应用软件有金山办公 WPS Office 软件的电子表格与微软 Office 软件的 Excel，这两者在工具栏和某些功能按钮的设置上几乎一致，因此在操作上非常类似。本章主要介绍金山办公 WPS Office 软件中电子表格的操作过程。

学习目标

➤ 了解电子表格的应用场景，熟悉相关工具的功能和操作界面。

➤ 掌握新建、保存、打开和关闭工作簿，切换、插入、删除、重命名、移动、复制、冻结、显示及隐藏工作表等操作。

➤ 掌握单元格、行和列的相关操作，掌握使用控制句柄、设置数据有效性和设置单元格格式的方法。

➤ 掌握数据录入的技巧，如快速输入特殊数据、使用自定义序列填充单元格、快速填充和导入数据，掌握格式刷、边框、对齐等常用格式设置。

➤ 掌握图片、图形、艺术字等对象的插入、编辑及美化等操作。

➤ 熟悉工作簿的保护、撤销保护和共享，工作表的保护、撤销保护，工作表的背景、样式、主题设定。

➤ 理解单元格绝对地址、相对地址的概念和区别，掌握相对引用、绝对引用、混合引用及工作表外单元格的引用方法。

➤ 熟悉公式和函数的使用，掌握平均值、最大/最小值、求和、计数等常见函数的使用。

➤ 了解常见的图表类型及电子表格处理工具提供的图表类型，掌握利用表格数据制作常用图表的方法。

➤ 掌握自动筛选、自定义筛选、高级筛选、排序及分类汇总等操作。

➤ 理解数据透视表的概念，掌握数据透视表的创建、更新数据、添加和删除字段、查看明细数据等操作，能利用数据透视表创建数据透视图。

➤ 掌握页面布局、打印预览和打印操作的相关设置。

知识导图

电子表格处理知识导图如图 2-1 所示。

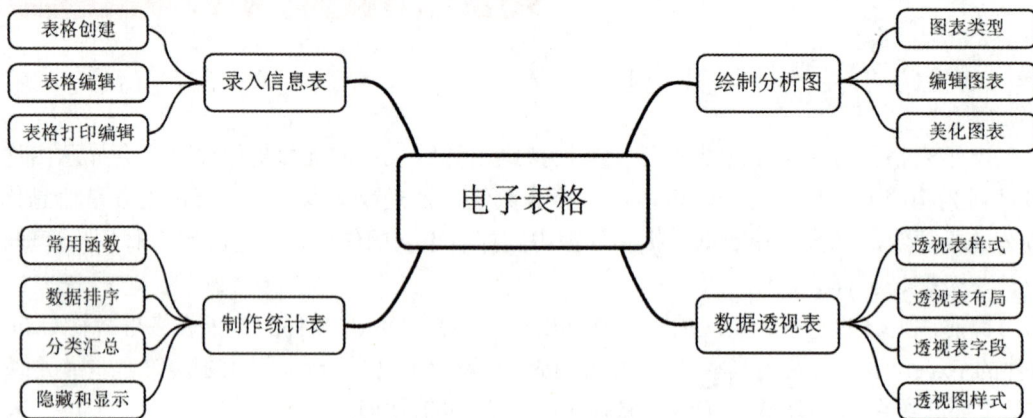

图 2-1　电子表格处理知识导图

2.1　WPS 表格简介

WPS 表格是由北京金山软件股份有限公司自主研发的 WPS Office 办公软件中的一个组件，分为个人版、专业版、移动版等多个版本，其中个人版对个人用户永久免费。WPS 表格主要用于创建和编辑电子表格，进行数据的复杂运算、分析和预测，完成各种统计图表的绘制，运用打印功能还可以将数据以各种统计报表和统计图的形式打印出来，其文件扩展名是 .et。WPS 表格能无障碍兼容微软 Office Excel 的文档，从中国人的思维模式出发，功能的操作方法设计得简单易用，可以提升用户工作效率，是最懂中国人的办公软件。

2.1.1　WPS 表格的启动与退出

1. 启动 WPS 表格

WPS 表格启动的方法与启动其他应用程序的方法相似，常用的有以下三种：

(1) 从"开始"菜单中启动。单击"开始"按钮，选择"WPS Office"→"WPS 表格"，启动程序后再选择"新建表格"即可。

(2) 通过快捷图标启动。用户可在桌面上为 WPS 表格应用程序创建快捷图标，双击该快捷图标，启动程序后再选择"新建表格"即可。

(3) 通过已存在的 WPS 表格启动。双击已存在的 WPS 表格即可启动。通过已存在的 WPS 表格启动 WPS Office 的方法不仅会启动该应用程序，而且会打开选定的表格，该操作适合编辑或查看一个已存在的表格。

2. 退出 WPS 表格

WPS 表格退出 (关闭) 的方法与退出其他应用程序的方法相似，常用的有以下三种：

(1) 单击程序窗口右上角的"关闭"按钮 ✕ 。
(2) 选择"文件"→"退出"命令。
(3) 使用快捷组合键【Alt+F4】。

2.1.2　WPS 表格工作窗口界面和主要功能

1. WPS 表格工作窗口界面

WPS 表格采用窗口化的操作界面，窗口包含快速访问工具栏、标题栏、菜单栏、功能区、编辑区、状态栏、文件菜单、列标、行标、滚动条、视图工具等。其工作窗口界面如图 2-2 所示。

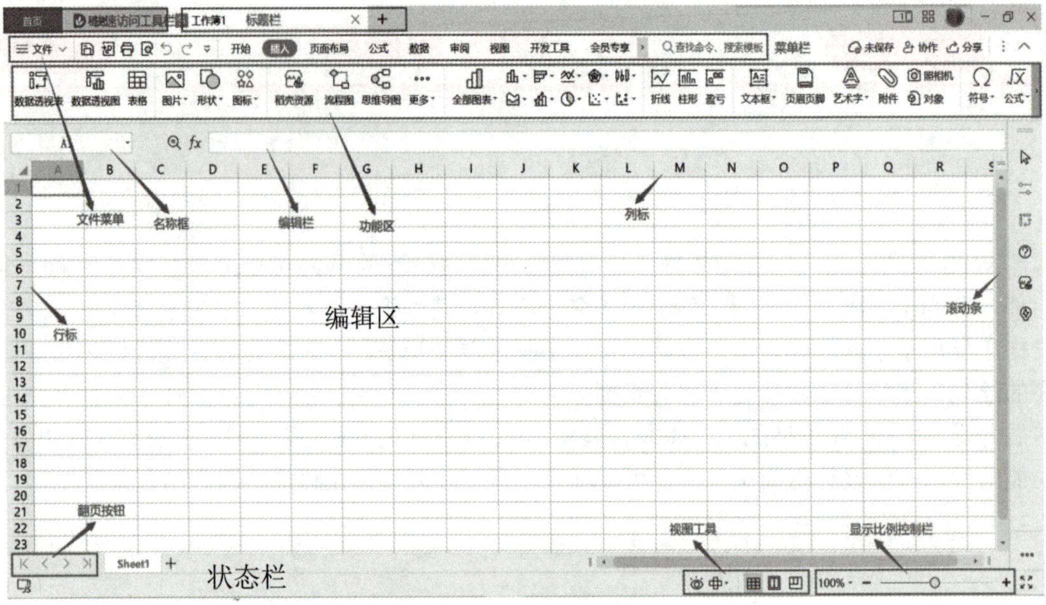

图 2-2　WPS 表格工作窗口界面

(1) 快速访问工具栏。快速访问工具栏通常放置一些最常用的命令按钮，可单击自定义工具栏右边的"自定义快速访问工具栏"按钮，根据需要删除或添加常用命令按钮或调整位置。

(2) 标题栏。标题栏位于窗口的最上方，用于显示当前窗口程序或文档的名称。此处"工作簿 1"是当前工作簿的名称。如果同时又建立另一个新的工作簿，WPS 表格自动将其命名为"工作簿 2"，依此类推。在保存工作簿时，用户可以另取一个名称以便更直观地表述表格内容。

(3) 菜单栏。菜单栏位于标题栏下方，用于放置常用的功能按钮和下拉菜单、列表等，其中包含多个选项卡。选项卡包括文件、开始、插入、页面布局、公式、数据、审阅、视图、开发工具、会员专享等，用户可根据需要对选项卡进行选择。

(4) 功能区。每一个选项卡都对应一个功能区，功能区命令按逻辑组的形式组织，旨在帮助用户快速找到完成某一任务所需的命令。为了使屏幕更为整洁，可以使用窗口右上角控制按钮下的 ∧ 按钮显示 / 隐藏功能区。

(5) 编辑区。编辑区包括工作表、行、列、单元格、名称框、编辑栏等。名称框由行标和列标组成，此处"A1"为当前活动单元格。编辑栏用于显示当前活动单元格中的数据或公式，可在编辑栏中输入、删除或修改单元格的内容。编辑栏中显示的内容与当前活动单元格的内容相同。

(6) 状态栏。状态栏位于 WPS 表格窗口底部，包括普通视图、分页预览、页面布局、阅读模式、显示比例等。

2. WPS 表格的主要功能

WPS 表格编辑软件的主要功能如表 2-1 所示。

表 2-1　WPS 表格编辑软件的主要功能

序号	功能模块	具体功能简述
1	文件操作	新建、打开、退出、保存、另存为、文档加密、信息、备份与恢复、帮助等
2	编辑功能	剪切、复制、粘贴、填充、清除、删除、移动或复制工作表、查找、定位等
3	视图操作	普通视图、分页预览、页面、阅读模式、任务窗格、页眉页脚、显示比例、冻结窗口、重排窗口、拆分窗口等
4	插入操作	数据透视表、数据透视图、表格、图片、形状、图标、流程图、思维导图、分析图、文字、符号、公式等
5	页面布局	页边距、纸张大小、纸张方向、打印区域、打印预览、打印缩放、分页预览、主题、效果、背景图片、选择窗格等
6	公式操作	插入函数、自动求和、常用函数、全部函数、财务函数、逻辑函数、日期和时间、查找与引用、便捷公式、重算工作簿、计算工作表等
7	数据操作	数据透视表、筛选、排序、重复项、数据对比、分列、填充、查找录入、有效性、下拉列表、合并计算、创建组合、分类汇总、拆分合并表格、导入数据等
8	审阅校对	拼写检查、新建批注、锁定单元格、保护工作表、保护工作簿、共享工作簿、修订、文档权限、文档定稿等

2.2　【任务1】制作培训学员信息表

2.2.1　任务描述

任务场景	××科技有限公司为提升员工信息化应用能力，组织全体员工参加信息化技能培训，现需公司人事处向培训机构提供培训学员信息表，此项工作由小李负责。
任务要求	分析上面的工作情境，我们需要完成下列任务： （1）数据输入：培训学员信息表的创建。 （2）表格美化：将表格美化，使之更符合使用习惯。 （3）打印表格：根据需要调整数据并进行打印。
知识准备	在输入原始数据时，首先应根据任务需求设计出合理的数据项。在本任务中，应尽可能完整地收集培训学员的相关信息，以便培训机构对学员有更多的了解。培训学员信息表一般包括：员工编号、姓名、性别、身份证号码、学历、生日、联系电话、隶属部门、现任职务等。 　　总而言之，原始数据输入时，要满足以下要求： 　　（1）完整。数据项目应尽可能考虑周全，尽量避免数据需要用到但没有录入的情况。 　　（2）规范。数据录入要规范，如：时间应采用日期型数据输入，身份证号码应采用文本型数据输入。 　　（3）准确。应准确无误地输入原始数据。 　　输入数据后，应对表格进行美化，以便更符合阅读习惯，更直观地呈现表格内容。

2.2.2　任务分析

任务主要 技术分析	在本次任务中，需要掌握以下技能： 　　（1）WPS表格的基本操作：新建及保存工作簿、设置表格、调整行和列、对齐单元格内文本、合并单元格。 　　（2）不同类型的数据输入：文本型、数值型、日期型。 　　（3）数据输入小技巧：自动填充数据、验证数据、批量输入相同数据。

	(4) 页面设置及打印：设置页面布局、打印所选区域。 (5) 格式设置与修饰：设置字符格式、数字格式、条件格式、边框和底纹等。
任务职业素养分析	(1) 规范：按要求规范输入数据。 (2) 严谨：按内容准确输入数据。 (3) 清晰、易读：制作的表格要易于阅读。 (4) 高效、耐心：数据处理时需养成耐心的工作态度，培养高效的工作理念。 (5) 低碳、环保：正确进行打印设置，节约成本，有效打印。

2.2.3 示例演示

要完成本次“培训学员信息表”的创建任务，在具体操作前，需要收集公司全体员工的信息，并设计出合理的数据项。

在具体创建过程中，可以按以下步骤完成：

(1) 创建表格：利用 WPS 创建空白表格。

(2) 输入数据：按要求快速输入数据，注意数据类型设置。

(3) 保存表格：按需要保存在磁盘具体位置，注意表格的命名规则。

(4) 打开和编辑表格：打开已有表格进行编辑，如增加、删除行、列等。

(5) 美化表格：将表格美化，如居中、修改字体、添加表名等。

(6) 打印表格：培训学员信息表打印设置、页面设置、打印预览、打印等。

(7) 关闭表格：培训学员信息表制作完成后，关闭文档。

(8) 发布为 PDF 格式：培训学员信息表发布为 PDF 格式，加密发布。

(9) 保护表格：制作的培训学员信息表若不希望被别人修改，可以进行保护表格操作。

培训学员信息表完成后的效果如图 2-3 所示。

	A	B	C	D	E	F	G	H	I	J
1	培训学员信息表									
2	序号	职工编号	姓名	性别	身份证号码	出生年月	学历	联系电话	隶属部门	现任职位
3	1	12808001	王	男	43032119831120	1983/11/20	硕士	137********	销售部	销售部主管
4	2	12808002	陈 楠	男	43038220001125	2000/11/25	本科	151********	销售部	销售员
5	3	12808003	阳 妍	女	43357220031215	2003/12/15	硕士	136********	销售部	销售员
6	4	12808004	罗	女	43048120021127	2002/11/27	硕士	133********	销售部	销售员
7	5	12808005	谢 凡	男	43048119940514	1994/05/14	硕士	137********	销售部	销售员
8	6	12808006	邓 强	男	43048120020622	2002/06/22	本科	189********	销售部	销售员
9	7	12808007	王 又	女	43048119880607	1988/06/07	本科	137********	销售部	销售员
10	8	12806034	罗 丽	女	43048120021011	2002/10/11	本科	189********	销售部	销售员
11	9	12808009	袁 韬	男	43142119990422	1999/04/22	本科	136********	销售部	销售员
12	10	12808010	欧 刚	男	43111920000103	2000/01/03	硕士	189********	人事部	人事部主管
13	11	12804011	王	男	43052319981210	1998/12/10	硕士	189********	人事部	办事员
14	12	12808012	杨 发	男	43052319890725	1989/07/25	硕士	189********	人事部	办事员
15	13	12808013	尹 善	男	43221120020901	2002/09/01	本科	189********	人事部	办事员
16	14	12806014	曾	男	43122319881220	1988/12/20	硕士	189********	综合部	综合部主管
17	15	12808015	谢 峰	男	43124120020903	2002/09/03	硕士	137********	综合部	综合员
18	16	12808016	王 程	男	43036220010213	2001/02/13	本科	136********	综合部	综合员
19	17	12808017	任	男	43081219990405	1999/04/05	本科	136********	综合部	综合员

图 2-3　培训学员信息表效果图

2.2.4　任务实现

操作步骤	知识链接
1. 启动程序 启动 WPS Office 程序。	**在线模板新建** 　　在线模板需要在联网状态下获取，提供有很多模板，制作者可以根据实际情况，选择适合的模板创建相应表格，如图 2-5 所示。创建完成后可以对表格内容进行编辑修改，编辑完成后，可保存在本地磁盘，也可保存在云端。
2. 新建表格 　　选择"文件"→"新建"命令，选择"新建表格"，点击"新建空白表格"，如图 2-4 所示。此时，系统会自动创建一个新的工作簿"工作簿1"。 图 2-4　新建表格	图 2-5　在线模板新建
3. 保存表格 　　保存表格有多种方式。 　　(1) 可以按快捷组合键【Ctrl+S】，或单击快速访问工具栏里的"保存"按钮，或选择"文件"→"保存"命令保存表格。通常首次保存表格时会弹出"另存文件"界面，让用户选择保存的位置。 　　(2) 在"另存文件"界面左侧可以选择文件保存在云端还是本地磁盘，选定好保存路径后，在"文件类型"下拉列表中选择保存的类型，在"文件名"文本框中输入新建工作簿的文件名，单击"保存"按钮，如图 2-6 所示。	**自动备份** 　　为了防止意外情况发生时丢失对表格所做的编辑，WPS 提供定时自动备份的功能。点击"文件"→"备份与恢复"→"备份中心"→"本地备份设置"，在弹出的"本地备份设置"对话框中可以将表格的备份方式设置为"智能备份""定时备份""增量备份""关闭备份"，还可以设置本地备份存放的位置。通常选择"定时备份"，设置好时间即可，如图 2-7 所示。

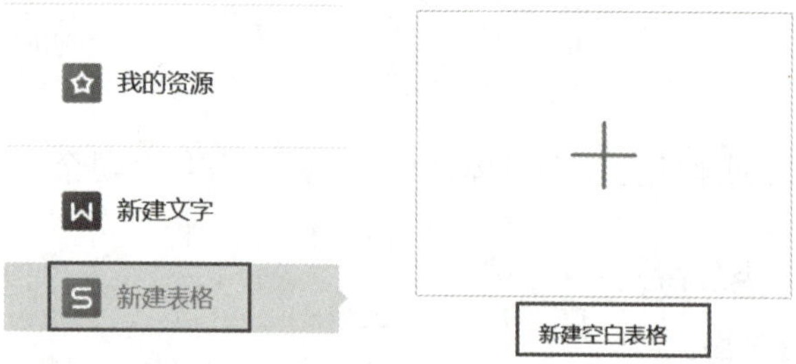

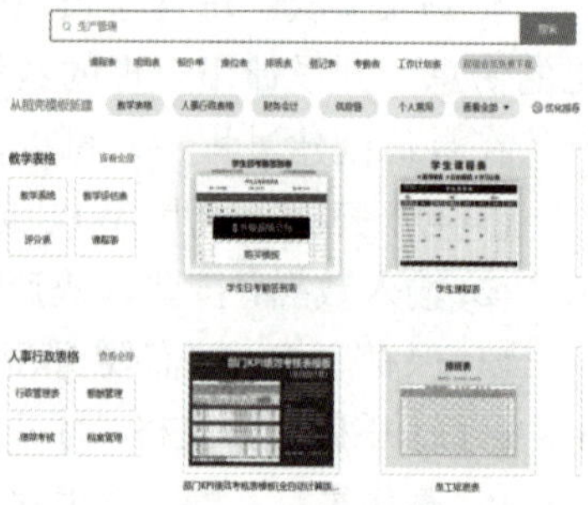

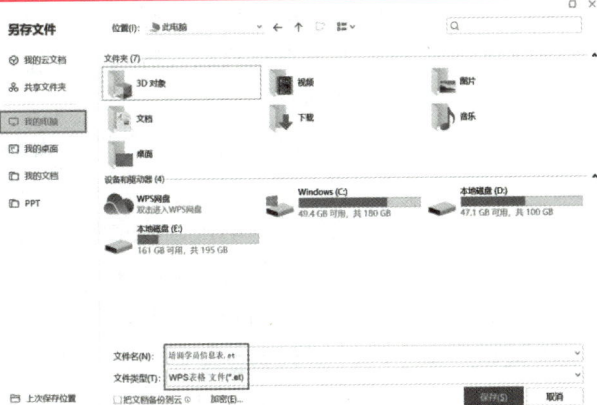

图 2-6 "另存文件"界面

图 2-7 本地备份设置

(3) 选择"文件"→"关闭"命令也可对表格进行保存。关闭新建表格时，系统会提示用户是否保存该文件。

4. 重命名工作表

用鼠标左键双击"Sheet1"工作表标签即可进入标签重命名状态,输入"培训学员信息表",按【Enter】键确认。也可以在工作表标签上单击鼠标右键,在弹出的快捷菜单中选择"重命名"命令,进入重命名状态,如图 2-8 所示。

图 2-8 重命名工作表

5. 编辑内容

(1) 输入工作表标题及字段名称。

在"培训学员信息表"中单击 A1 单元格,输入工作表标题。在 A2:J2 单元格区域的各个单元格中分别输入各字段标题,如图 2-10 所示。

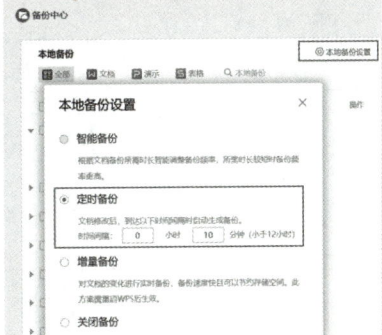

工作簿与工作表

一个工作簿为一个 WPS 表格文件,一个工作簿中可包含多个工作表,点击工作表后的"＋"可以对工作表进行添加,并且可以同时给这个新添加的工作表命名,如图 2-9 所示。

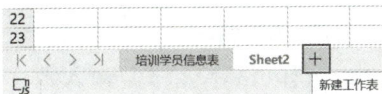

图 2-9 添加工作表

编辑内容

1. 输入纯数字的文本型数据

(1) 选择单元格,单击鼠标右键,在弹出的快捷菜单中单击"设置单元格格式"命令,弹出"单元格格式"对话框。在"分

图 2-10　输入工作表标题及字段名称

选中 A1:J1 单元格区域，在"开始"选项卡的"合并居中"组中单击下拉按钮，选择"合并居中"命令，如图 2-11 所示。

图 2-11　设置合并居中

（2）填充序号。

选择 A3 单元格，输入数字"1"，将鼠标指针指向 A3 单元格右下角的填充柄，鼠标指针由空心十字形变成实心十字形，按住鼠标左键向下拖动填充柄至 A19 单元格。单击 A19 单元格右下角的"自动填充选项"按钮，在弹出的菜单中单击"以序列方式填充"单选按钮，如图 2-12 所示。

图 2-12　填充序号

类"列表框中选择"文本"选项，在此单元格输入数据时则为文本型数据。

（2）先输入英文半角状态下的"'"，再输入相应数据，WPS 表格会自动在该单元格左上角加上绿色三角标记，说明该单元格中的数据为文本型数据。

2. 自动填充

自动填充是制作表格中最常用的快捷输入技术之一，主要通过以下途径操作：

（1）拖动填充柄：输入第一个数据后，用鼠标向不同方向拖动该单元格的填充柄，放开鼠标即完成填充。可单击填充区域右下角的"自动填充选项"图标，从列表中更改填充方式。

（2）在"数据"选项卡的"填充"组中单击下拉按钮，选择"向下填充"命令，如图 2-20 所示。

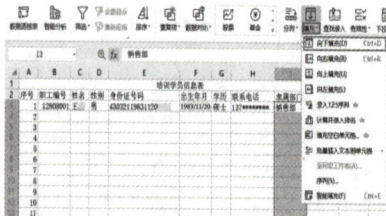

图 2-20　数据填充

（3）用鼠标右键快捷菜单：用鼠标右键拖动含有第一个数据的活动单元格右下角的填充柄到最后一个单元格后放开鼠标，从快捷菜单中选择"以序列方式填充"命令。

(3) 自定义数据格式。

选中 B3:B19 单元格区域，单击鼠标右键，在弹出的快捷菜单中选择"设置单元格格式"命令，弹出"单元格格式"对话框。在"分类"列表框中选择"自定义"选项，在"类型"文本框中输入"12800000"，单击"确定"按钮。在 B3 单元格中输入"8001"，按【Tab】键切换至 C3 单元格，同时，在 B3 单元格中自动生成编号"12808001"。操作如图 2-13 所示。

图 2-13　自定义数据格式

(4) 设置下拉列表。

选中 D3:D19 单元格区域，在"数据"选项卡中单击"下拉列表"按钮，弹出"插入下拉列表"对话框。在该对话框的"手动添加下拉列表"文本框中输入下拉列表数据"男"，点击按钮 添加下拉列表选项，输入下拉列表数据"女"，单击"确定"按钮。单击 D3 单元格右侧出现的下拉按钮，在下拉列表框中选择性别。操作如图 2-14 所示。

图 2-14　设置下拉列表

G3:G19 单元格区域的"下拉列表"设置操作与上述操作类似，在"插入下拉列表"对话框中输入序列数据本科、硕士、博士，其他操作相同。

(4) 自定义序列：依次点击 WPS 表格界面中左上角的"文件"→"选项"→"自定义序列"，在"输入序列"文本框中输入自定义序列，单击"添加"按钮，如图 2-21 所示。

图 2-21　自定义序列填充

(5) 自动填充序号：在序号所在列的第一个单元格输入起始序号。选中序号所在单元格，在"数据"选项卡的"填充"组中单击下拉按钮，选择"序列"命令。在弹出的对话框中勾选"等差序列"，选择"列"，并输入序列步长值和终止值，单击"确定"按钮，如图 2-22 所示。

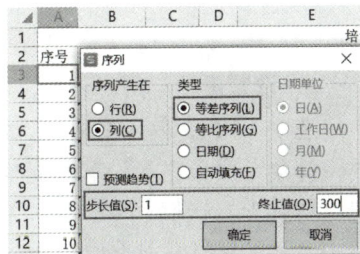

图 2-22　设置自动填充序号

(6) 智能填充序号：在单元格内输入"=ROW()-上一行的行数"，按回车键后出现第一个填充数字，将鼠标指针指向单元格右下角的填充柄上，双击鼠标，其他单元格的序号则自动填充。当对行进行增加或删减时，序号则会自动填充，如图 2-23 所示。

（5）设置数据有效性。

选中 E3:E19 单元格区域，在"数据"选项卡的"有效性"组中单击下拉按钮，选择"有效性"命令，如图 2-15 所示。

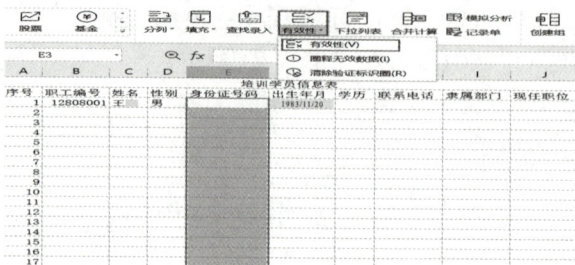

图 2-15　有效性

在弹出的"数据有效性"对话框中选择"设置"选项卡，在"允许"下拉列表中选择"文本长度"选项，在"数据"下拉列表中选择"等于"选项，在"数值"文本框中输入"18"，单击"确定"按钮，如图 2-16 所示。

图 2-16　设置文本长度

（6）设置出生年月。

选中 F3:F19 单元格区域，单击鼠标右键，在弹出的快捷菜单中单击"设置单元格格式"命令，弹出"单元格格式"对话框。在"分类"列表框中选择"日期"选项，在"类型"列表框中选择"2001/3/7"选项，单击"确定"按钮。在 F3 单元格中输入"1983-11-20"，格式自动转换为"1983/11/20"，如图 2-17 所示。

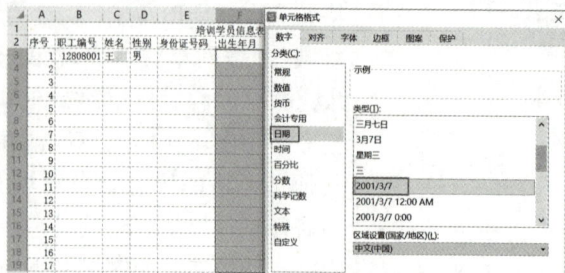

图 2-17　设置出生日期格式

图 2-23　设置智能填充序号

3. 数据有效性

在 WPS 表格中，为了规范数据的输入，常通过数据的有效性来实现。

（1）清除有效性：在"有效性"对话框中，单击"全部清除"按钮即可清除数据有效性。

（2）其他设置：在设置数据有效性后，可根据需要设置不同的验证条件，并对"输入信息""出错警告"等选项卡中的内容进行设置。

① 选择"输入信息"选项卡，在"输入信息"文本框中输入提示信息"请输入 18 位身份证号码"，如图 2-24 和图 2-25 所示。

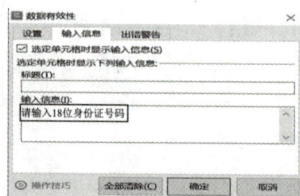

图 2-24　设置输入信息

图 2-25　输入信息提示

② 选择"出错警告"选项卡，在"错误信息"文本框中设

(7) 输入完成后效果。

在 B3:J19 单元格区域中逐行输入相关数据，输入时可按【Tab】键和【Enter】键进行不同单元格的切换。输入完成后效果如图 2-26 所示。

图 2-18　原始数据输入完成效果

(8) 冻结窗格。

当需要输入大量数据时，为了输入方便，通常可将工作表标题及字段名称进行冻结。

选择 K3 单元格，在"视图"选项卡的"冻结窗格"组中单击下拉按钮，选择"冻结至第 2 行"命令，滚动滚动条时，K3 单元格上面的行被冻结，其余部分可以正常移动，如图 2-19 所示。

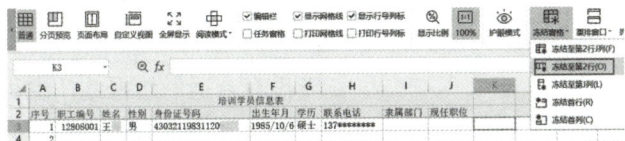

图 2-19　设置冻结窗格

置出错提示信息。当位数有误时，如输入"23136"，系统会弹出报错信息，如图 2-26 和图 2-27 所示。

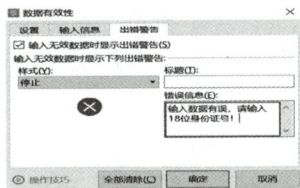

图 2-26　设置出错警告

图 2-27　出错警告提示

4. 日期型数据输入

默认的日期符号是用斜线 (/) 和连字符 (-) 作为日期分隔符的。例如：2022/10/20、2022-10-20 等表示 2022 年 10 月 20 日。

WPS 表格默认 24 小时制计算时间，如果要基于 12 小时制输入时间，则需在时间后输入一个空格，然后输入 AM 或者 PM，用来表示上午或者下午。例如，如果需要输入下午 6 点，则需输入 6:00 PM 或者 18:00，如图 2-28 所示。如果需在同一个单元格中同时输入日期和时间，则需用空格分隔。

图 2-28　日期和时间的输入

WPS 表格将日期和时间作为数值型数据处理，可以相加、相减，并且可以包含到其他运算中。如果要在公式中使用日期或时间，则用带引号的文本型输入日期或时间。

6. 设置单元格格式

(1) 设置单元格边框底纹。

选中 A2:J19 单元格区域，单击鼠标右键，在弹出的快捷菜单中单击"设置单元格格式"命令。在弹出的对话框中单击"边框"选项卡，在"线条"的"样式"列表框中选择第一列的最后一项；在"颜色"下拉列表框中选择"自动"选项；单击"预置"栏中的"外边框"和"内部"按钮。最后单击"确定"按钮，如图 2-29 所示。

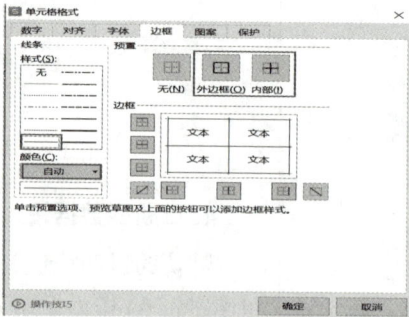

图 2-29　设置单元格边框

选中 A2:J2 单元格区域，单击鼠标右键，在弹出的快捷菜单中单击"设置单元格格式"命令。在弹出的对话框中单击"图案"选项卡，在"颜色"列表框中选择合适的颜色，单击"确定"按钮，如图 2-30 所示。

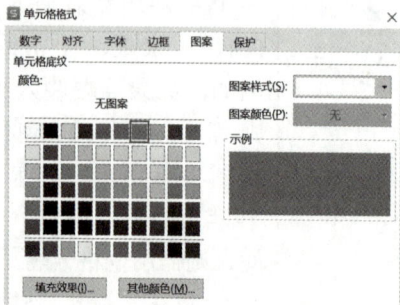

图 2-30　设置单元格底纹

(2) 设置对齐格式。

选中 A2:J19 单元格区域，单击鼠标右击，在弹出的快捷菜单中单击"设置单元格格式"命令。在弹出的对话框中单击"对齐"选项卡，在"文本对齐方式"栏的"水平对齐"下拉列表框中选择"居中"选项；在"垂直对齐"下拉列表框中选择"居中"选项。最后单击"确定"按钮，如图 2-31 所示。

设置单元格

1. 设置单元格边框和底纹

工作表中默认的边框在打印时是不显示的，它的作用是区隔行、列和单元格。为了使单元格中的数据显示更清晰，增加工作表的视觉效果，可以对单元格进行边框和底纹设置。

在"开始"选项卡中单击田·的下拉按钮，弹出边框面板，选择需要的边框线，如图 2-33 所示。

图 2-33　边框面板

若没有合适的边框线，也可以在"开始"选项卡中单击的下拉按钮，绘制边框。

在"开始"选项卡中单击的下拉按钮，弹出填充颜色面板，选择单元格区域填充需要的颜色。

2. 对齐格式

默认情况下，WPS 表格会根据输入的数据自动调节数据的对齐格式，如文本内容是左对齐、数值型数据是右对齐等。对齐格式包括水平对齐、垂直对齐、自动换行、合并单元格等。

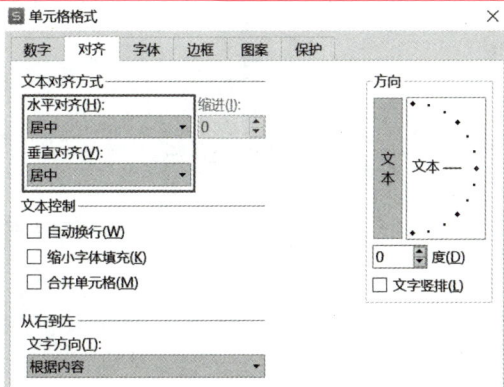

图 2-31　设置对齐格式

(3) 设置文本格式。

选中 A1 单元格，单击"开始"选项卡，在"字体"组中设置文本格式为华文楷体、20、加粗。选中 A2:J2 单元格区域，单击"开始"选项卡，在"字体"组中设置文本格式为宋体、11、加粗。选中 A2:J19 单元格区域，单击"开始"选项卡，在"字体"组中设置文本格式为宋体、12，如图 2-32 所示。

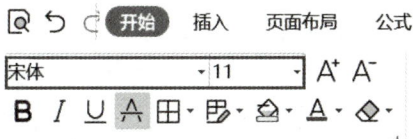

图 2-32　设置文本格式

水平对齐包括常规、靠左、靠右、居中、两端对齐、跨列居中、分散对齐等方式，其中靠左、靠右、分散对齐可设置缩进量。

选择"自动换行"复选框后，当输入文本过长、列宽不足时，输入文本会自动换行。

也可在"开始"选项卡中选择相应的对齐格式，如图 2-34 所示。

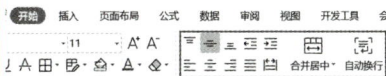

图 2-34　对齐格式

3. 文本格式

选中相应单元格区域，单击鼠标右键，在弹出的快捷菜单中单击"设置单元格格式"命令。在弹出的对话框中单击"字体"选项卡，设置相应的字体格式，如图 2-35 所示。

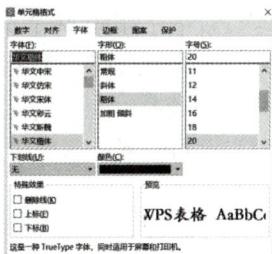

图 2-35　字体格式

7. 打印表格

(1) 页面设置。

为了使打印出的页面更加美观、符合要求，需要对打印页面的页边距、纸张大小、页眉页脚等项目进行设定。

单击"页面布局"选项卡，单击"页面设置"组中的按钮 ⌐，弹出"页面设置"对话框，对页面进行设置，如图 2-36 所示。

打印设置

1. 页码的设置

在 WPS 表格处理中，页码和总页数的打印设置是通过对页眉和页脚的设置实现的。

打开"页面设置"对话框，选择"页眉/页脚"选项卡，其中有"页眉""页脚"列表框，可通过选择预设的页眉/页脚进行设置，如图 2-38 所示。

图 2-36　页面设置

页面：对纸张方向、打印比例、纸张大小、打印质量、起始页码等进行设置。

页边距：对表格在纸张上的位置进行设置，如上、下、左、右的边距，页眉、页脚与边界的距离等。

页眉 / 页脚：对页眉 / 页脚进行设置。

工作表：对打印区域、打印标题、打印顺序等进行设置。

(2) 打印设置。

点击 WPS 表格界面中左上角的"文件"选项，在菜单中选择"打印"，设置打印参数，点击"确定"按钮即可打印，如图 2-37 所示。在正式打印前，通常会通过"打印预览"查看打印效果，对打印参数做最后的修改和调整。点击"页面布局"选项卡中的"打印预览"即可查看打印效果。

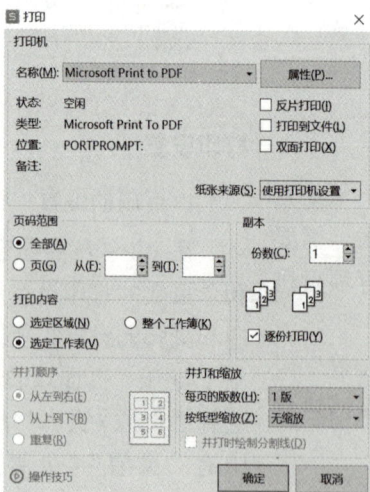

图 2-37　设置打印参数

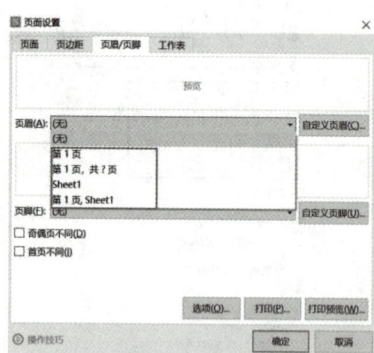

图 2-38　"页眉 / 页脚"选项卡

如果预设的页眉 / 页脚不能满足需求，则可自行定义。单击"自定义页眉"按钮，在弹出的对话框中设置页眉字体、页码、总页数、日期、时间、路径、文件名、工作表名、插入的图片、图片的格式等，如图 2-39 所示。

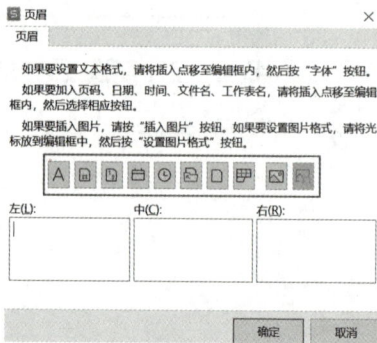

图 2-39　自定义页眉

2. 打印标题

当工作表纵向超过一页长或者横向超过一页宽时，可在每一页上都打印相同的标题行或列，方便阅读。在"工作表"选项卡中的"打印标题"组中设置"顶端标题行"或者"左端标题行"内容，如图 2-40 所示。

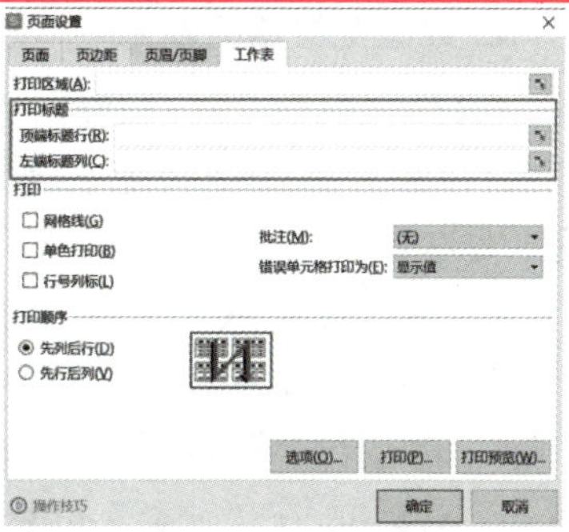

图 2-40　打印标题

操作步骤	知识链接
8. 关闭表格 　　将鼠标放置在表格名称右边的"•"上，即可激活"关闭表格"按钮，如图 2-41 所示，点击该按钮即可关闭表格。  图 2-41　关闭表格	**关闭表格** 　　点击 WPS 表格界面左上角的"文件"选项，在弹出的菜单中选择"退出"，即可关闭表格。注意在表格关闭前应先保存。

2.2.5　能力拓展

　　完成原始表格后，经常需要对其进行修改，比如修改工作表中的数据内容、增加与删除行和列、插入工作表、输出 PDF 格式、对文档进行加密等，具体操作如下：

操作步骤	知识链接
1. 选定单元格或单元格区域 　　(1) 选定一个单元格 E6，用鼠标左键单击 E6 单元格即可。 　　(2) 选定一个连续的单元格区域 E12:I12，按住鼠标左键不松开，将鼠标从 E12 拖曳至 I12。 　　(3) 选定多个不连续的单元格区域，如 A12:D12 和 A16:D16，按住鼠标左键并拖动，选定区域 A12:D12 后松开鼠标左键，然后再按住【Ctrl】键的同时选定区域 A16:D16 后松开鼠标左键即可。 　　(4) 选定第 6 行，单击第 6 行的行号。 　　(5) 选定第 F 列，单击第 F 列的列号。 　　(6) 按表格左上角的全选按钮◢选择整个表格。 　　(7) 用鼠标选中任意有数据的单元格，在数据区域中按下快捷组合键【Ctrl+A】选择有数据的区域。	**选定单元格和单元格区域** 　**1. 选定单元格** 　　(1) 用鼠标左键单击需要选定的单元格，被选定的单元格被绿色线框起来，表示它已成为活动单元格。 　　(2) 使用键盘上的方向键可快速定位当前单元格。 　**2. 选取连续单元格区域** 　　将鼠标指针移到该区域左上角的单元格，按住鼠标左键拖到该区域右下角的单元格，释放鼠标左键即可。如果该单元格区域较大，则可先单击该区域左上角的单元格，按住【Shift】键的同时单击该区域右下角的单元格，即可快速选定单元格区域。

2. 数值型数据的输入

(1) 输入分数 7/8，应输入"0 7/8"，如果直接输入"7/8"，系统则会把它视为日期格式，显示为 8 月 7 日。

(2) 输入负数 –6，应输入"–6"或者"(6)"。

(3) 输入小数 8.796，应选中相应数据，单击鼠标右键选择"设置单元格格式"，弹出"单元格格式"对话框，在"分类"列表框中选择"数值"选项，设置小数位数为 3 位。

(4) 输入较大数值 329382075302934324 时，通常将其显示为科学记数法形式 3.29382E+17。若要取消科学记数法，则应选中相应数据，单击鼠标右键选择"设置单元格格式"，弹出"单元格格式"对话框，在"分类"列表框中选择"自定义"选项，在"类型"文本框中选择"0"，单击"确定"按钮，如图 2-42 所示。

图 2-42　取消科学记数法

数字格式

常规：默认格式，数字显示为整数、小数。当输入的数字长度超出单元格列宽时，系统将以科学记数法的形式来表示数值。增大列宽后，长度不足 12 位的数值都可以恢复正常，长度超过 12 位的数值则需取消科学记数法。

数值：可以设置小数位数、逗号分隔千位、选择负数显示方式。

货币：可以选择货币符号，且总是使用逗号分隔千位，也可设置小数位数及负数显示方式。

会计专用：与货币格式的主要区别是它总是垂直对齐排列，且不能指定负数方式。

日期、时间：分为多种类型，可以根据区域选择不同的日期、时间格式。

百分比：可以指定小数位数且总是显示百分号。

分数：根据指定的类型以分数形式显示数字。

科学记数：以指数符号 (E) 显示较大的数字。

文本：将单元格的数字视为文本，并在输入时准确显示。

3. 行列的基本操作

(1) 用鼠标左键双击第 E 列右边线可将"身份证号码"列调整为最合适列宽；双击第 6 行下边线则可将行调整为最合适行高。

(2) 将"身份证号码"列隐藏，再取消隐藏，如图 2-43 所示。

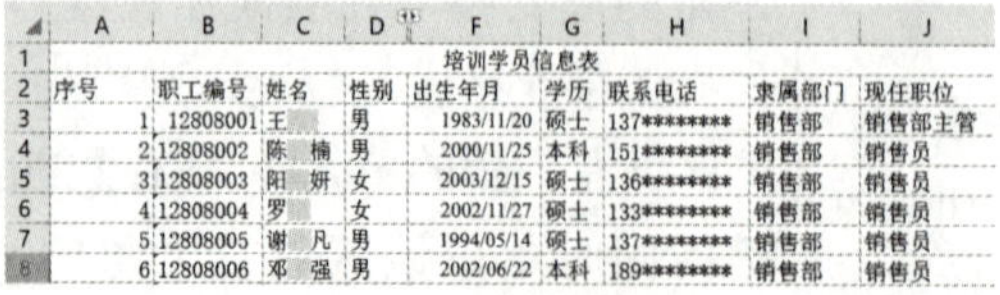

图 2-43　隐藏列

行列的相关操作

一般可直接通过用鼠标右键单击行/列号，在弹出的快捷菜单中选择对应的选项，实现对行列的相关操作，如图 2-45 所示。

(3) 在"联系电话"列后插入"分数"列，如图 2-44 所示，再删除列。

图 2-44 插入列

(4) 将"出生年月"列移动至"学历"列后。

图 2-45 行列的相关操作

移动行／列时，选择要移动的行／列，将鼠标放置在所选内容的边线上，按下【Shift】键和鼠标左键，拖动鼠标即可实现移动。

4. 选择性粘贴

一个单元格含有多种特性，如内容、格式、批注等，可以使用选择性粘贴复制它的部分特性。选择要复制的单元格区域，单击鼠标右键，在弹出的快捷菜单中选择"复制"命令，再用鼠标右键单击待粘贴目标区域中的左上角单元格，在弹出的快捷菜单中选择"选择性粘贴"命令，选择需要粘贴的特性，如图 2-46 所示。

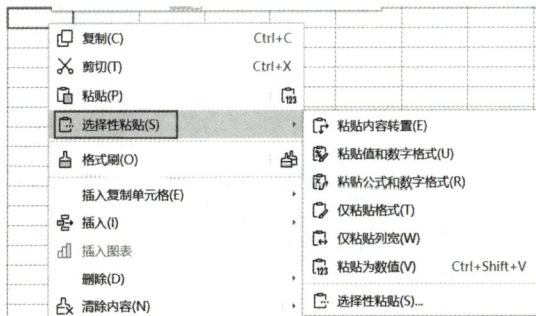

选择性粘贴

选择要复制的单元格区域，或者按快捷组合键【Ctrl+C】进行复制，在"开始"选项卡的"粘贴"组中单击下拉按钮，选择需要粘贴的内容，如图 2-47 所示。

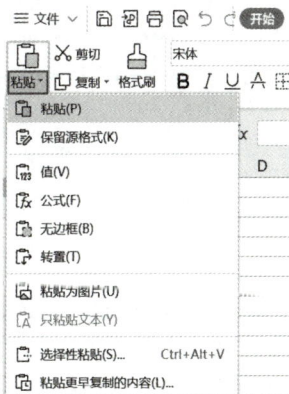

图 2-46 选择性粘贴

图 2-47 设置选择性粘贴

5. 设置条件格式

条件格式是指选定的单元格或单元格区域满足特定条件。选中需要设置条件的单元格区域，在"开始"选项卡的"条件格式"组中单击下拉按钮，选择合适的规则并设置条件。对已设置的条件格式可以利用"清除规则"进行删除，如图 2-48 所示。

自定义条件规则

在"开始"选项卡的"条件"组中单击下拉按钮，选择"新建规则"，在"选择规则类型"中设置需要格式化数据的条件，在"编辑规则说明"中设置条件规则，单击"确定"按钮，如图 2-49 所示。

图 2-48　设置条件格式

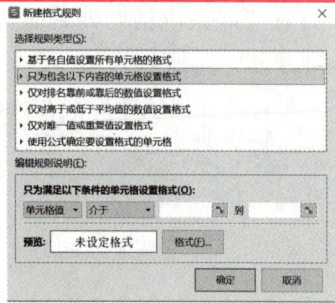

图 2-49　设置自定义条件

6. 设置自动套用格式

除了手动进行各种格式化操作外，WPS 表格还可根据提供的各种预设格式组合，对表格进行快速格式化。预设好的表格样式，包括字体大小、对齐方式、填充图案、边框底纹等。

选定要自动套用表格格式的单元格区域，此区域不能包含有合并单元格，在"开始"选项卡的"表格样式"组中单击下拉按钮，单击选定样式即可完成样式套用，如图 2-50 所示。

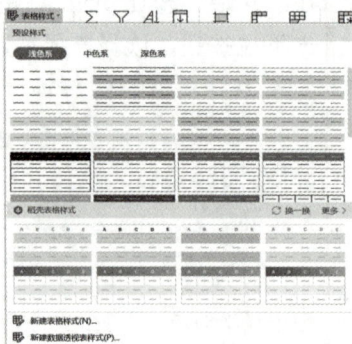

图 2-50　预设样式

如需清除预设格式，则选定需清除格式区域，单击鼠标右键，在弹出的快捷菜单栏中选中"清除内容"中的"格式"命令，如图 2-51 所示。

图 2-51　清除表格格式

自定义表格样式

如果预设样式都不能满足格式需求，则可以单击"预设样式"下拉列表中的"新建表格样式"选项，自定义所需的表格样式。

在弹出的对话框中输入样式名称，指定需要设定的表元素。设定"格式"，单击"确定"按钮，则新建样式会显示在样式列表最上面的"自定义"区域中，方便后续选择，如图 2-52 所示。

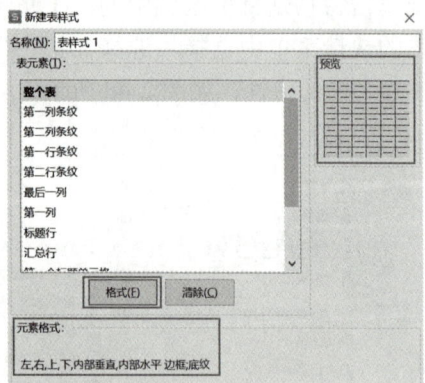

图 2-52　自定义表格样式

7. 工作表的操作

单击工作表上的"+",可插入新工作表;拖动所选标签到目的位置,可移动工作表;点击翻页按钮,可切换工作表,如图 2-53 所示。

图 2-53 工作表的操作

按住【Ctrl】键的同时拖动工作表标签即可复制工作表。单击工作表标签,可在几个工作表中轮流切换工作表。在工作簿中,一次只能对一个工作表进行工作。

工作表操作

将鼠标放置在工作表名处,单击鼠标右键,在弹出的快捷键菜单中可对工作表实行相应的操作,如图 2-54 所示。

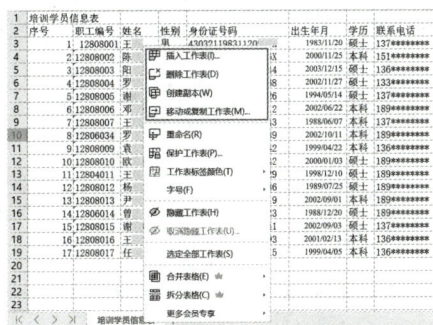

图 2-54 工作表操作

8. 输出 PDF 格式

点击 WPS 表格界面左上角的"文件"选项,在弹出的菜单中选择"输出为 PDF",在弹出的对话框内选择要输出的文件,输出的选项和保存的位置如图 2-55 所示。

图 2-55 输出 PDF 格式

9. 保护表格

点击 WPS 表格界面左上角的"文件"选项，在弹出的菜单中选择"文档加密"，可以看到有"文档权限""密码加密""移入私密文件夹""属性"四个选项。单击"密码加密"，可对工作表分别设置打开文件密码和编辑文件密码，如图 2-56 所示。

图 2-56　密码加密

保护工作表和工作簿

在"审阅"选项卡中选择"保护工作表"，可在弹出的对话框中对工作表设置密码，还可勾选允许用户对工作表进行的相应操作，如图 2-57 所示。

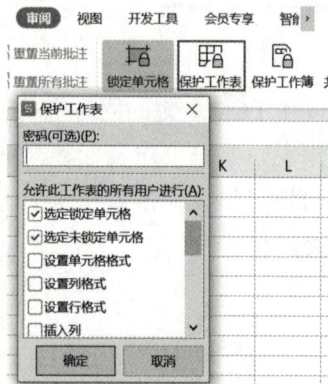

图 2-57　保护工作表

在"审阅"选项卡中选择"保护工作簿"，即可对整个工作簿进行加密。

2.2.6 任务考评

任务 1 【制作培训学员信息表】考评记录

学生姓名		班级		任务评分	
实训地点		学号		日期	
序号	考核内容			标准分	得分
1	新建表格 利用任意一种方法新建表格并正确保存			10	
2	输入表格内容 根据给定表格完成内容输入，掌握输入内容相关技巧，学会设置各种表格数据			20	
3	设置单元格格式 根据给定表格完成单元格边框底纹、对齐格式、文本格式的设置，掌握条件格式和自动预设格式			20	
4	打印表格 掌握页面设置和打印设置操作			10	
5	输出为 PDF 格式 掌握输出为 PDF 格式的方法			10	
6	保护表格 掌握保护工作表和工作簿的方法			10	
7	职业素养				
	实训管理：整理、整顿、清扫、清洁、素养、安全等			5	
	团队精神：沟通、协作、互助、主动			5	
	工单和笔记：清晰、完整、准确、规范			5	
	学习反思：技能点表达、反思改进等			5	
学生反馈					
教师评语					

小　结

本节主要介绍了用 WPS 表格创建培训学员信息表的方法，学生需要重点掌握表格的常用操作（新建、打开、保存、关闭）、表格数据的录入、表格样式的设置、文件的保密、表格的打印、发布为 PDF 文件等操作。

课后习题

一、填空题

1. WPS 表格中，默认方式下，数值数据（　　　）对齐，日期和时间数据（　　　）对齐，文本数据（　　　）对齐。

2. 在单元格中输入由数字组成的文本数据，应在数字前加（　　　）。

二、不定项选择题

1. 在一张成绩汇总工作表中，只显示销售部的成绩记录，可使用"数据"选项卡中的（　　　）命令。

A. 分类汇总　　　　　　　B. 排序

C. 筛选　　　　　　　　　D. 数据验证

2. 在 WPS 表格中，若要在单元格内输入分数"5/6"，则应输入（　　　）。

A. 5/6　　　　　　　　　B. (5/6)

C. −5/6　　　　　　　　 D. 0 5/6

3. 若要设置在表格的 F2:F16 单元格区域内只能输入规定的数据，可以使用"数据"选项卡中的（　　　）实现。

A. 快速填充　　　　　　　B. 数据验证

C. 排序　　　　　　　　　D. 分类汇总

三、操作题

参照图 2-58 编辑"员工工资发放表"表格，具体要求如下：

(1) 新建表格，外框用粗线，中间用细线，并参照图 2-58 录入数据。

(2) 将标题"员工工资发放表"设为黑体、20 号、加粗，居中对齐；将表格内容设为楷体、11 号，居中对齐。

(3) 设置表格行高 18 磅，表头字体加粗，表头区域填充颜色为蓝色。

(4) 对工资总额大于 10 000 元的设置字体加粗并填充橙色。

(5) 设置文件编辑密码为"are123"。

(6) 保存为员工工资发放表 .et，发布为同名 PDF 文件。

员工工资发放表

序号	职工编号	姓名	性别	隶属部门	现任职位	基本工资	绩效奖金	其他收入	总额
1	12808001	王 *	男	销售部	销售部主管	4000	11651.32	800	16451.32
2	12808002	陈 * 楠	男	销售部	销售员	2200	9136.24	500	11836.24
3	12808003	阳 * 妍	女	销售部	销售员	2400	6310.67	500	9210.67
4	12808004	罗 *	女	销售部	销售员	2800	7294.13	500	10594.13
5	12808005	谢 * 凡	男	销售部	销售员	2200	5098.56	500	7798.56
6	12808006	邓 * 强	男	销售部	销售员	2600	6829.89	500	9929.89
7	12808007	王 * 又	女	销售部	销售员	2200	8210.62	500	10910.62
8	12806034	罗 * 丽	女	销售部	销售员	2600	3374.43	500	6474.43
9	12808009	袁 * 韬	男	销售部	销售员	2800	6278.94	500	9578.94
10	12808010	欧 * 刚	男	人事部	人事部主管	4000	7302.35	800	12102.35
11	12804011	王 *	男	人事部	办事员	3000	5034.58	500	8534.58
12	12808012	杨 * 发	男	人事部	办事员	2800	5611.23	500	8911.23
13	12808013	尹 * 善	男	人事部	办事员	3000	5390.01	500	8890.01
14	12806014	曾 *	男	综合部	综合部主管	4000	6929.83	800	11729.83
15	12808015	谢 * 峰	男	综合部	综合员	2800	4987.92	500	8287.92
16	12808016	王 * 程	男	综合部	综合员	2600	4801.78	500	7901.78
17	12808017	任 *	男	综合部	综合员	2800	5276.99	500	8576.99

图 2-58　员工工资发放表

2.3　【任务2】制作培训成绩统计表

2.3.1　任务描述

任务场景	在完成 WPS 培训课程后，小蔡需要对学员成绩进行汇总和统计分析，因此需要制作培训成绩统计表，然后对该表进行简单的数据分析。
任务要求	分析上面的工作情境，我们需要完成下列任务： (1) 计算总评成绩。计算培训学员各科成绩的总和。 (2) 计算平均成绩。利用各科成绩计算学员的平均成绩。 (3) 排名。根据平均成绩进行排序。 (4) 分类汇总。根据类别进行数据分析。
知识准备	在进行数据计算时，用户既可以输入数值，也可以输入数值所在的单元格地址，还可以输入单元格的名称。在引用单元格进行计算时，如果想要复制公式，那么就必须了解公式采用的引用方式是什么。常用的引用方式有相对引用、绝对引用和混合引用三种。 　　(1) 相对引用。相对引用指用列标和行号直接表示单元格，如 A1、B2 等。当某个单元格的公式被复制到另一个单元格时，新的单元格中该公式中的单元格地址就要发生变化，但其引用的单元格之间的相对位置间距保持不变。 　　(2) 绝对引用。绝对引用指在表示单元格的列标和行号前加"$"符号，如 $A$1、$B$2 等。当某个单元格的公式被复制到另一个单元格时，新的单元格中该公式中的单元格地址不发生变化。 　　(3) 混合引用。在一个公式中，相对引用和绝对引用可以混合使用，在列标或行号前加"$"符号，该符号后面的位置就是绝对引用，如 $A1、B$2 等。

2.3.2　任务分析

任务主要技术分析	在本次任务中，需要掌握以下技能： (1) 理解相对引用、绝对引用以及混合引用的概念并掌握其方法。 (2) 掌握常用函数的运用，如SUM函数、AVERAGE函数、RANK函数等。 (3) 掌握工作表的排序、筛选、分类汇总、数据验证操作。 (4) 能够在公式中正确运用相对引用、绝对引用及混合引用。 (5) 能够正确运用常用函数。 (6) 能够正确运用排序、筛选、分类汇总、数据验证等操作解决实际问题。
任务职业素养分析	(1) 耐心、爱岗敬业。数据处理时需养成耐心的工作态度，培养爱岗敬业精神。 (2) 创新。处理函数时可使用多种方法，要积极思考，学会举一反三。 (3) 总结归纳。根据具体情况进行分类汇总。

2.3.3　示例演示

　　先制作培训成绩统计表，然后对该表进行简单的数据分析。培训成绩统计表最终展示效果如图2-59所示。

培训成绩统计表

序号	职工编号	姓名	性别	隶属部门	现任职位	WPS文档	WPS表格	PDF	信息检索	总成绩	平均成绩	排名
1	12808001	王鑫	男	销售部	销售部主管	82	71	75	87	315	78.75	11
2	12808002	陈骏楠	男	销售部	销售员	65	79	94	91	329	82.25	8
3	12808003	阳希妍	女	销售部	销售员	83	91	96	76	340	86.5	2
4	12808004	罗艳	女	销售部	销售员	62	91	93	68	314	78.5	12
5	12808005	谢叶凡	男	销售部	销售员	89	82	64	87	322	80.5	10
6	12808006	邓子强	男	销售部	销售员	74	81	84	72	311	77.75	13
7	12808007	王泓又	男	销售部	销售员	89	76	93	86	344	86	3
8	12806034	罗雯丽	女	销售部	销售员	85	91	83	73	332	83	6
9	12808009	袁文韬	男	销售部	销售员	69	80	80	71	300	75	17
10	12808010	欧志刚	男	人事部	人事部主管	75	67	95	93	330	82.5	7
11	12804011	王昆	男	人事部	办事员	94	88	94	83	359	89.75	1
12	12808012	杨柏发	男	人事部	办事员	82	83	79	90	334	83.5	5
13	12808013	尹升善	男	人事部	办事员	79	76	74	74	303	75.75	16
14	12806014	曾杰	男	综合部	综合部主管	91	80	77	78	326	81.5	9
15	12806015	谢育峰	男	综合部	综合员	84	87	63	71	305	76.25	15
16	12808016	王垚程	男	综合部	综合员	77	88	95	79	339	84.75	4
17	12808017	任强	男	综合部	综合员	90	64	81	71	306	76.5	14

图2-59　培训成绩统计表

2.3.4　任务实现

操作步骤	知识链接
1. 新建表格 　　启动 WPS Office 程序，新建一个表格，将其保存并命名为"培训成绩统计表"。	**新建表格并输入数据** 　　新建表格，输入原始数据，并设置 K 列单元格格式为"数值"，小数位数为"1"。此任务中制作工作表的具体操作与任务 2.1 中"制作培训学员信息登记表"的操作类似，此处不再赘述。
2. 输入数据 　　输入原始数据，如图 2-60 所示。 图 2-60　原始数据	
3. 计算总成绩 　　本任务可以通过"+"和 SUM 函数这两种方法计算总成绩。 　　1）使用"+"方法计算总成绩 　　(1) 在 K3 单元格输入"=G3+H3+I3+J3"，如图 2-61 所示。 图 2-61　使用"+"方法计算总成绩 　　(2) 选中 K3 单元格，拖曳其右下角的填充柄至 K19 单元格。单击"自动填充选项"按钮，在弹出的菜单中单击"复制单元格"单选按钮。自动填充结果如图 2-62 所示。	**表格计算** 　　表格的四则运算可以直接使用符号或函数进行运算。 　　利用"+"方法计算总成绩，只需要在 K3 表格中输入"=G3+H3+I3+J3"，再按【Enter】键答案就出来了。减乘除可以用"-""*""\"进行运算。这就是使用符号计算，操作相似在此用减法为例。例如，用"-"求"WPS文档"与"WPS 表格"成绩之差，在 K3 输入"=G3-H3"，再按【Enter】键，最后复制单元格得到文档和表格成绩之差，如图 2-64 所示。 图 2-64　使用"-"方法

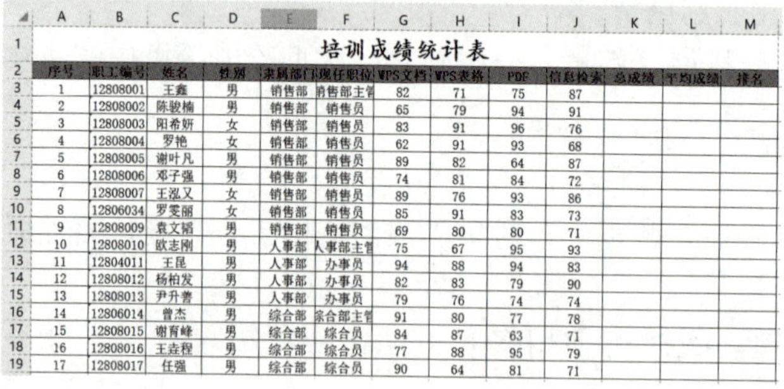

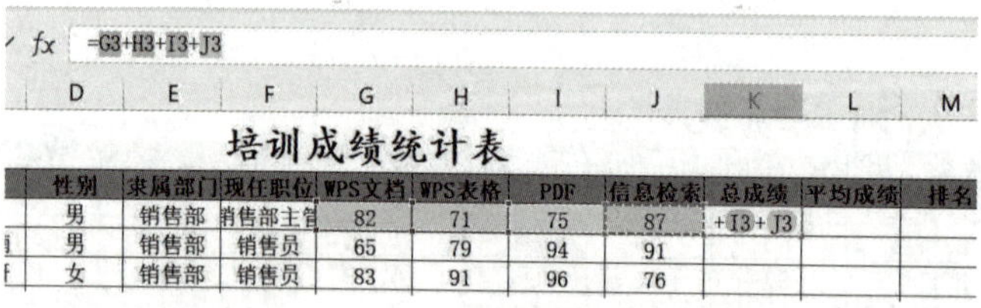

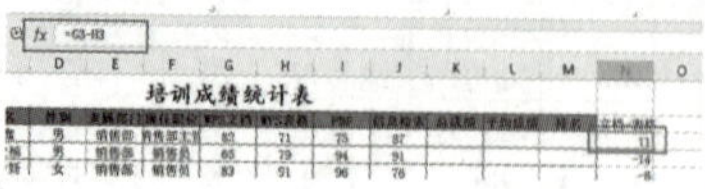

图 2-62　自动填充结果

2) 调用 SUM 函数计算总成绩

(1) 选中 K3 单元格，在"开始"选项卡的"编辑"组中单击"自动求和"右侧的下拉按钮，并在下拉菜单中单击"求和"命令。

(2) 修改 SUM 函数的参数，选中 G3:J3 单元格区域，按【Enter】键，如图 2-63 所示。

图 2-63　使用 SUM 函数法计算总成绩

(3) 选中 K3 单元格，拖曳其右下角的填充柄至 K19 单元格。单击"自动填充选项"按钮，在弹出的菜单中单击"复制单元格"单选按钮。

以上两种计算总评成绩的方法在复制公式过程中，均为单元格的相对引用。

减法还可以使用 IMSUB 函数。

(1) 选中 N3 单元格，在"开始"选项卡中单击"求和"右侧的下拉按钮，选择"其他函数"，在弹出的输入框中输入"IMSUB"命令，点击"确定"按钮，在弹出的"函数参数"对话框中"复数 1"为被减数，填入"G3"，"复数 2"为减数，填入"H3"，点击"确定"按钮，如图 2-65 所示。

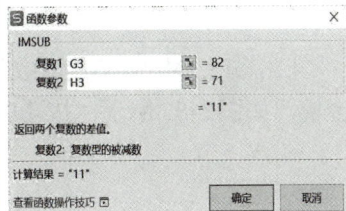

图 2-65　使用 IMSUB 函数

(2) 选中 N3 单元格，拖曳其右下角的填充柄至 N19 单元格。单击"自动填充选项"按钮，在弹出的菜单中单击"复制单元格"单选按钮，即可得到成绩之差。

使用 IMSUB 函数还有一个简便的方法，即在 N3 单元格输入"=IMSUB(G3,H3)"，再按回车键确定，最后使用填充柄曳至 N19，答案就出来了。

乘法对应 PRODUCT 函数，填入数值即可计算乘积。除法与乘法为互逆运算，所以除法可以转化为乘法处理，例如输入"=PRODUCT(B2,1/D2)"即可。

4. 计算平均成绩

(1) 选中 L3 单元格,在"开始"选项卡中单击"求和"右侧的下拉按钮,选择"平均值"命令,如图 2-66 所示。

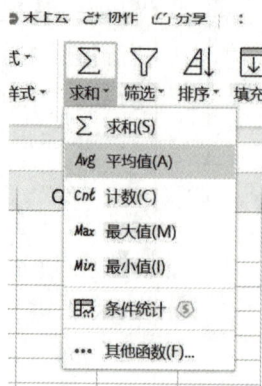

图 2-66　选中"平均值"命令

(2) 修改 AVERAGE 函数的参数,选中 G3:J3 单元格区域,如图 2-67 所示,按【Enter】键。

图 2-67　选中单元格区域

(3) 选中 L3 单元格,拖曳其右下角的填充柄至 L19 单元格。单击"自动填充选项"按钮,并在弹出的菜单中单击"复制单元格"单选按钮,得到平均成绩结果,如图 2-68 所示。

图 2-68　平均成绩结果图

计算平均成绩的方法在复制公式的过程中用到了单元格的相对引用。

AVERAGE 函数

(1) 说明:AVERAGE 函数返回参数的平均值。例如,如果是 A1:A20 范围的数字,则公式"=AVERAGE(A1:A20)"返回这些数字的平均值。

(2) 注意:

① 参数可以是数字或者是包含数字的单元格名称、单元格区域或单元格引用。

② 不计算直接键入参数列表中的数字的逻辑值和文本表示形式。

③ 如果区域或单元格引用参数包含文本、逻辑值或空单元格,则这些值将被忽略;但包含零值的单元格将被计算在内。

④ 如果参数为错误值或为不能转换为数字的文本,则会导致错误。

5. 计算排名

(1) 选中 M3 单元格，在"开始"选项卡中单击"求和"右侧的下拉按钮，选择"其他函数"，弹出"插入函数"对话框，如图 2-69 所示。

∑ 求和(S)

Avg 平均值(A)

Cnt 计数(C)

Max 最大值(M)

Min 最小值(I)

条件统计 ⑤

⋯ 其他函数(F)…

图 2-69　选择"其他函数"

(2) 在"选择函数"列表框中选择"RANK"选项，或者在"查找函数"中输入"rank"，单击"确定"按钮，如图 2-70 所示。

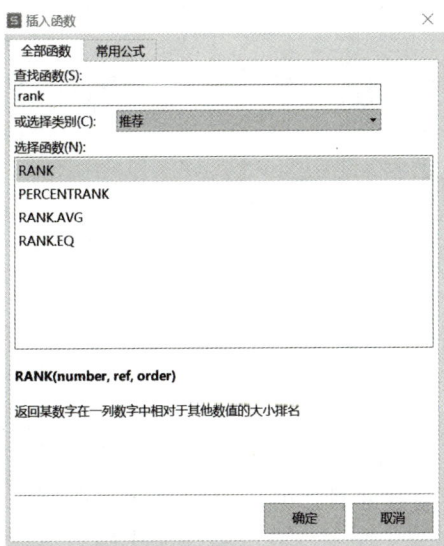

图 2-70　选择"RANK"函数

(3) 在弹出的"函数参数"对话框中的各参数框中输入相应的参数，数值输入"L3"，引用输入"＄L＄3：＄L＄19"。此时，在 M3 单元格中形成函数"=RANK(L3,＄L＄3：＄L＄19)"，单击"确定"按钮，如图 2-71 所示。

RANK 函数

(1) 说明：RANK 函数返回一列数字的数字排位。数字的排位是相对于列表中其他值的大小 (如果要对列表进行排序，则数字的排位将是其位置)。

（2）语法：RANK (number, ref, order)。

RANK 函数语法具有下列参数：

① number：必需，要找到其排位的数字。

② ref：必需，数字列表的数组，对数字列表的引用。ref 中的非数字值会被忽略。

③ order：可选，一个指定数字排位方式的数字。

(3) 注意：RANK 赋予重复数相同的排位，但重复数的存在将影响后续数值的排位。例如，在按升序排序的整数列表中，如果数字 10 出现两次，且其排位为 5，则 11 的排位为 7(没有排位为 6 的数值)。

图 2-71　RANK 函数参数

(4) 选中 M3 单元格，拖曳其右下角的填充柄至 M19 单元格。单击"自动填充选项"按钮，并在弹出的菜单中单击"复制单元格"单选按钮，结果如图 2-72 所示。

图 2-72　成绩排名图

上面计算排名的方法在复制公式过程中用到了单元格的相对引用和绝对引用。

6. 分析工作表

本任务涉及工作表的排序、筛选、分类汇总操作，下面将介绍如何进行"培训成绩统计表"中数据的分析。

1) 排序

对工作表中的数据进行排序后，可以快速查找目标值。可以在一列或多列数据上对数据区域或工作表进行排序。要求对"培训成绩统计表"先按"隶属部门"进行降序排列，如果"隶属部门"相同，则再按"总成绩"进行降序排列。

排序

对 WPS 表格一列数据进行升序排序，点击"数据"选项卡中的"排序"下拉按钮，选择"升序"，如图 2-79 所示。

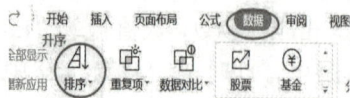

图 2-79　切换升序图

(1) 选中 A2:M19 单元格区域，切换到"数据"选项卡，在"排序"组中单击"自定义排序"按钮，如图 2-73 所示，弹出"排序"对话框。

图 2-73 自定义排序图

(2) 在"列"区域的"主要关键字"下拉列表框中选择"隶属部门"选项，在"次序"区域的下拉列表框中选择"降序"选项。单击"添加条件"按钮，在"列"区域的"次要关键字"下拉列表框中选择"总成绩"选项，在"次序"区域的下拉列表框中选择"降序"选项，单击"确定"按钮，如图 2-74 所示。

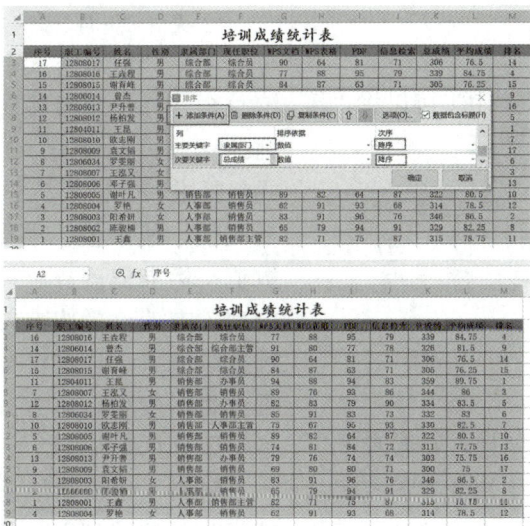

图 2-74 排序图

2) 筛选

筛选工作表中的信息，可以快速找到目标值。使用筛选功能对一列或多列数据进行筛选，不仅可以控制想要查看的内容，还可以控制想要排除的内容。例如，公

有以下两种区域排序：

(1) 扩展选定区域。在弹出的"排序警告"对话框中选择排序依据为"扩展选定区域"，点击"排序"，成绩将会从小到大进行排序，而且序号也跟着进行了变化，如图 2-80 所示。

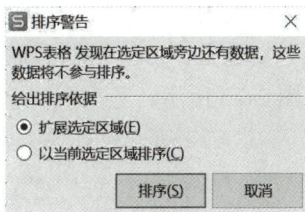

图 2-80 拓展选定区域图

(2) 当前选定区域。如果排序依据选择"以当前选定区域排序"，那么序号将不会进行变动，仅仅对选定的区域进行排序，如图 2-81 所示。

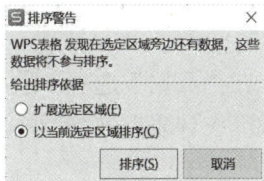

图 2-81 拓展选定区域图

指定条件筛选

在 WPS 中使用表格的高级筛选功能就可以快速筛选出满足条件的数据。例如，公司要求筛选出"平均成绩"小于 80 分的所有员工信息，操作如下：

(1) 单击 L2 单元格"平均成绩"右侧的下拉按钮，在弹出的下拉菜单中选择"数字筛选"→"自定义筛选"

司要求筛选出"培训成绩统计表"中"销售部"相关的信息，操作如下：

(1) 选中第 2 行，切换到"数据"选项卡，在"排序和筛选"组中单击"筛选"按钮，完成自动筛选的设置。此时在 A2:M2 单元格区域中每个单元格的右侧会出现一个下拉按钮。

(2) 单击下拉按钮，将显示这一列所有不重复的值，用户可以根据需要进行选择。单击 E2 单元格"隶属部门"右侧的下拉按钮，在弹出的下拉菜单中取消勾选"全选"复选框，勾选"销售部"复选框，单击"确定"按钮，如图 2-75 所示。

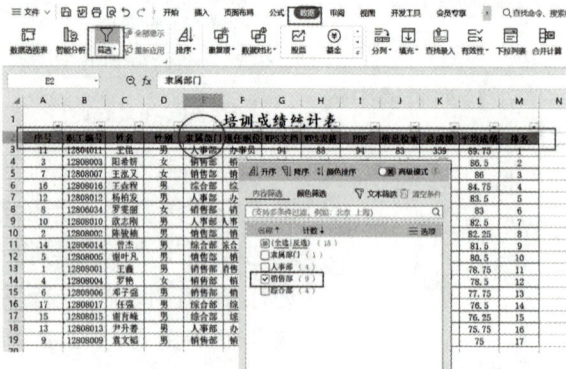

图 2-75　筛选图

在"数据"选项卡中单击"筛选"按钮，可以将"培训成绩统计表"恢复原样，如图 2-76 所示。

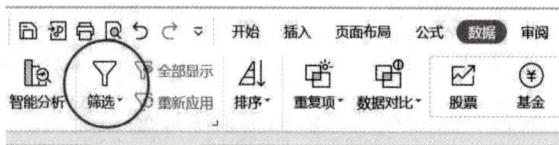

图 2-76　清除筛选图

3) 分类汇总

分类汇总是在工作表中轻松、快速地汇总数据的方法。该方法能够让用户从原始数据表中快速获得有用的信息。例如，公司要分类汇总不同部门员工培训的平均成绩，操作如下：

(1) 选中 A2:L12 单元格区域，在"数据"选项卡中单击"排序"的下拉按钮，选择"自定义排序"命令。在弹出的对话框"列"区域的"主要关键字"下拉列表框中选择"隶属部门"选项，在"次序"区域的下拉列表框中

命令，弹出"自定义自动筛选方式"对话框。

(2) 按"显示行"下面的下拉按钮，选择"小于"，在文本框中输入"80"，单击"确定"按钮，如图 2-82 所示。

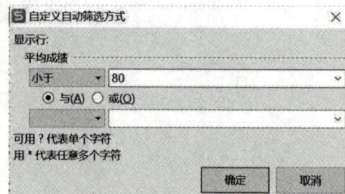

图 2-82　指定条件筛选图

分类汇总

WPS 表中"分类汇总"的功能是按照一定的标准对数据进行分类，然后进行统计。例如，根据要分类的内容、汇总的方式、汇总的对象等进行分类统计。

分类汇总有三个参数：分类字段、汇总方式和选定汇总项。分类字段按照每一列的标题进行分类。汇总方式包括求和、计数、平均值、最大值、最小值、乘积、计数值、标准偏差、总体标准偏差、方差、总体方差等多种数学方式。选定汇总项根据分类字段和汇总方式在表格中显示汇总信息。

例如，公司要汇总不同部门学员的培训总成绩，就需要在"分类汇总"对话框中将"分类字段"选择为"隶属部门"，"汇总方式"选择为"求和"，"选定汇总项"选择为"总成绩"，如图 2-83 所示。

选择"升序"选项。

(2) 在工作表中选中 A2:M19 单元格，在"数据"选项卡中点击"分类汇总"按钮，弹出"分类汇总"对话框。

(3) 在"分类字段"下拉列表框中选择"隶属部门"选项，在"汇总方式"下拉列表框中选择"平均值"选项，在"选定汇总项"列表框中勾选"平均成绩"复选框，单击"确定"按钮，如图2-77所示。

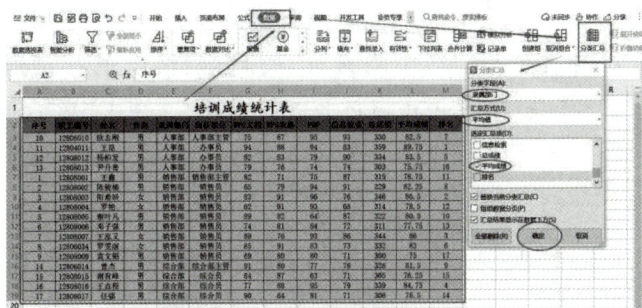

图 2-77 分类汇总操作图

若要取消数据的分类汇总，只需打开"分类汇总"对话框，单击"全部删除"按钮即可，如图2-78所示。

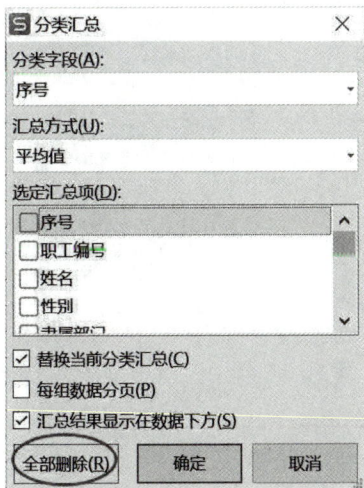

图 2-78 取消分类汇总

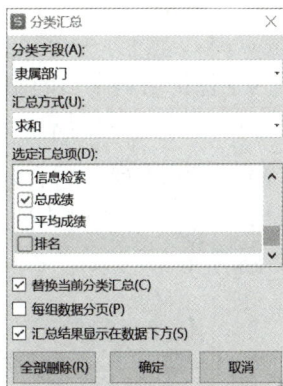

图 2-83 "分类汇总"对话框

得到的结果如图 2-84 所示。

图 2-84 汇总结果图

分类汇总上述操作可以按不同部门汇总员工培训成绩的平均成绩，公司可以根据此结果进行各部门培训情况的对比分析，以便后续对员工开展有针对性的培训工作。

2.3.5　能力拓展

为了保护培训学员的隐私，可以对统计表中的排名进行隐藏，具体操作如下：

操作步骤	知识链接
(1) 选中 M 列。 (2) 单击鼠标右键，选择"隐藏"选项，如图 2-85 所示。 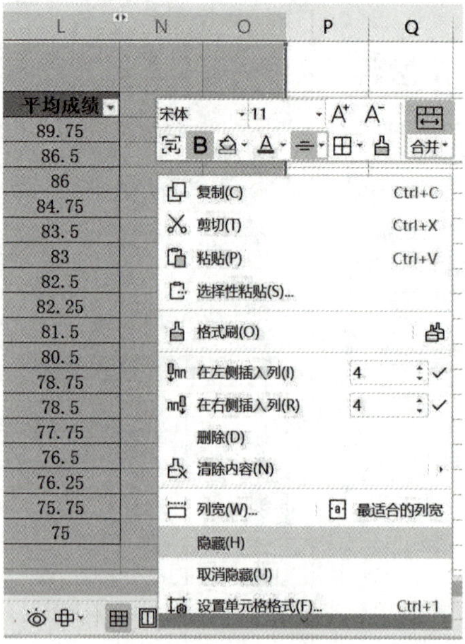 图 2-85　隐藏 M 列图 隐藏"排名"这一列后得到的结果如图 2-86 所示。  图 2-86　隐藏"排名"结果图	**隐藏行列** 　(1) 隐藏行 (列)。选中某行 (列)，单击鼠标右键后选择"隐藏"，即可隐藏该行 (列)。 　(2) 取消隐藏行/列。同时选中表格中隐藏行 (列) 前后两侧的行 (列)，单击鼠标右键后选择"取消隐藏"，即可取消隐藏行 (列)。 　上述两种操作如图 2-87 所示。 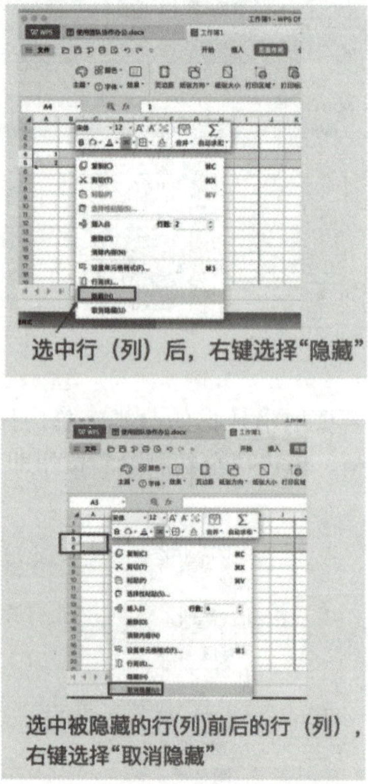 选中行（列）后，右键选择"隐藏" 选中被隐藏的行(列)前后的行（列），右键选择"取消隐藏" 图 2-87　隐藏和取消隐藏行列图

2.3.6 任务考评

任务 2 【制作培训成绩统计表】考评记录

学生姓名		班级		考评日期	
实训地点		学号		任务评分	
考核点	考核内容与目标			标准分值	得分
1	新建表格 利用任意一种方法创建表格并正确保存			5	
2	输入表格内容 根据给定表格完成内容输入			5	
3	计算总成绩 掌握符号或者 SUM 函数方法计算相同单元格之和，掌握复制单元格			10	
4	计算平均成绩 掌握修改 AVERAGE 函数的参数，掌握自动填充单元格			10	
5	计算排名 掌握插入其他函数的操作，了解 RANK 函数以及掌握 RANK 函数参数的修改			20	
6	分析工作表 掌握工作表的排序、筛选、分类汇总操作			20	
7	隐藏行列 掌握隐藏行列的方法			10	
8	实训管理：整理、整顿、清扫、清洁、素养、安全等			5	
	团队精神：沟通、协作、互助、主动			5	
	工单和笔记：清晰、完整、准确、规范			5	
	学习反思：技能点表达、反思改进等			5	
学生反馈					
教师评语					

小　结

　　本节主要介绍了单元格的三种引用方法，学生需要重点掌握 SUM、AVERAGE、RANK 函数的使用，以及排序、筛选、分类汇总的操作方法。

课后习题

一、填空题

1. 相对引用指用列标和行号直接表示 (　　　　　)。
2. 绝对引用指在表示单元格的列标和行号前加 (　　　　) 符号。

二、不定项选择题

1. 常用的引用方式有 (　　　　)。
A. 相对引用　　　　　　　　B. 组合引用　　　　　　C. 混合引用
2. 计算平均成绩选择 (　　　　) 函数。
A. SUM　　　　　　　　　　B. AVERAGE
C. RANK　　　　　　　　　　D. MAX

三、操作题

　　编辑"××公司新员工培训成绩统计表"表格，具体要求如下：
(1) 新建表格，并参照图 2-88 录入原始数据。

××公司新员工培训成绩统计表

序号	工号	部门	姓名	PPT成绩	Word成绩	Excel成绩	总成绩	平均成绩	排名
1	106080101	销售部	李天阳	76.52	83.42	87.76			
2	106080102	维修部	罗熙鑫	80.96	68.13	72.52			
3	106080106	开发部	朱萱	80.86	69.68	85.26			
4	106080104	维修部	邹丽丽	83.38	76.41	68.35			
5	106080105	开发部	梁新	86.09	70.68	82.45			
6	106080106	销售部	李雅洁	72.44	83.81	82.08			
7	106080107	销售部	毛一浩	70.04	83.39	79.58			
8	106080108	开发部	王焕露	81.36	82.99	81			
9	106080101	维修部	宋跃先	80.96	84.8	71.58			
10	106080110	开发部	吴恺	80.86	81.33	60			
11	106080111	销售部	刘源	83.38	80.6	87.17			
12	106080112	维修部	李娇媚	86.09	73.6	71.36			
13	106080116	维修部	谭心怡	72.44	81.33	83.08			
14	106080114	开发部	刘勃	70.04	78.4	66.17			
15	106080115	销售部	吕莹	72.44	84.8	84.92			
16	106080116	销售部	李山烨	70.04	81.33	63.36			
17	106080117	销售部	梁轩涛	69.42	80.6	46.33			

图 2-88　原始数据表格图

(2) 计算 PPT、Word、Excel 三门课程的总成绩。

(3) 计算 PPT、Word、Excel 三门课程的平均成绩。

(4) 计算排名。

(5) 根据不同的部门，将员工的平均成绩按照升序的方式分类汇总，得到的结果如图 2-89 所示。

××公司新员工培训成绩统计表

序号	工号	部门	姓名	PPT成绩	Word成绩	Excel成绩	总成绩	平均成绩	排名
14	106080114	开发部	刘勃	70.04	78.4	66.17	214.61	71.53666667	16
10	106080110	开发部	吴恺	80.86	81.33	60	222.19	74.06333333	13
3	106080106	开发部	朱萱	80.86	69.68	85.26	235.8	78.6	9
5	106080105	开发部	梁新	86.09	70.68	82.45	239.22	79.74	5
8	106080108	开发部	王焕露	81.36	82.99	81	245.35	81.78333333	3
		开发部 平均值						77.14466667	
2	106080102	维修部	罗熙鑫	80.96	68.13	72.52	221.61	73.87	14
4	106080104	维修部	邹丽丽	83.38	76.41	68.35	228.14	76.04666667	12
12	106080112	维修部	李娇媚	86.09	73.6	71.36	231.05	77.01666667	11
13	106080116	维修部	谭心怡	72.44	81.33	83.08	236.85	78.95	8
9	106080101	维修部	宋跃先	80.96	84.8	71.58	237.34	79.11333333	7
		维修部 平均值						76.99933333	
17	106080117	销售部	梁轩涛	69.42	80.6	46.33	196.35	65.45	17
16	106080116	销售部	李山烽	70.04	81.33	63.36	214.73	71.57666667	15
7	106080107	销售部	毛一浩	70.04	83.39	79.58	233.01	77.67	10
6	106080106	销售部	李雅洁	72.44	83.81	82.08	238.33	79.44333333	6
15	106080115	销售部	吕莹	72.44	84.8	84.92	242.16	80.72	4
1	106080101	销售部	李天阳	76.52	83.42	87.76	247.7	82.56666667	2
11	106080111	销售部	刘源	83.38	80.6	87.17	251.15	83.71666667	1
		销售部 平均值						77.30619048	
		总平均值						77.16843137	

图 2-89　结果图

2.4 【任务3】绘制培训成绩分析图

2.4.1 任务描述

任务场景	员工信息化技术培训已结束，人事处小李需向领导汇报员工培训成绩，为了更直观地分析员工培训情况，领导要求小李绘制培训成绩分析图。
任务要求	分析上面的工作情境，我们需要完成下列任务： (1) 创建图表：图表的创建方法。 (2) 编辑图表：图表的编辑、修改方法。 (3) 美化图表：图表的美化方法。
知识准备	图表表达信息的方式更加直接、简洁，其在各项工作中占有不可替代的地位。WPS 表格提供了多种类型的图表，用于生动形象地展示不同类型的数据，分析人员可以通过图表找到数据的逻辑关系、数据的变化趋势，据此作出合理的分析和预测。 　　WPS 表格主要提供以下几大类图表。 　　(1) 柱形图：由一系列垂直条组成，通常用来比较一段时间中两个或多个项目的相对尺寸。柱形图是应用较广的图表类型，很多人用图表都是从它开始的。 　　(2) 折线图：用来显示一段时间内的趋势，比如数据在一段时间内呈增长趋势，在另一段时间内处于下降趋势。我们可以通过折线图对将来作出预测。 　　(3) 饼图：用于对比几个数据在其形成的总和中所占的百分比值。整个饼代表总和，每一个数用扇形面积代表。饼图虽然只能表达一个数据列的情况，但因为表达清楚明了，又易学好用，所以在实际工作中用得比较多。 　　(4) 条形图：由一系列水平条组成，使得对于时间轴上的某一点，两个或多个项目的相对尺寸具有可比性。条形图中的每一条在工作表上是一个单独的数据点或数。因为它与柱形图的行和列刚好相反，所以有时可以互换使用。

知识准备	(5) 面积图：显示一段时间内变动的幅值。当有几个部分正在变动，且对那部分的总和感兴趣时，面积图特别有用。面积图能使用户单独看见各部分的变动，同时也能看到总体的变化，即显示部分与整体的关系。 (6) XY 散点图：展示成对的数和它们所代表的趋势之间的关系。对于每一个数对，一个数被绘制在 X 轴上，另一个数被绘制在 Y 轴上。过两点做轴垂线，相交处在图表上有一个标记。当大量的这种数对被绘制后，将弹出一个图形。散点图的重要作用是可以用来绘制函数曲线，从简单的三角函数、指数函数、对数函数到更复杂的混合型函数，都可以利用它快速准确地绘制出曲线，所以在教学、科学计算中会经常用到。 (7) 股价图：一类比较复杂的专用图形，必须按照正确的顺序来组织数据才能创建股价图。其主要用来研判股票或期货市场的行情，描述一段时间内股票或期货的价格变化情况，也可用于其他科学数据，如显示日降雨量、每年温度的波动等。 (8) 雷达图：显示数据如何按中心点或其他数据变动。每个类别的坐标从中心点辐射，来源于同一序列的数据与线条相连。可以采用雷达图来绘制几个内部关联的序列，很容易地制作出可视的对比。 (9) 组合图：将多种图表类型组合在一起，使数据更易被理解。

2.4.2　任务分析

任务技术分析	在本次任务中，需要掌握以下技能： (1) 创建图表：选定数据区域、设置图表类型等。 (2) 编辑图表：编辑图表元素、更改图表类型、设置图表位置和大小、动态更新图表、删除图表等。 (3) 美化图表：设置图表样式等。
任务职业素养分析	(1) 简洁、有效：制作出的图表能一目了然地得到需要的数据信息，且没有多余的数据信息。 (2) 准确、适用：能准确地选择适当的图表类型。

2.4.3　示例演示

要完成本次"绘制培训成绩分析图"的任务，在具体操作过程中，可以按以下步骤完成：

(1) 创建图表：选定数据区域、插入图表、设置图表类型等。

(2) 编辑图表：编辑图表标题、设置图表位置及大小、添加数据标签等。

(3) 美化图表：设置图表区格式，包括颜色、边框样式、对齐方式等。

培训成绩分析图绘制完成后的效果如图 2-90 所示。

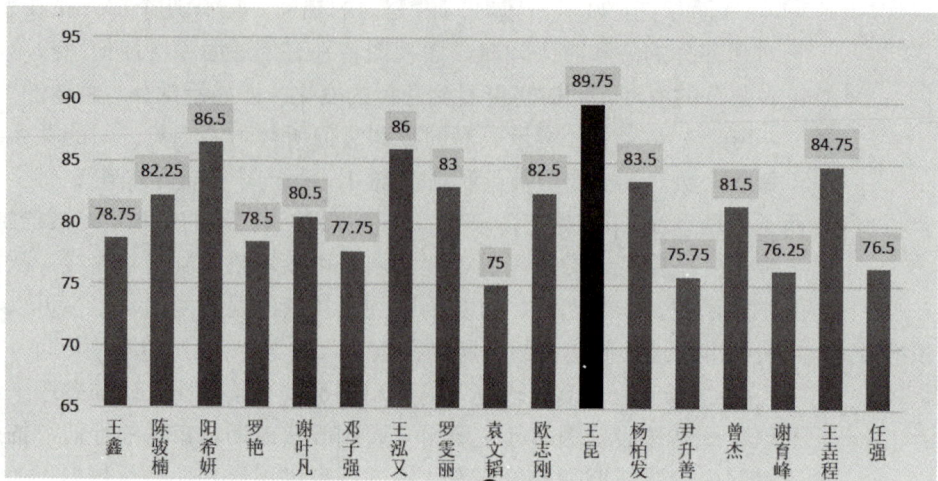

图 2-90　培训成绩分析图

2.4.4　任务实现

操作步骤	知识链接
1. 创建图表 　　打开"培训成绩统计表"，选中 C2:C19 单元格区域，在按住【Ctrl】键的同时选中 L2:L19 单元格区域。在"插入"选项卡的"图表"组中单击"柱形图"按钮，在打开的下拉菜单中选择"二维柱形图"下的"簇状柱形图"，如图 2-91 所示，点击后的效果如图 2-92 所示。 图 2-91　插入柱形图	**创建图表** 　　**1. 选择合适区域** 　　如果只选择一个单元格，则 WPS 表格会自动将紧邻该单元格的有数据的所有单元格作为数据区域，制作出图表中包含整个数据表格内容。 　　如果需要的数据单元格不在连续的区域中，则通过按住【Ctrl】键选择需要的数据区域。 　　选择数据区域时，列标题也要一起选中，否则制作出的图表会出现欠缺数据的情况。 　　**2. 设置图表类型** 　　在"全部图表"选项卡中，可以看到全部的图表类型预览效果，从中选择合适的图表类型，如图 2-93 所示。

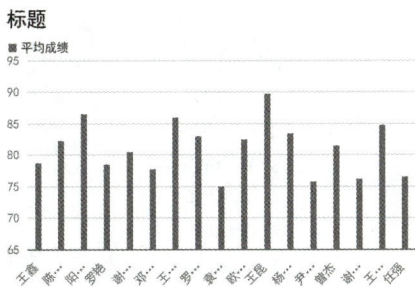

图 2-92 学员平均成绩分析图

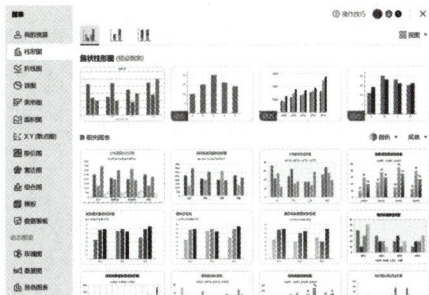

图 2-93 全部图表选项卡

2. 编辑图表

1) 调整图表位置及大小

在图表空白位置按住鼠标左键，将图表拖曳至合适位置。将鼠标指针移至图表的右下角，待鼠标指针变成双向指针形状时按住鼠标左键向外拖曳，待图表调整至合适大小后释放鼠标，如图 2-94 所示。

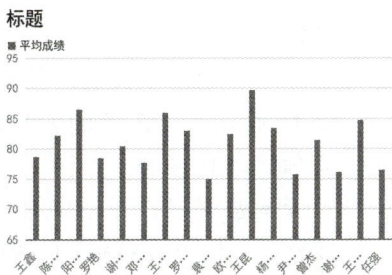

图 2-94 调整图表位置及大小

2) 编辑图表标题

选中图表标题，双击鼠标左键修改标题，修改其内容为"培训平均成绩分析表"。选中图表标题，单击"开始"选项卡，在"字体"组中设置图表标题文字的字体为微软雅黑、字号为 16，移动标题至图表中间位置，效果如图 2-95 所示。

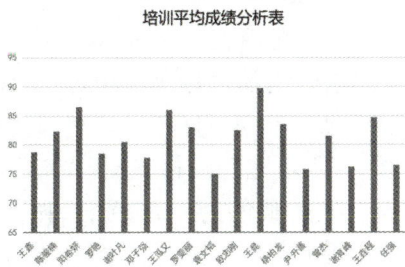

图 2-95 编辑图表标题

编辑图表

1. 更改图表类型

选中图表，选择"图表工具"选项卡中的"更改类型"，弹出"更改图表类型"对话框，选择想要更改的图表类型，单击"确定"按钮即可。

2. 动态更新图表

生成图表后，若需要修改图表数据，则可以直接修改原始数据，图表会自动更新，没必要重新生成图表。

3. 更改图表元素

图表的元素包括坐标轴、轴标题、图表标题、数据标签、数据表、误差线、网格线、图例、趋势线等，用户均可勾选添加并进行相应设置。

想要添加或更改图表元素，只需选中需要更改的图表，选中"图表工具"选项卡下的"添加元素"选项，点击其下拉按钮，即可弹出选项列表进行相应操作，如图 2-97 所示。

3) 添加数据标签

单击图表边框右侧的"图表元素"按钮，在弹出的"图表元素"菜单中勾选"数据标签"复选框，如图2-96所示。

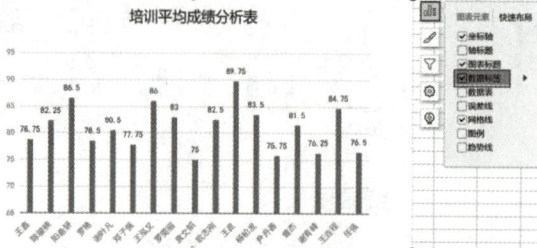

图2-96　添加数据标签

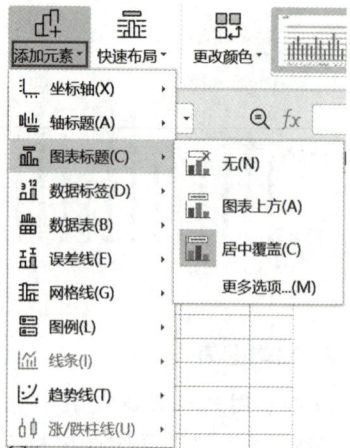

图2-97　添加图表元素

4. 删除图表

想要删除图表，选中需要删除的图表，按【Delete】键即可删除。

3. 美化图表

1) 设置图表样式

在"图表工具"选项卡的样式选项中单击下拉按钮，选择WPS表格"预设样式"组中的"样式7"选项，如图2-98所示。

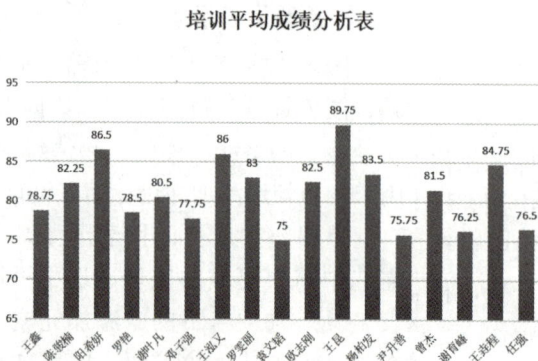

图2-98　设置图表样式

2) 设置图表区属性

用鼠标左键双击图表区，打开"属性"窗格，单击"图表选项"中的"填充与线条"，单击"填充"右侧的下拉按钮，在弹出的菜单中选择"灰色"，如图2-99所示。

美化图表

图表制作完成后，可根据需要按照要求选择合适的背景、色彩、字体等美化图表。在图表中双击任何元素都可以打开相应的格式设置窗格，在该窗格中可美化图表。

在设置图表格式中，如双击坐标轴，则右侧出现如图2-100所示的"属性"窗格，选择"坐标轴选项"可以对"线条与填充""效果""大小与属性""坐标轴"进行设置，选择"文本选项"可以对"填充与轮廓""效果""文本框"进行设置。

设置数据标签格式

在数据标签上单击鼠标左键，在弹出的快捷菜单中选择"标签选项"命令，打开"填充与线条"下的"填充"窗格，选择"纯色填充"，设置颜色为"蓝色"，如图2-101所示。

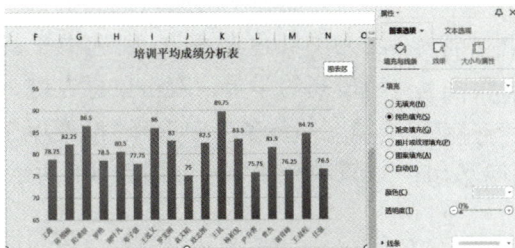

图 2-99　设置图表区格式

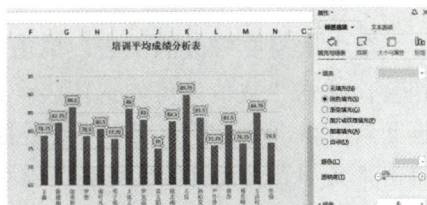

图 2-101　设置数据标签格式

3) 设置坐标轴格式

在图表的水平坐标轴上双击鼠标左键，在弹出的快捷菜单中单击"坐标轴选项"命令，选择"大小与属性"标签，点击"对齐方式"下拉按钮，"文字方向"选择"竖排"，如图 2-100 所示。

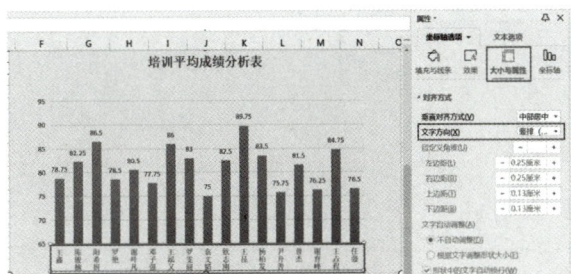

图 2-100　设置坐标轴格式

2.4.5　能力拓展

创建图表后，可以通过快捷按钮设置图表样式、图表元素、数据标签等，具体操作如下：

操作步骤	知识链接
1. 快速更改图表元素 　选中所需要修改的图表，单击右边出现的按钮 📊，单击"图表元素"可对元素进行设计，单击"快速布局"可快速布局图表，如图 2-102 所示。 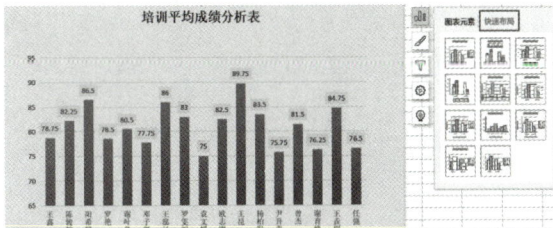 图 2-102　快速更改图表元素	**快速更快图表样式** 　选择所需要修改的图表，单击右边出现的按钮 🖌，单击"样式"可选择所需的图表样式，单击"颜色"可修改图表颜色，如图 2-103 所示。 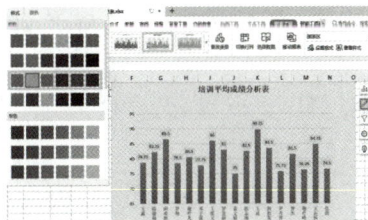 图 2-103　快速更改图表样式

2.快速更改数据标签

选中所需要修改的图表，单击右边出现的按钮 ▽，单击"数值"可勾选图表中需要显示的数据元素，点击"选择数据"可对数据源进行编辑，单击"名师"可设置数据系列与类别，如图 2-104 所示。

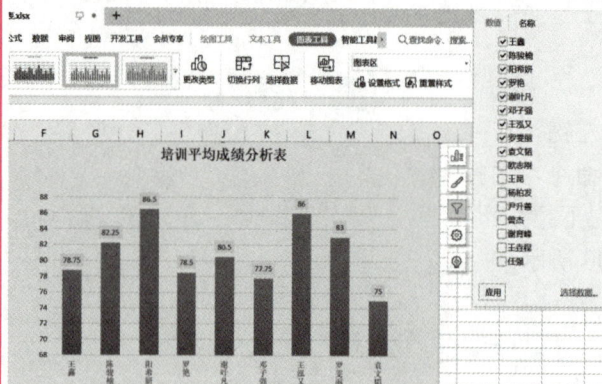

图 2-104　快速更改数据标签

如需将平均成绩最高的学员标注为"红色渐变"，则选中平均成绩最高的学员，双击鼠标左键，在"填充与线条"中选择"渐变填充"，设置填充颜色，如图 2-105 所示。

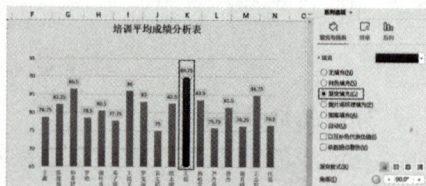

图 2-105　设置图表特色样式

2.4.6　任务考评

任务 3　【绘制培训成绩分析图】考评记录

学生姓名		班级		任务评分	
实训地点		学号		日期	
序号	考核内容			标准分	得分
1	创建图表 区域选择、图表类型设置方法			10	
2	编辑图表				
	调整图表位置及大小、编辑图表标题等			10	
	添加数据标签、动态更新图表等			10	
	更改图表类型、图表元素等			10	
3	美化图表				
	设置图表样式、图表区属性等			20	
	设置数据标签格式及设置坐标轴格式等			20	
4	职业素养				
	实训管理：整理、整顿、清扫、清洁、素养、安全等			5	
	团队精神：沟通、协作、互助、主动			5	
	工单和笔记：清晰、完整、准确、规范			5	
	学习反思：技能点表达、反思改进等			5	
学员反馈					
教师评语					

小　结

　　本节主要介绍了用 WPS 表格绘制数据分析图的方法，学生需要重点掌握创建图表、编辑图表、美化图表的方法，针对不同的效果应学会进行相应的设置。

课后习题

一、填空题

1. 在 WPS 图表中，(　　　　　) 可以用来比较一段时间中两个或多个项目的相对尺寸。

2. 在 WPS 表格中，选取多个非连续工作表组成一个工作组，通过按住 (　　　　　) 键后，再单击选取。

二、不定项选择题

1. 在 WPS 表格中有关图表的说法，正确的有 (　　　　　)。

A. 删除数据源对图表没有影响

B. "图表"命令在"插入"选项卡下

C. 删除图表对数据源没有影响

D. 折线图可以直观地反映出数据变化趋势

2. 在 WPS 表格中，由工作表中的数据生成了相应的柱形图，如果工作表中的数据发生了变化，则柱形图 (　　　　　)。

A. 必须进行编辑后才会发生变化

B. 会发生变化，但与数据无关

C. 会发生相应的变化

D. 不会发生变化

3. 对于已经建立好的 WPS 图表，下列说法正确的有 (　　　　　)。

A. 图表是一种特殊类型的工作表

B. 图表中的数据也是可以编辑的

C. 图表可以复制和删除

D. 图表中各项是一体的，不可分开编辑

三、操作题

参照图 2-106 绘制"销售部员工工资分析图"，具体要求如下：

(1) 选择合适的数据区域创建图表。

(2) 修改图表标题为"销售部员工工资分析图"，设置字体为黑色、微软雅黑、14 号、居中。

(3) 在图表预设样式中选择"样式 16",填充颜色为红色渐变。

(4) 添加数据标签,数据标签最高值字体加粗。

(5) 设置坐标轴标签。

销售部员工工资分析图

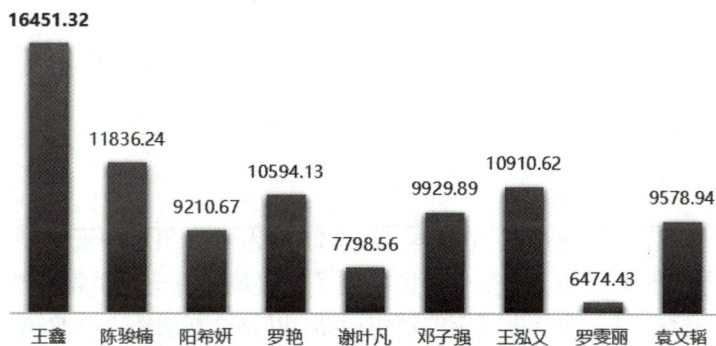

图 2-106 销售部员工工资分析图

2.5　【任务4】编辑培训成绩透视表

2.5.1　任务描述

任务场景	公司销售部在 2022 年 11 月 11 日为所有门店中五种型号的洗衣机举办了促销活动，小蔡也因此接到了快速统计每一位销售员的销售业绩、每一位销售主管负责门店的销售业绩，以及绘制销售主管业绩分析图的任务。为此，小蔡需要借助数据透视表功能对当日的销售情况进行快速的汇总和筛选，并绘制数据透视图。
任务要求	分析上面的工作情境，我们需要完成下列任务： (1) 数据透视表样式的选择。 (2) 数据透视表布局的设置。 (3) 数据透视表字段的设置。 (4) 数据透视图样式的选择。
知识准备	数据透视表是一种可以快速汇总、分析大量数据表格的交互式分析工具。使用数据透视表可以按照数据表格的不同字段从多个角度进行透视，并建立交叉表格，用以查看数据表格不同层面的汇总信息、分析结果以及摘要数据。 　　使用数据透视表可以深入分析数值数据，以帮助用户发现关键数据，并作出有关企业中关键数据的决策。 　　(1) 数据透视表的基本术语包括数据源、字段和项。 　　数据源用于创建数据透视表的数据源，可以是单元区域、定义的名称、另一个数据透视表数据或其他外部数据来源。 　　字段是数据源中各列的列标题，每个字段代表一类数据。字段可分为报表筛选字段、行字段、列字段、值字段。 　　项是每个字段中包含的数据，表示数据源中字段的唯一条目。 　　(2) 数据透视表有四大区域，分别是行区域、列区域、值区域、报表筛选区域。

2.5.2　任务分析

任务主要技术分析	在本次任务中，需要掌握以下技能： (1) 理解透视表的定义、作用、功能。 (2) 掌握透视表的制作和交互。 (3) 掌握插入透视图。 (4) 能够通过透视表和透视图分析数据。
任务职业素养分析	(1) 精准：输入数据处理时需精准、合适。 (2) 创新：透视表和透视图的样式不一，可以发挥创新性，创造交互良好的图表。 (3) 理性：通过客观的数据判断事物，理性分析。

2.5.3　示例演示

　　先制作"原始数据表"，然后分别对员工和主管进行分析处理，得到"销售员业绩分析表"和"销售主管业绩分析表"，再通过"销售主管业绩分析表"创建数据透视图，得到饼图"销售主管业绩分析图"。最终展示效果如图 2-107 所示。

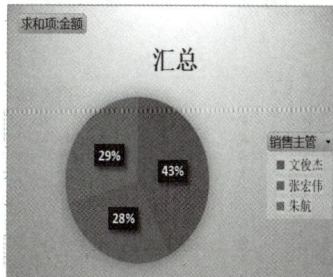

求和项:金额	产品				
销售员	波轮式洗衣机	滚筒式洗衣机	搅拌式洗衣机	喷流式洗衣机	总计
曾耿彬	2,688.00				2,688.00
曾姣			17,400.00		17,400.00
曾庆林			34,800.00		34,800.00
曾毅	5,376.00				5,376.00
陈峰	18,816.00				18,816.00
方振东			25,952.00		25,952.00
黎亲鑫		8,850.00			8,850.00
黎山锋	10,752.00				10,752.00
罗超俊			12,976.00		12,976.00
罗睿		35,400.00			35,400.00
汤强				29,000.00	29,000.00
文良勇		17,700.00			17,700.00
许龙杰				11,600.00	11,600.00
杨倩			19,464.00		19,464.00
张龙龙		26,550.00			26,550.00
赵彬龙	13,440.00				13,440.00
赵敏			38,928.00		38,928.00
邹龙		26,550.00			26,550.00
总计	51,072.00	115,050.00	97,320.00	92,800.00	356,242.00

销售主管	求和项:金额
文俊杰	151894
张宏伟	99068
朱航	105280
总计	356242

图 2-107　数据透视表和数据透视图

2.5.4 任务实现

操作步骤	知识链接
1. 创建原始数据表 (1) 新建工作表。 　启动 WPS 表格新建一个工作簿，将其保存并命名为"销售统计表"，将"Sheet1"重命名为"原始数据表"。 (2) 输入数据。 　在"原始数据表"中输入原始数据，如图 2-108 所示。	**设置单元格格式** (1) 选中 H3:I20 单元格区域，单击鼠标右键。 (2) 在弹出的快捷菜单中单击"设置单元格格式"命令，打开"单元格格式"对话框。 (3) 在"数字"选项卡下的"分类"列表框中选择"会计专用"选项。 (4) 在右侧设置"小数位数"为"2"，"货币符号"为"无"，如图 2-110 所示。

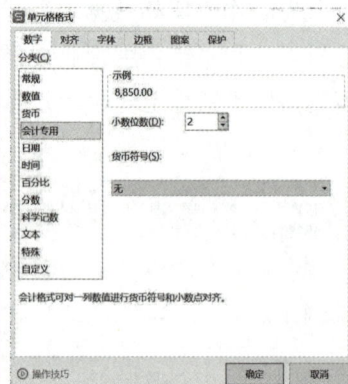

操作步骤栏：

销售统计表

日期	门店	销售主管	销售员	产品	销售数量	计量单位	单价	金额
2022/11/11	门店1	朱航	罗睿	滚筒式洗衣机	4	台	8850	35400
2022/11/11	门店1	朱航	罗超俊	搅拌式洗衣机	2	台	6488	12976
2022/11/11	门店1	朱航	陈峰	波轮式洗衣机	7	台	2688	18816
2022/11/11	门店2	朱航	邹龙	滚筒式洗衣机	3	台	8850	26550
2022/11/11	门店2	朱航	黎亲鑫	滚筒式洗衣机	1	台	8850	8850
2022/11/11	门店2	朱航	曾耿彬	波轮式洗衣机	1	台	2688	2688
2022/11/11	门店3	张宏伟	赵敏	搅拌式洗衣机	6	台	6488	38928
2022/11/11	门店3	张宏伟	赵彬龙	波轮式洗衣机	5	台	2688	13440
2022/11/11	门店4	张宏伟	许龙杰	喷流式洗衣机	2	台	5800	11600
2022/11/11	门店4	张宏伟	文良勇	滚筒式洗衣机	2	台	8850	17700
2022/11/11	门店4	张宏伟	曾姣	喷流式洗衣机	3	台	5800	17400
2022/11/11	门店5	文俊杰	方振东	搅拌式洗衣机	4	台	6488	25952
2022/11/11	门店5	文俊杰	张龙龙	滚筒式洗衣机	3	台	8850	26550
2022/11/11	门店5	文俊杰	汤强	喷流式洗衣机	5	台	5800	29000
2022/11/11	门店6	文俊杰	曾庆林	喷流式洗衣机	6	台	5800	34800
2022/11/11	门店6	文俊杰	曾毅	波轮式洗衣机	2	台	2688	5376
2022/11/11	门店6	文俊杰	黎山锋	波轮式洗衣机	4	台	2688	10752
2022/11/11	门店6	文俊杰	杨倩	搅拌式洗衣机	3	台	6488	19464

图 2-108　原始数据表格

(3) 设置单元格格式。

将"单价"和"金额"中的数字保留小数点后两位，其他格式设置完成后，得到的"原始数据表"，效果如图 2-109 所示。

销售统计表

日期	门店	销售主管	销售员	产品	销售数量	计量单位	单价	金额
2022/11/11	门店1	朱航	罗睿	滚筒式洗衣机	4	台	8,850.00	35,400.00
2022/11/11	门店1	朱航	罗超俊	搅拌式洗衣机	2	台	6,488.00	12,976.00
2022/11/11	门店1	朱航	陈峰	波轮式洗衣机	7	台	2,688.00	18,816.00
2022/11/11	门店2	朱航	邹龙	滚筒式洗衣机	3	台	8,850.00	26,550.00
2022/11/11	门店2	朱航	黎亲鑫	滚筒式洗衣机	1	台	8,850.00	8,850.00
2022/11/11	门店2	朱航	曾耿彬	波轮式洗衣机	1	台	2,688.00	2,688.00
2022/11/11	门店3	张宏伟	赵敏	搅拌式洗衣机	6	台	6,488.00	38,928.00
2022/11/11	门店3	张宏伟	赵彬龙	波轮式洗衣机	5	台	2,688.00	13,440.00
2022/11/11	门店4	张宏伟	许龙杰	喷流式洗衣机	2	台	5,800.00	11,600.00
2022/11/11	门店4	张宏伟	文良勇	滚筒式洗衣机	2	台	8,850.00	17,700.00
2022/11/11	门店4	张宏伟	曾姣	喷流式洗衣机	3	台	5,800.00	17,400.00
2022/11/11	门店5	文俊杰	方振东	搅拌式洗衣机	4	台	6,488.00	25,952.00
2022/11/11	门店5	文俊杰	张龙龙	滚筒式洗衣机	3	台	8,850.00	26,550.00
2022/11/11	门店5	文俊杰	汤强	喷流式洗衣机	5	台	5,800.00	29,000.00
2022/11/11	门店6	文俊杰	曾庆林	喷流式洗衣机	6	台	5,800.00	34,800.00
2022/11/11	门店6	文俊杰	曾毅	波轮式洗衣机	2	台	2,688.00	5,376.00
2022/11/11	门店6	文俊杰	黎山锋	波轮式洗衣机	4	台	2,688.00	10,752.00
2022/11/11	门店6	文俊杰	杨倩	搅拌式洗衣机	3	台	6,488.00	19,464.00

图 2-109　"原始数据表"效果图

知识链接栏：

图 2-110　单元格设置格式

2. 创建数据透视表

数据透视表是一种动态工作表，是一种表示交互式、交叉制表的电子表格，具有快速汇总和按条件筛选数据的功能。在数据透视表中，可以转换行和列以查看源数据的不同汇总结果，也可以显示不同页面以筛选数据，还可以根据需要显示区域中的明细数据。

(1) 新建一个名为"销售员业绩分析表"的表格，如图 2-111 所示。

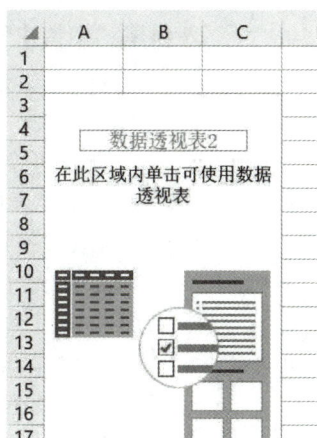

图 2-111　销售员业绩分析表

(2) 将选择要添加到报表的字段列表框中的"日期"字段拖曳至"筛选"列表框，将"销售员"字段拖曳至"行"列表框，将"产品"字段拖曳至"列"列表框，将"金额"字段拖曳至"∑值"列表框，如图 2-112 所示。

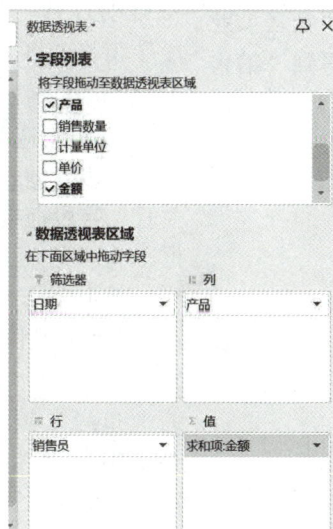

图 2-112　拖曳字段

新建数据透视表

(1) 在"原始数据表"中单击任意非空单元格，切换到"插入"选项卡，单击"表格"组中的"数据透视表"按钮，如图 2-116 所示。

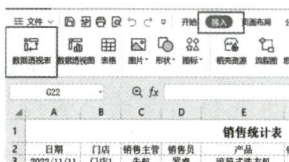

图 2-116　"数据透视表"按钮

(2) 在弹出的"创建数据透视表"对话框的"表/区域"文本框中，默认的工作数据区域为"原始数据表 \$A\$2：\$I\$20"，在"选择放置数据透视表的位置"栏中默认选中"新工作表"，单击"确定"按钮，如图 2-117。

图 2-117　"数据透视表"对话框

(3) WPS 表格自动创建包含数据透视表的"Sheet2"后，将自动打开"数据透视表字段"窗格。将"Sheet2"重命名为"销售员业绩分析表"。

设置"设计"选项卡

(1) 在"设计"选项卡的

（3）设置"设计"选项卡，如图 2-113 所示。

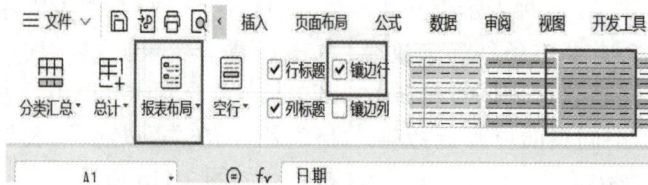

图 2-113　设置"设计"图

（4）设置字体和对齐方式，调整行高、列宽。单击 B1 单元格右侧的下拉按钮，选择"2022/11/11"选项。最终结果如图 2-114 所示。

图 2-114　"销售员业绩分析表"结果图

从图 2-114 中可以直观地看出每一位销售员当日销售各种产品的情况，公司进行对比分析后可以对员工进行绩效考核，合理分配销售资源。

（5）创建"销售主管业绩分析表"与创建"销售员业绩分析表"操作类似，按照右列所讲的步骤得到"销售主管业绩分析表"，如图 2-115 所示。

图2-115　"销售主管业绩分析表"结果图

"布局"组中单击"报表布局"按钮，在弹出的菜单中单击"以表格形式显示"命令。

（2）在"设计"选项卡的"数据透视表样式选项"组中勾选"镶边行"复选框。

在弹出的样式下拉列表框中选择"浅蓝，数据透视表样式浅色 16"。

创建"销售主管业绩分析表"

（1）切换到"原始数据表"工作表，单击任意非空单元格，切换到"插入"选项卡，单击"表格"组中的"数据透视表"按钮。

（2）在弹出的"创建数据透视表"对话框的"表/区域"文本框中，默认的工作数据区域为"原始数据表 $A$2:$I$20"，在"选择放置数据透视表的位置"栏中默认选中"新工作表"，单击"确定"按钮。

（3）WPS 表格自动创建包含数据透视表的"Sheet3"后，将自动打开"数据透视表字段"窗格。将"Sheet3"重命名为"销售主管业绩分析表"。

（4）将"选择要添加到报表的字段"列表框中的"销售主管"字段拖曳至"行"列表框，将"门店"字段拖曳至"行"列表框，将"金额"字段拖曳至"∑ 值"列表框。

（5）点击"设计"选项卡的"布局"按钮，在弹出的菜单中单击"以表格形式显示"命令。

（6）设置字体和对齐方式，调整行高、列宽。

3. 创建数据透视图

如果需要更直观地查看和比较数据透视表中的结果，可以利用 WPS 表格提供的数据透视图。与一般图表比较，一般的图表为静态图表；而数据透视图与数据透视表一样，为交互式的动态图表。

下面以创建"销售主管业绩分析图"为例介绍数据透视图的创建方法。

1) 创建"销售主管业绩分析图"

在"销售统计表"工作簿中新建一张工作表，重命名为"销售主管业绩分析图"，将"销售主管业绩分析表"中的所有内容复制到"销售主管业绩分析图"，如图 2-118 所示。在"销售主管业绩分析图"中取消勾选"数据透视表字段"窗格中的"门店"复选框。

图 2-118　销售主管业绩分析图

2) 创建数据透视图

通过在"销售主管业绩分析表"中选中单元格，插入饼图，设置图表样式，最终结果如图 2-119 所示。

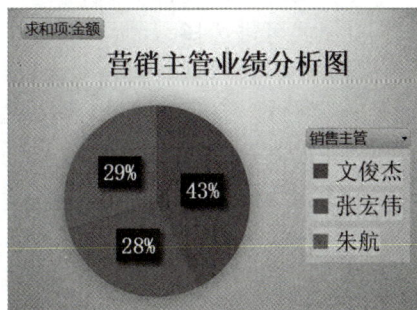

图 2-119　"销售主管业绩分析图"结果图

数据透视图特点

(1) 提高表格报告的生成效率。数据透视表能够快速汇总、分析、浏览和显示数据，对原始数据进行多维度展现。数据透视表能够将筛选、排序和分类汇总等操作依次完成，并生成汇总表格，是强大数据处理能力的具体体现。

(2) 实现表格的一般功能。数据透视表几乎涵盖了表格中大部分的用途，包括图表、排序、筛选、计算、函数等。

(3) 实现人机交互。数据透视表还提供了切片器、日程表等交互工具，可以实现数据透视表报告的人机交互功能。数据透视表最大的特点就是它的交互性。

(4) 数据分组处理。创建一个数据透视表以后，可以任意地重新排列数据信息，并且还可以根据习惯将数据分组。

创建数据透视图

(1) 在"销售主管业绩分析图"表格(见图 2-118)中选中 A3:B5 单元格，在"插入"选项卡中单击"数据透视图"组，在弹出"图表"对话框中选择"饼图"类型，如图 2-120 所示。单击"确定"按钮，可以创建一张饼图。

从图 2-119 中可以看出，销售主管文俊杰管理的门店销售金额占公司总销售金额的 43%，朱航管理的门店销售金额占公司总销售金额的 29%，张宏伟管理的门店销售金额占公司总销售金额的 28%。由此，公司可以更直观地看到每位销售主管的业绩水平及销售主管之间的差距。

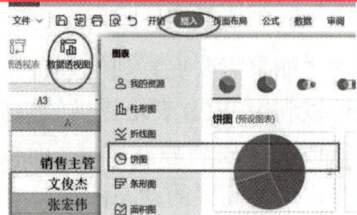

图 2-120　创建饼图

（2）在"设计"选项卡的"图表样式"组中选择"样式 3"，如图 2-121 所示。

图 2-121　选择图表样式

（3）选中图表标题，将其修改为"销售主管业绩分析图"。切换到"开始"选项卡，设置标题文字的字体为宋体、字号为 14、字形为加粗。

2.5.5　能力拓展

不同的制作者有不同的风格，透视表有多种方式可以改变外观，具体操作如下：

操作步骤	知识链接
（1）打开"销售员业绩分析表"，点击"设计"选项卡，点击"样式下拉框"，选择"数据透视图样式中等深浅 6"，如图 2-122 所示。 图 2-122　改变透视图样式	**方法 1：改变数据透视表的外观** 　　选中"数据透视表"，点击"设计"，红色方框里就是数据透视表的的样式。如图 2-124 所示，有众多样式可供选择。 图 2-124　透视图样式

（2）打开"销售员业绩分析表"，点击"页面布局"选项卡，点击"主题"，颜色选择"Office"，字体选择"微软雅黑"，如图2-123所示。

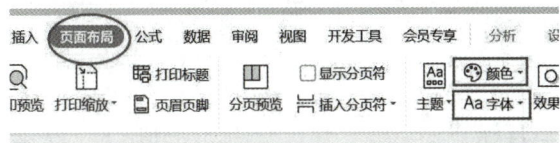

图2-123 改变透视图主题

方法2：改变数据透视表的主题

通过"页面布局"选项卡下的"主题"按钮，有多种颜色的主题可供选择，如图2-125所示。

图2-125 透视图主题

2.5.6　任务考评

任务5【编辑培训成绩透视表】考评记录

学生姓名		班级		考评日期	
实训地点		学号		任务评分	
考核点	考核内容与目标			标准分值	得分
1	新建表格 按照模板创建表格			5	
2	输入表格内容 根据给定表格完成内容输入			5	
3	新建透视表 掌握透视表的基本组成和拖曳，掌握透视表的单元格格式设置			25	
4	新建透视图 了解透视图的特点，掌握透视图的插入和简单的图表设置			25	
5	分析工作表 掌握数据分析			20	
6	实训管理：整理、整顿、清扫、清洁、素养、安全等			5	
	团队精神：沟通、协作、互助、主动			5	
	工单和笔记：清晰、完整、准确、规范			5	
	学习反思：技能点表达、反思改进等			5	
学生反馈					
教师评语					

小　结

本节主要介绍了数据透视表和数据透视图的制作与分析，学生需要掌握数据透视表的新建、拖曳、单元格格式设置，了解数据透视图的特点，掌握数据透视图的插入和简单的图表设置。

课后习题

一、填空题

1. 数据透视表有四大区域，分别是行区域、列区域、值区域、（　　　　　）区域。

2. 数据透视表包括（　　　　　）、字段和项三部分。

二、不定项选择题

1. 下列关于 WPS 表格的说法中，不正确的是（　　　　　）。

A. 可以分析数据

B. 提供了多种图表

C. 可以由表格生成各种图表

D. 没有表格也能生成图表

2. 由 WPS 工作表生成数据透视表时，下列说法正确的是（　　　　　）。

A. 数据透视表只能嵌入在当前工作表中，不能作为新工作表保存

B. 数据透视表不能嵌入在当前工作表中，只能作为新工作表保存

C. 数据透视表既能嵌入在当前工作表中，又能作为新工作表保存

D. 以上说法均不对

3. 下列关于 WPS 表格的描述中，不正确的有（　　　　　）。

A. 工作簿中最多可以设置 16 张工作表

B. 只能制作图表，不能分析数据

C. 工作表的名称由文件名决定

D. 单元格可以用来存取文字、公式、函数等数据

三、操作题

根据"××公司新员工培训成绩统计表"表格，如图 2-126 所示，制作数据透视表和数据透视图。要求：

(1)"部门"为"行"字段，3 门培训成绩为"值"字段的数据透视表，数据透视表放置在现有工作表内。

(2)"部门"为"行"字段，总成绩为"值"字段的数据透视图，数据透视图放置在现有工作表内。

××公司新员工培训成绩统计表

序号	工号	部门	姓名	PPT成绩	Word成绩	Excel成绩	总成绩	平均成绩	排名
14	106080114	开发部	刘勃	70.04	78.4	66.17	214.61	71.53666667	16
10	106080110	开发部	吴恺	80.86	81.33	60	222.19	74.06333333	13
3	106080106	开发部	朱萱	80.86	69.68	85.26	235.8	78.6	9
5	106080105	开发部	梁新	86.09	70.68	82.45	239.22	79.74	5
8	106080108	开发部	王婉露	81.36	82.99	81	245.35	81.78333333	3
		开发部 平均值						77.14466667	
2	106080102	维修部	罗熙鑫	80.96	68.13	72.52	221.61	73.87	14
4	106080104	维修部	邹丽丽	83.38	76.41	68.35	228.14	76.04666667	12
12	106080112	维修部	李娇媚	86.09	73.6	71.36	231.05	77.01666667	11
13	106080116	维修部	谭心怡	72.44	81.33	83.08	236.85	78.95	8
9	106080101	维修部	宋跃先	80.96	84.8	71.58	237.34	79.11333333	7
		维修部 平均值						76.99933333	
17	106080117	销售部	梁轩涛	69.42	80.6	46.33	196.35	65.45	17
16	106080116	销售部	李山烨	70.04	81.33	63.36	214.73	71.57666667	15
7	106080107	销售部	毛一浩	70.04	83.39	79.58	233.01	77.67	10
6	106080106	销售部	李雅洁	72.44	83.81	82.08	238.33	79.44333333	6
15	106080115	销售部	吕莹	72.44	84.8	84.92	242.16	80.72	4
1	106080101	销售部	李天阳	76.52	83.42	87.76	247.7	82.56666667	2
11	106080111	销售部	刘源	83.38	80.6	87.17	251.15	83.71666667	1
		销售部 平均值						77.30619048	
		总平均值						77.16843137	

图 2-126　××公司新员工培训成绩统计表

第3章 演示文稿制作

演示文稿制作是信息化办公的重要组成部分。借助演示文稿制作工具，可快速制作出图文并茂、富有感染力的演示文稿，并且可通过图片、视频及动画等多媒体形式展现复杂的内容，从而使表达的内容更容易理解。本任务以 WPS Office 中的 WPS 演示为工具，讲解演示文稿制作、动画设计、母版制作和使用、演示文稿放映和导出等内容。

学习目标

➢ 了解演示文稿的应用场景，熟悉相关工具的功能、操作界面和制作流程。

➢ 掌握演示文稿的创建、打开、保存、退出等基本操作。

➢ 熟悉演示文稿不同视图方式的应用。

➢ 掌握幻灯片的创建、复制、删除、移动等基本操作。

➢ 理解幻灯片的设计及布局原则。

➢ 掌握在幻灯片中插入各类对象的方法，如文本框、图形、图片、表格、音频、视频等对象。

➢ 理解幻灯片母版的概念，掌握幻灯片母版、备注母版的编辑及应用方法。

➢ 掌握幻灯片切换动画、对象动画的设置方法及超链接、动作按钮的应用方法。

➢ 了解幻灯片的放映类型，会使用排练计时进行放映。

➢ 掌握幻灯片不同格式的导出方法。

知识导图

演示文稿制作知识导图如图 3-1 所示。

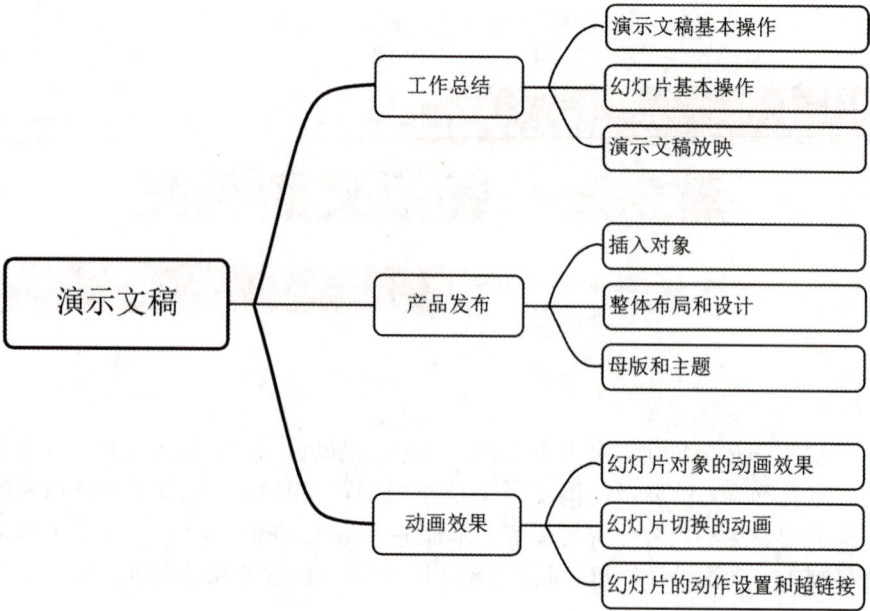

图 3-1　演示文稿制作知识导图

3.1　WPS 演示简介

WPS 演示属于演示文稿制作软件。其可以在云端自动同步文档，记住工作状态，登录相同账号，切换设备也无碍工作，不同的终端设备和系统，拥有相同的文档处理能力。WPS 演示文稿的扩展名为 .ppt，支持 ppt/pptx 文档的查看、编辑和加解密，支持复杂的 SmartArt 对象和多种对象动画 / 翻页动画模式。

1. WPS 演示的启动与退出

1) 启动 WPS 演示

WPS 演示启动的方法与启动其他应用程序的方法相似，常用的方法有以下三种：

(1) 从"开始"菜单中启动。单击"开始"按钮，选择"WPS Office"→"WPS 演示"，启动程序后再选择"新建演示"即可启动 WPS 演示。

(2) 通过快捷图标启动。用户可在桌面上为 WPS 演示应用程序创建快捷图标，双击该快捷图标，启动程序后再选择"新建演示"即可启动 WPS 演示。

(3) 通过已存在的演示文稿启动。双击已存在的 WPS 演示文稿即可启动 WPS 演示。通过已存在的演示文稿启动 WPS 演示的方法不仅会启动该应用程序，而且会打开选定的文档，该操作适合编辑或查看一个已存在的演示文稿。

2) 退出 WPS 演示

WPS 演示退出 (关闭) 的方法与退出其他应用程序的方法相似，常用的方法有以下三种：

(1) 单击程序窗口右上角的关闭按钮 ✕ 。

(2) 选择"文件"→"退出"命令。

(3) 使用快捷组合键【Alt+F4】。

2. WPS 演示的工作窗口界面和主要功能

1) WPS 演示的工作窗口界面

WPS 演示采用窗口化的操作界面，由标题栏、"文件"按钮、选项卡、功能区、编辑工作区、幻灯片缩略窗格、备注栏、状态栏等组成。其工作窗口界面如图 3-2 所示。

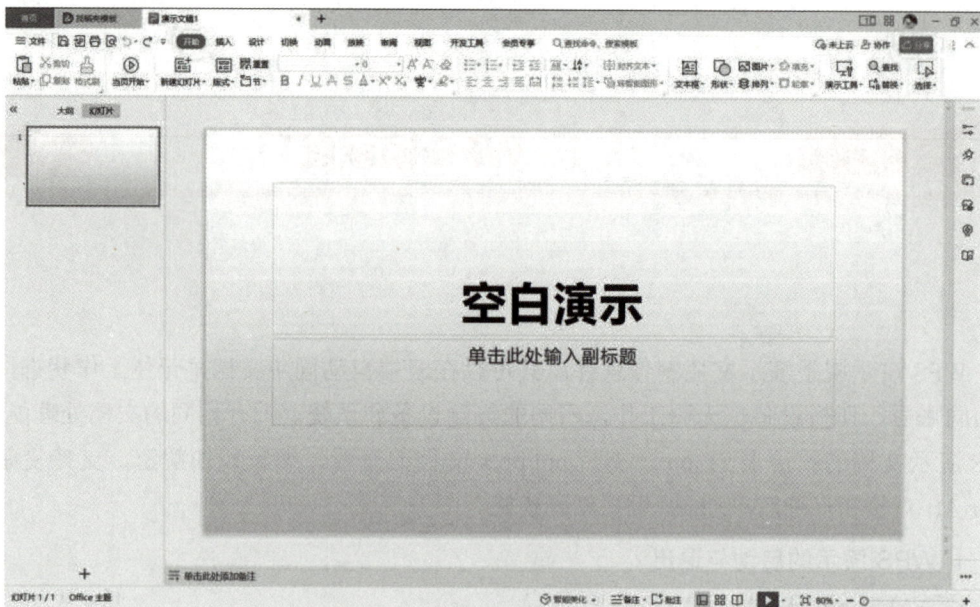

图 3-2　WPS 演示工作窗口界面

(1) 标题栏：位于窗口的最上方，用于显示演示文稿的标题。

(2) 功能区：也可称为菜单栏。菜单栏左侧的几个小图标是快速访问栏，在快速访问栏里，可以快速对 PPT 进行一些基础操作。在菜单栏内点击不同的选项卡，会显示不同的操作工具。

(3) 编辑工作区：输入和编辑演示文稿的区域，位于功能区的下方，在屏幕中占了大部分面积。其中有一个不断闪烁的竖条称为插入点，用以表示输入内容时出现的位置。

(4) 幻灯片缩略窗格：在普通 (编辑) 视图中，幻灯片缩略图窗格位于 PowerPoint 窗口的左侧边距上。它使我们可以轻松地从一张幻灯片移动到另一张幻灯片，或者通过拖动幻灯片对其顺序进行重新排列。幻灯片缩略窗格的大小是可调整的，可以将其扩大或缩小，并且可以完全隐藏在视图中。我们只需将鼠标指向窗格的右边缘，然后单击并拖动鼠标即可调整其宽度；而如果一直向左拖动，则窗格将完全折叠。

(5) 备注栏：位于编辑工作区下方，可通过拉动鼠标调整其区域大小。移动鼠标到备注栏上，当鼠标指针变成双箭头时，往上拉动鼠标备注区域就会变大，点击即可输入文字内容。

(6) 状态栏：位于 PPT 窗口底部，在状态栏里可以看到 PPT 页数。幻灯片默认的是普通视图。在状态栏可以调整是否显示备注母版，快速切换幻灯片浏览视图和阅读视图，以及创建演讲实录，调整放映方式，还可调整页面缩放比例 (拖动滚动条可快速调整，最右侧的是"最佳显示比例"按钮)。

2) WPS 演示的主要功能

WPS 演示编辑软件的主要功能如表 3-1 所示。

表3-1 WPS演示编辑软件的主要功能

序号	功能模块	具体功能简述
1	文件操作	新建、打开、关闭、保存、另存为、最近使用文件、信息、打印、配置选项等
2	编辑功能	选择、替换、查找、剪切、复制、粘贴、格式刷等
3	字体编辑	字体、字形、字号、字符间距、颜色、上标、下标、倾斜、下画线等
4	幻灯片编辑	幻灯片的创建、复制、删除、移动等基本操作
5	幻灯片设计	封面、封底、目录页、过渡页、内容页等
6	插入操作	插入文本框、图形、图片、表格、音频、视频等对象
7	动画操作	添加动画、删除动画、复制动画、设置动画选项等，幻灯片切换动画、对象动画的设置方法及超链接、动作按钮的应用方法
8	编辑视图	页面、阅读版式视图，显示标尺、网格线、导航窗口，显示比例，新建、重排和拆分窗口等
9	放映类型	设置幻灯片的放映类型，使用排练计时设计幻灯片的放映
10	幻灯片模板和主题	设置演示文稿的主题和模板，设置颜色、字体、效果、背景样式等属性
11	母版设置	幻灯片母版的编辑及应用方法
12	审阅校对	校对、语言、批注、修订、更改、比较、保护等

3.2　【任务 1】制作工作总结演示文稿

3.2.1　任务描述

任务场景	小李是 ×× 公司的一名员工，年底到了，公司要求各部门召开 2022 年度工作总结大会，每位职员需根据自己的工作制作"个人年度工作总结"演示文稿。
任务要求	分析上面的工作情境，我们需要完成下列任务： (1) 对 2022 年度工作进行总结，形成文字素材。 (2) 创建演示文稿并将文字素材制作成幻灯片进行保存。
知识准备	**1. 概念与特点** 　　工作总结是我们对一个时间段的工作进行全面检查、评价、分析和研究后所作出的总结，可为工作计划的制订提供宝贵的意见和建议。工作总结是我们对已完成工作的理性思考，在进行总结时，不能夸夸其谈，而应当立足于实际，不能只说好的方面而不说坏的方面，不能回避问题，这样的总结才有价值。 **2. 演示文稿制作的应用场景** 　　演示文稿凭借其可以将静态信息表现为动态信息的特点，给观众留下了非常深刻的印象，因此其应用场景越来越多。 　　(1) 总结汇报：当需要对某项工作或事务进行总结或汇报时，演示文稿是非常有效的一种工具，它不仅能够配合演讲者的总结和汇报内容展示信息，还能将一些枯燥乏味的内容变得生动有趣，从而让观众更容易理解和接受这些内容。 　　(2) 宣传推广：无论是企业宣传还是产品推广，演示文稿都可以借助多媒体更好地呈现出宣传推广效果，使需要介绍的内容淋漓尽致地展现在观众眼前。 　　(3) 培训或教学：无论是企业培训还是教学课件，演示文稿的交互功能都可以更好地辅助演讲人完成培训或授课任务，其生动的画面和形象的动画，也能提高受训人员的兴趣。

知识准备	**3. 工作总结文字素材** 　　创建演示文稿之前，首先对 2022 年度工作进行总结，形成文字素材。年度工作总结主要从以下几个方面进行整理： 　　(1) 前言：人生天地之间，若白驹过隙，忽然而已。2022 年即将过去，我在领导和同事们的支持和帮助下，在工作中严格要求自己，以充实的工作热情和坚实的工作风格，高效地完成了各项工作任务。在此汇报我的主要工作。 　　(2) 工作回顾：办公室工作千头万绪，包括资质申报、文件处理、文件管理、文件批准、会议安排、接送等。面对复杂琐碎的事务性工作，要时刻加强工作意识，加快工作节奏，提高工作效率，统一处理各项事务，努力做到周密、准确、适度，避免疏忽和错误。 　　(3) 不足之处：第一，工作中还没有细节；第二，管理水平需要进一步提高；第三，要加强统一、协调能力。 　　(4) 工作展望：在新的一年里，我决心认真提高业务、工作水平，努力下去。 　　① 加强学习，拓宽知识面，努力学习建材行业的专业知识。 　　② 根据实事求是的原则，做好上情下情报告，做好领导助手。 　　③ 重视本部门工作风格建设，加强管理，团结一致，勤奋工作，形成良好的部门工作氛围。 　　④ 严格执行公司各项规章制度，维护公司利益，积极为公司创造更高的价值，争取更大的工作成绩。

3.2.2　任务分析

任务主要 技术分析	在本次任务中，需要掌握以下技能： (1) 演示文稿的基本操作：新建、打开、保存、关闭等。 (2) 幻灯片的基本操作：创建、复制、删除、移动等。 (3) 幻灯片的保存和放映：幻灯片的放映、保存操作。
任务职业 素养分析	收集和分析信息的能力，认真负责、仔细严谨的作风。熟悉演示文稿操作界面，牢记操作步骤，检查演示文稿内容。

3.2.3　示例演示

　　制作工作总结有两种方式，一种是利用在线模板，需要在联网状态下才能完成，但对于制作者来说非常简单，只需要修改相应的一些内容就可以了。另一种是纯制作，从一个空白文档开始，要求制作者对 PPT 操作相当熟练，并且具有一定的审美，这样制作出来的工作总结会更加出彩。本任务将用第二种方法进行讲解。

采用纯制作方式创建工作总结，可以按下列步骤完成：

(1) 创建演示文稿：利用 PPT 创建演示文稿和幻灯片。

(2) 新建幻灯片并输入文本：新建幻灯片，在幻灯片中输入基本的文本内容，从而创建出整个演示文稿的内容框架。

(3) 幻灯片的复制和移动：按照需要进行幻灯片的复制和移动，注意幻灯片的位置。

(4) 放映演示文稿：工作总结演示文稿制作完成后，先放映一遍，查看是否存在错误。

(5) 保存演示文稿：按需要保存在磁盘具体位置，注意文件名的命名规则、文件的格式。

(6) 关闭文档：工作总结演示文稿制作完成后，关闭演示文稿。

工作总结的内容要求及结构如图 3-3 所示。

图 3-3　工作总结的内容及要求

3.2.4　任务实现

操作步骤	知识链接
1. 新建演示文稿 　　启动 WPS Office 程序，选择"文件"→"新建"命令，选择"新建演示"，如图 3-4 所示，将其以"个人年度工作总结"为名保存在计算机中，如图 3-5 所示。	**在线模板新建** 　　在线模板需要在联网状态下完成，提供了很多模板，制作者可以根据演示文稿的内容情况，选择适合的模板创建相应文档，如图 3-6 所示。

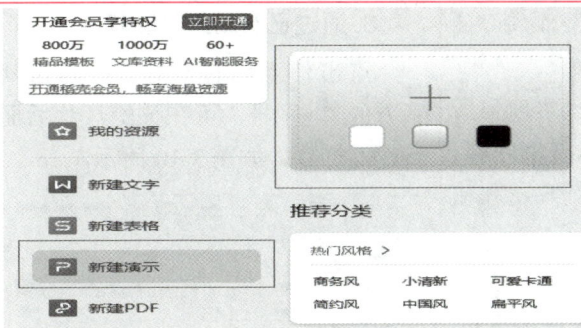

图 3-4　新建演示文稿

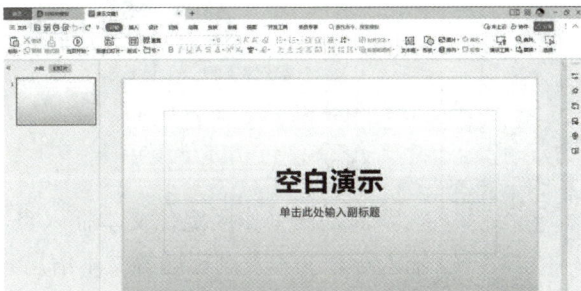

图 3-5　保存的演示文稿

创建完成后可以对演示文稿的内容进行编辑修改，编辑完成后，可保存在本地磁盘，也可保存在云端。

图 3-6　在线模板新建

2. 新建幻灯片并输入文本

1) 制作标题页幻灯片

(1) 点击"空白演示"占位符，输入标题"个人年度工作总结"。

(2) 点击"单击此处输入副标题"占位符，输入所在公司、作者姓名、汇报日期等信息，如图 3-7 所示。

图 3-7　标题页幻灯片

2) 制作内容页幻灯片

工作总结中需要制作的内容包括 4 张幻灯片，分别是：前言、工作回顾、不足之处、工作展望。版式均为"标题和内容幻灯片"。

新建幻灯片

1. 在"幻灯片"窗格中新建

在"幻灯片"窗格中的空白区域或已有幻灯片的缩略图上单击鼠标右键，在弹出的快捷菜单中选择"新建幻灯片"命令；也可单击某张幻灯片的缩略图，按【Enter】键完成新建操作。

2. 通过"幻灯片"组新建

在"开始"/"幻灯片"组中单击"新建幻灯片"的下拉按钮，在弹出的下拉列表框中选择一种幻灯片版式便可完成新建操作，如图 3-9 所示。

图 3-9　新建幻灯片

（1）选择"开始"→"新建幻灯片"命令，插入一张"标题和内容"版式幻灯片。

（2）单击"单击此处添加标题"，输入"前言"。

（3）单击"单击此处添加文本"，输入文字内容。

（4）重复上述步骤，再插入 3 张幻灯片，并输入适当的文字内容，如图 3-8 所示。

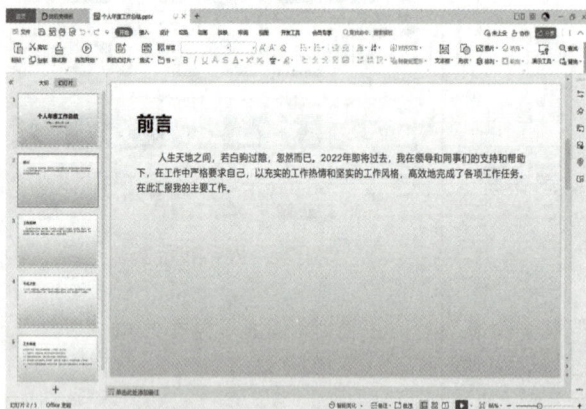

图 3-8　内容幻灯片

3. 通过已有幻灯片新建

点击任意已有幻灯片，点击其下方的"+"号，可在该幻灯片后面新建幻灯片，如图 3-10 所示。

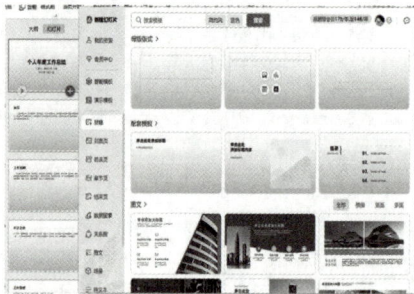

图 3-10　新建幻灯片选择模板

输入文本

首先在工作区定位文本插入点，输入标题文本及副标题等文本信息。

3. 幻灯片的复制和移动

当需要调整某张幻灯片的顺序时，可直接移动该幻灯片。当需要使用某张幻灯片中已有的版式或内容时，可直接复制该幻灯片并进行更改，以提高工作效率。复制和移动幻灯片操作主要有以下三种方式：

（1）通过拖曳鼠标操作。单击"幻灯片"窗格中的幻灯片缩略图，在其上按住鼠标左键并将其拖曳到目标位置后释放鼠标完成移动操作。

（2）通过菜单命令操作。单击"幻灯片"窗格中的幻灯片缩略图，在其上单击鼠标右键，在弹出的快捷菜单中选择"剪切"或"复制"命令。

（3）通过快捷键操作。单击"幻灯片"窗格中的幻灯片缩略图，按快捷组合键【Ctrl+X】进行剪切或按快捷组合键【Ctrl+C】进行复制；然后在"幻灯片"窗格中定位到目标位置，按快捷组合键【Ctrl+V】进行粘贴，完成幻灯片的移动或复制操作，如图 3-11 所示。

选择幻灯片

选择幻灯片是编辑幻灯片的前提。选择幻灯片主要有以下三种方法：

（1）选择单张幻灯片。在"幻灯片"窗格中单击幻灯片缩略图将选择当前幻灯片。

（2）选择多张幻灯片。在"幻灯片"窗格中按住【Shift】键并单击幻灯片缩略图将选择多张连续的幻灯片，按住【Ctrl】键并单击幻灯片缩略图将选择多张不连续的幻灯片。

（3）选择全部幻灯片。在"幻灯片"窗格中按快捷组合键【Ctrl+A】，将选择全部幻灯片。

图 3-11　复制幻灯片

幻灯片版式

　　如果对新建的幻灯片版式不满意，则可随时进行更改。

　　其方法是：在"开始"选项卡中单击"版式"按钮，在打开的下拉列表框中选择所需的幻灯片版式。

4. 放映演示文稿

　　完成上述环节后，就需要放映演示文稿来检查其内容了，只有不断放映、检查和调整，才能得到最终的演示文稿，这样才可以根据需要将其发布到相关平台。

　　选择菜单栏中的"放映"，有两种放映方式，如图 3-12 所示。

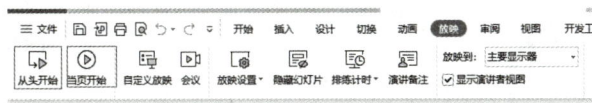

图 3-12　放映幻灯片选项卡

　　(1) 从头开始播放：点击"从头开始"，即设置从第 1 张幻灯片开始放映，单击切换至下一张幻灯片，观察幻灯片的播放效果，放映过程中或者所有幻灯片播放完毕，可以通过按【Esc】键结束幻灯片的播放。

　　(2) 从当前幻灯片开始播放：点击"当前开始"，即设置幻灯片播放从当前页面开始；也可以使用图 3-13 幻灯片工作区右下角的快捷按钮，从当前开始播放幻灯片；或者按快捷组合键【Shift+F5】，从当前开始播放幻灯片。

图 3-13　放映快捷按钮

删除幻灯片

　　在编辑和放映演示文稿时，可能需要删除一些幻灯片。删除幻灯片主要有以下两种方法：

　　(1) 在"幻灯片"窗格中单击要删除的幻灯片的缩略图，按【Delete】键。

　　(2) 在"幻灯片"窗格中某张要删除的幻灯片的缩略图上单击鼠标右键，在弹出的快捷菜单中选择"删除幻灯片"命令。

5. 关闭演示文稿

关闭演示文稿的常用方法有以下三种。

(1) 通过单击按钮关闭。单击 WPS 演示文稿操作界面标题选项卡右侧的"关闭"按钮，可关闭演示文稿但不退出 WPS Office。

(2) 通过快捷菜单关闭。选择"文件"→"退出"命令可关闭演示文稿。

(3) 通过快捷键关闭。按快捷组合键【Alt+F4】可关闭演示文稿。

自动备份

为了防止意外情况发生时丢失对文档所做的编辑，WPS 演示提供定时自动备份文档的功能。点击"文件"→"备份与恢复"→"备份中心"→"本地备份设置"，在弹出的"本地备份设置"对话框中可以将文档的备份方式设置为"智能模式""定时备份""增量备份""关闭"，还可以设置本地备份存放的位置。通常选择"定时备份"，设置好时间即可，如图 3-14 所示。

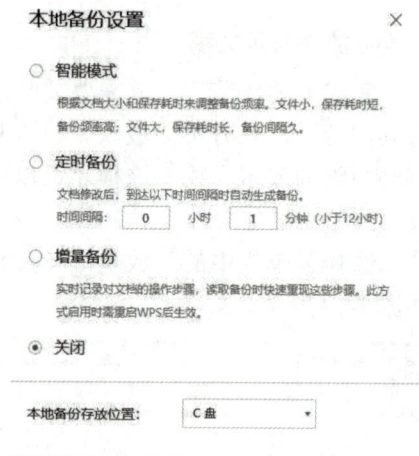

本地备份设置　　　✕

○ 智能模式
　根据文档大小和保存耗时来调整备份频率。文件小，保存耗时短，备份频率高；文件大，保存耗时长，备份间隔久。

○ 定时备份
　文档修改后，到达以下时间间隔时自动生成备份。
　时间间隔：　 0 　小时　 1 　分钟（小于12小时）

○ 增量备份
　实时记录对文档的操作步骤，读取备份时快速重现这些步骤。此方式启用时需重启 WPS 后生效。

⦿ 关闭

本地备份存放位置：　C 盘　▾

图 3-14　本地备份设置

6. 保存演示文稿

制作好的演示文稿应及时保存在计算机中，可以根据需要选择不同的保存方式。

保存方式主要有以下四种：

(1) 另存为模板演示文稿。当该演示文稿母版、样式都设置得较好时，可以将该演示文稿设置成模板演示文稿，作者在之后做类似演示文稿时可以直接使用模板进行修改，从而大大节省制作演示文稿的时间。

(2) 另存为演示文稿。用户自行选择演示文稿保存的位置和演示文稿的名称。

保存演示文稿的操作方式

保存演示文稿的操作方式主要有以下三种：

(1) 按快捷组合键【Ctrl+S】，或单击快速访问工具栏里的"保存"按钮，或选择"文件"→"保存"命令可以保存演示文稿。通常首次保存文档时，会弹出"另存为"界面，让用户选择保存的位置。

(2) 在左侧可以选择文件保存在云端还是本地磁盘，选定好保存路

(3) 直接保存演示文稿。该方式下演示文稿会以默认的名称保存在默认的位置，适用于打开原来已存在的文件，可以提高操作效率，如果是新文件将不利于用户进行查找。 (4) 自动保存演示文稿。此保存方式需要在WPS中设置自动备份。	径后，在"文件类型"下拉列表中选择文档保存的类型，在"文件名"文本框中输入新建文档的文件名，单击"保存"按钮。 (3) 当选择"文件"→"关闭"命令时也可对文档进行保存。关闭新建文档时，系统会提示用户是否保存该文件。
7. 关闭文档 直接单击窗口右上角的"关闭"按钮，即可关闭文档。	

3.2.5 能力拓展

演示文稿创建成功之后，还需要对幻灯片进行各种操作，在前面的任务实现中我们已经学习了幻灯片的新建、复制、移动、删除等操作，接下来了解视图的切换，具体操作如下：

操作步骤	知识链接
1. 视图切换 各种视图之间可以方便地进行相互转换，操作方法有以下两种： (1) 选择"视图"选项卡"视图"组中的"普通""幻灯片浏览""备注页"和"阅读视图"按钮进行转换，如图3-15所示。  图3-15 视图切换方法一 (2) 单击状态栏的视图按钮进行转换，如图3-16所示。 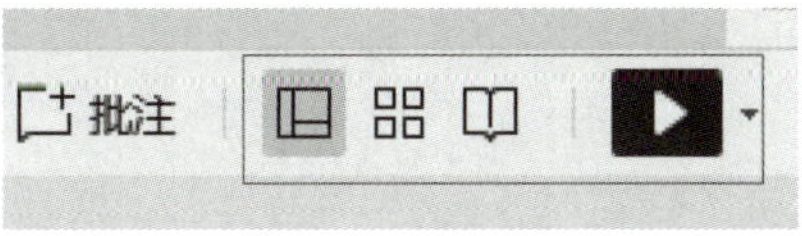 图3-16 视图切换方法二	**WPS 演示的视图模式** WPS 演示提供了多种显示演示文稿的方式，每一种显示方式称为一种视图。使用不同的显示方式，可以从不同的侧重面查看演示文稿，从而高效、快捷地查看、编辑演示文稿。WPS 演示提供的视图有四种，分别是普通视图、幻灯片浏览视图、阅读视图和备注页视图。 (1) 普通视图。普通视图是默认视图，可以显示整个页面的分布情况及文档中的所有元素，由大纲栏、幻灯片栏和备注栏组成。以普通视图方式显示演示文稿，每次只能显示演示文稿中的一张幻灯片。 (2) 幻灯片浏览视图。幻灯片浏览视图并排显示出多张幻灯片，可使用垂直滚动条来观看剩余的幻灯片。其主要作用是便于对幻灯片进行快捷更改与排版。点击"幻灯片浏览"按钮，可以随意拖动幻灯片进行排版更改。 (3) 阅读视图。阅读视图可以在 WPS 窗口播放幻灯片，方便查看动画和切换效果，无须切换到全屏幻灯片放映，从而有效提高演示文稿的可读性。

2. 设置幻灯片的显示比例

设置幻灯片的显示比例有两种方法：

(1) 选择菜单栏中的"视图"选项，单击"显示比例"，在弹出的对话框中即可调整幻灯片的显示比例，如图 3-17 所示。

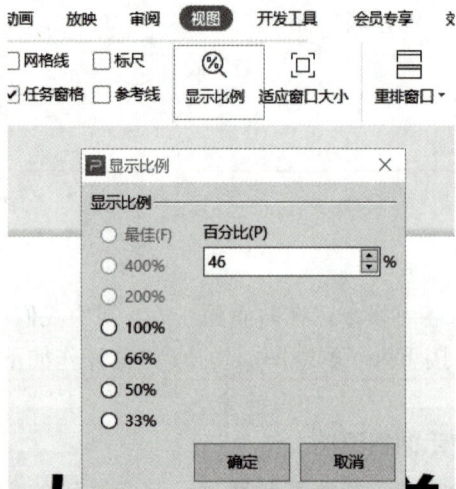

图3-17　设置显示比例方法一

(2) 拖动状态栏的缩放滑钮，或单击百分比，调整显示比例，如图 3-18 所示。

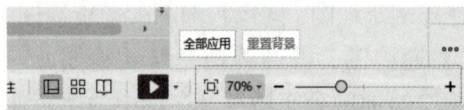

图3-18　设置显示比例方法二

(4) 备注页视图。备注页视图用于配合演讲者解释幻灯片的内容，每一页的上半部分用于显示幻灯片内容，下半部分的虚线框内用于在放映时添加注释。每一页都包括一张演示文稿和演讲者备注，可以在此视图中进行编辑。进入备注页视图，可以对当前幻灯片输入备注。备注功能也可在普通视图模式下方的"单击此处添加备注"中使用。

3.2.6 任务考评

任务1【制作工作总结演示文稿】考评记录

学生姓名		班级		考评日期	
实训地点		学号		任务评分	
考核点	考核内容与目标			标准分值	得分
创建演示文稿	利用任意一种方法创建演示文稿并正确保存			10	
新建幻灯片	根据大纲新建标题幻灯片和内容幻灯片			10	
文本输入	在幻灯片中输入工作总结内容			5	
幻灯片操作	掌握幻灯片的复制、移动、删除等操作			25	
放映演示文稿	掌握幻灯片放映操作			10	
保存演示文稿	掌握演示文稿的关闭和保存操作			10	
视图切换	掌握视图切换方法			10	
职业素养	实训管理：整理、整顿、清扫、清洁、素养、安全等			5	
	团队精神：沟通、协作、互助、主动			5	
	工单和笔记：清晰、完整、准确、规范			5	
	学习反思：技能点表达、反思改进等			5	
学生反馈					
教师评语					

小　结

　　本节主要介绍了用 WPS Office 制作演示文稿的方法，学生需要重点掌握演示文稿的新建、放映、关闭、保存以及幻灯片的新建、文本输入、复制和移动，视图的切换等方法。

课后习题

一、单项选择题

1. 不能成功启动 WPS 演示文稿的方法是 (　　)。

A. 单击一个 WPS 演示文稿

B. 双击 WPS 演示文稿图标

C. 依次单击 "开始" → "程序" → "WPS 演示文稿"

D. 双击一个 WPS 演示文稿

2. WPS 演示文稿最适合用于以下 (　　) 的设计。

A. 某单位网页　　　　　　B. 公司产品介绍

C. 图像处理工具　　　　　D. 管理信息系统

3. 如要终止幻灯片的放映，返回编辑状态可直接按 (　　) 键。

A. Ctrl　　　　　　　　　B. Esc

C. Enter　　　　　　　　 D. Shift

二、判断题

1. 幻灯片可以设置为循环放映，直到按 Esc 键结束。　　　　　　　　　　(　　)

2. 在幻灯片放映过程中，要结束放映，可使用回车键。　　　　　　　　　(　　)

三、填空题

WPS 演示的视图模式有 (　　　　)、(　　　　)、(　　　　)、(　　　　)。

3.3 【任务 2】制作产品发布演示文稿

3.3.1 任务描述

任务场景	小蔡实习的单位新发布一个产品，需要制作一份产品发布演示文稿，要求图文并茂、引人入胜。
任务要求	分析上面的工作情境，我们需要完成下列任务： (1) 新建产品发布演示文稿并输入文字。 (2) 幻灯片设计与布局。 (3) 幻灯片美化及排版。 (4) 对象插入及编辑。
知识准备	**1. 概念与特点** 产品发布是指以演示文稿的方式对某产品进行详细介绍，使客户直观、快速地认识、了解该产品，借助演示文稿对产品进行较好的推广。 在前期的任务中，学习了通过新建"空白演示"选项创建幻灯片，但是这样创建的幻灯片内容过于单调，如果一张张地设置幻灯片又过于烦琐而且可能无法统一幻灯片的风格。因此，在完成演示文稿内容框架的创建后，可以通过主题、背景、母版等功能，快速制作出美观且风格统一的演示文稿。 **2. 产品发布演示文稿的内容** 产品发布演示文稿的主要内容包括产品简介、产品参数、产品亮点、市场需求分析等。 产品简介：以简洁、直观的方式进行产品的概述、特征、性能等描述。 产品参数：产品参数相关介绍。 产品亮点：介绍产品的与众不同之处，主要卖点。 市场需求分析：产品定位，市场需求分析。

3.3.2　任务分析

任务技术分析	在本次任务中，需要掌握以下技能： (1) 幻灯片设计与布局：幻灯片的主题、模板、母版。 (2) 对象插入及编辑：常用对象的插入，包括文本框、艺术字、图片、表格、形状、音频、视频等。 (3) 幻灯片美化及排版：插入对象的排版、编辑、填充、样式、排列、大小等。
任务职业 素养分析	认真负责、仔细严谨的作风，按内容要求准确和完整地精炼、组织、提炼文本的能力，具备一定的美学感知力，对各类对象进行编辑和修改。熟悉操作界面，牢记操作步骤，培养高效的工作理念。

3.3.3　示例演示

完成"××品牌智能音箱产品发布"演示文稿的编辑，首先需要对产品介绍文本内容进行提炼和组织，做到逻辑清晰、特色突出，并针对这些内容设计和准备合适的图片、图形等素材。具体步骤如下：

(1) 设计和布局整体。对幻灯片进行设计和布局，幻灯片整体风格简明、搭配协调且格式统一。

(2) 插入常用对象。插入各类常用对象，并根据整体风格和内容对插入对象进行编辑和修饰。

(3) 排版和美化幻灯片。按要求对各种类型的幻灯片进行排版和美化。

最终效果如图 3-19 所示。

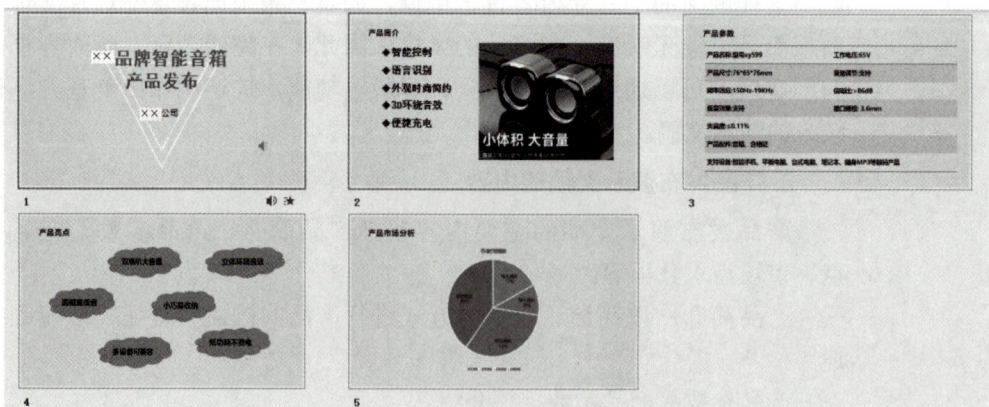

图 3-19　产品发布演示文稿样图

3.3.4　任务实现

操作步骤	知识链接
1. 新建演示文稿 启动 WPS Office 程序，创建一个空白演示文稿。	
2. 整体布局和设计 (1) 点击菜单栏中的"设计"，显示各个主题设计，点击"更多设计"，可以显示更多主题，如图 3-20 所示。单击某幻灯片主题，可以在美化预览处看到这个主题的所有设计方案，包括幻灯片封面页、目录页和封底页。点击"应用"，该主题即可应用于本演示文稿的幻灯片，效果如图 3-21 所示。  图 3-20　主题设置 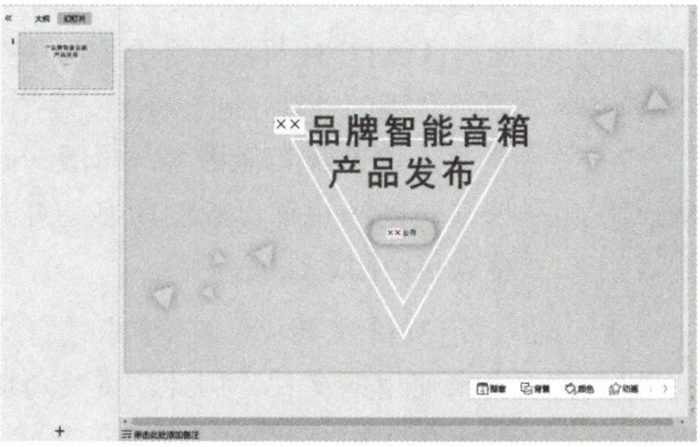 图 3-21　应用某主题后的效果 (2) 点击菜单栏中的"设计"，点击"更多设计"可以选择全文换肤、统一格式、智能配色、统一字体等内容，更好地实现演示文稿的统一设计。应用某主题后，如果用户觉得该主题中套用的颜色、字体不符合自己的要求，则可以通过点击统一字体和智能配色更改颜色、字体，如图 3-22 所示。智能配色有模板，如果不符合要求，则可以点击"自定义"来按照自己的需求进行设计。其中更改主题颜色对于演示文稿的效果修改最为显著。	**模板和主题** 　　模板和主题决定幻灯片的外观和颜色。主题是一组预定义的颜色、字体和视觉效果，可用于实现幻灯片统一专业的外观。通过使用主题，可以轻松赋予演示文稿和谐的外观。模板是主题以及一些特定用途的内容，例如销售演示文稿、业务计划或课堂课程。可以创建、存储、重复使用以及与他人共享自己的自定义模板。 　　幻灯片主题是一系列属性的集合，包括颜色、字体、效果、背景样式等属性。为幻灯片应用主题，不但能提高编辑效率，而且从专业度和统一度来看，对新手都有很大的帮助。 **应用主题** 　　在打开的设计工具中点击选中一种设计主题，可以看到这个主题的所有设计方案，包括幻灯片封面页、目录页和封底页。点击选中封面页，然后点击"插入并应用"；再选择目录页，点击"插入并应用"；再选择第一页，点击"插入并应用"，即可将这些页面插入到幻灯片中。最后添加幻灯片的封底页面，如图 3-26 所示。

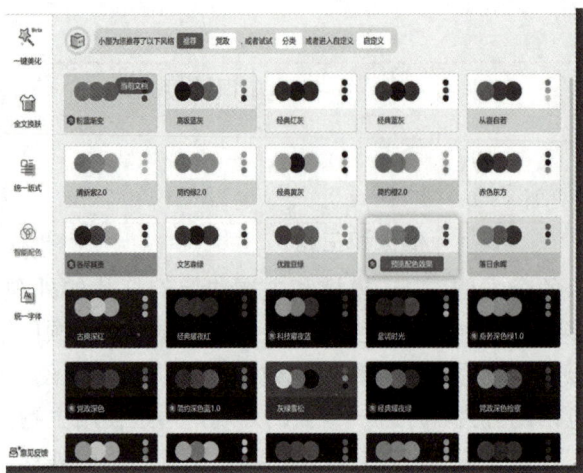

图 3-22　修改主题字体、颜色等内容

（3）创建幻灯片模板。

① 点击菜单栏中的"视图"，选择"幻灯片母版"，可以进入幻灯片母版编辑状态，如图 3-23 所示。

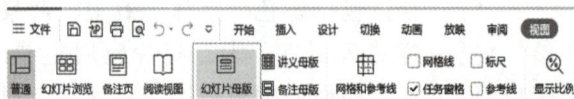

图 3-23　进入幻灯片母版编辑

② 在演示文稿的右侧可以设置母版的背景颜色或图片样式，如图 3-24 所示。

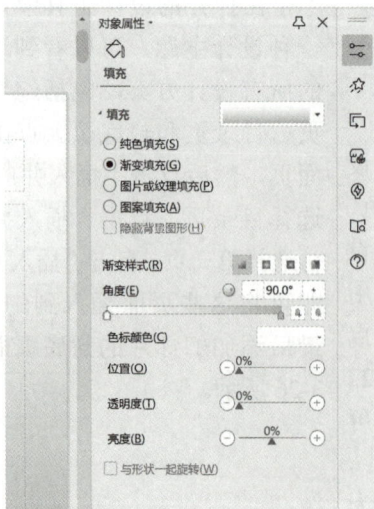

图 3-24　母版样式设置

图 3-26　应用主题

幻灯片母版

幻灯片母版是指用于定义演示文稿中所有幻灯片共同属性的底板，通常用来统一整个演示文稿的格式。在 WPS 演示文稿中，每个演示文稿的关键组件（如幻灯片、讲义、备注）都有一个母版。主要包括三种母版，分别是：

（1）幻灯片母版：用于控制整个演示文稿的外观，包括颜色、字体、背景、效果及其他内容。母版一旦修改，则应用该母版的所有幻灯片格式也会随之改变。

（2）讲义母版：在演讲时打印出来使用的文件。因此，讲义母版的主要作用是在将幻灯片打印为讲义时设置内容显示方向（即纸张方向）、幻灯片大小、每页讲义包含的幻灯片数量、页眉与页脚的内容等，也可设置幻灯片的主题样式和背景效果。

（3）备注母版：用于自定义演示文稿与备注一起打印时的外观。通过设置备注母版可以将幻灯片下方备注页中的信息进行设置后打印处理。

③ 点击"插入母版"按钮，可以新建一个新的母版样式，用于演示文稿制作，如图 3-26 所示。

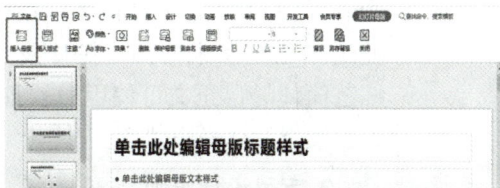

图 3-25　新建母版

④ 在菜单栏中点击"幻灯片母版"，选择"关闭"，完成母版的创建，切换到幻灯片编辑状态。

3. 插入对象并编辑

1) 插入艺术字

艺术字是一种通过特殊效果使文字突出显示的快捷方式，而标题幻灯片正需要突出展示。

(1) 创建标题幻灯片，输入标题"×× 品牌智能音箱产品发布"，选中标题幻灯片。

(2) 选中标题"×× 品牌智能音箱产品发布"，在菜单栏中有"文本工具"栏，可以选择不同的艺术字样式，可设置艺术字文本效果、文本填充、文本轮廓，如图 3- 27 所示。

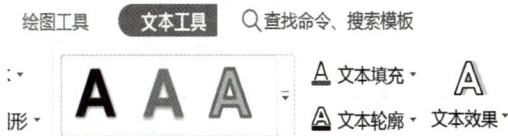

图 3-27　设置艺术字

2) 文本修饰

除艺术字外，其他普通文本也可以通过修改字体样式、大小、颜色等来美化幻灯片效果。

选中副标题"×× 公司"，通过"开始"→"字体"组或者"文本工具"，可以设置字体样式、大小、颜色、加粗、文字阴影等效果，如图 3- 28 所示。具体操作与 Word 中一样。此处设置副标题字体样式为微软雅黑，字号为 28，字体颜色为黑色，如图 3-29 所示。

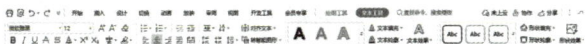

图 3-28　字体工具

标题幻灯片

标题幻灯片用于展示演示文稿的主题、单位、主讲人、日期等信息，一般出现于整个演示文稿的开头。美观大方的标题幻灯片通常具有以下特点：

(1) 封面整洁、简约。标题幻灯片不需要太多复杂的元素和背景，一张符合主题的背景图片以及标题、单位、作者，基本就是全部内容了。

(2) 标题居中、突出，可以借助艺术字体突出标题。

(3) 副标题中的单位、作者、日期等信息字体不必太大，可选择与标题不同的字体。

幻灯片文本设计原则

1. 字体设计原则

字体设计效果与演示文稿的可阅读性和感染力息息相关。实际上，字体设计也有一定的原则可循，下面介绍二种常见的字体设计原则。

(1) 幻灯片标题字体最好选用容易阅读的较粗的字体，正文则使用比标题细的字体，以区分主次。

(2) 在搭配字体时，标题和正文尽量选择常用的字体，而且要考虑

图 3-29　标题幻灯片效果图

3）插入图片

通过在幻灯片中插入图片可以达到图文混排的效果，更好地在产品发布会中展示产品。

(1) 制作产品简介幻灯片，输入"智能控制""语言识别""外观时尚简约""3D 环绕音效""便捷充电"。在"开始"栏目中设置字体相关选项，设置字体为宋体、加粗、32 号，行间距为 1.5 倍，项目符号为菱形。

(2) 选择"插入"→"图片"，打开"插入图片"对话框，如图 3-30 所示，选择需要插入的图片的位置及图片名字。

图 3-30　"插入图片"对话框

标题字体和正文字体的搭配效果。

(3) 在商业培训等相对正式的场合，可使用较正规的字体，如标题使用方正粗黑宋简体、黑体及方正综艺简体等，正文可使用微软雅黑、方正细黑简体及宋体等。

2. 字号设计原则

字号的设计需根据演示文稿使用的场合和环境来决定，因此在选用字号时要注意以下两点：

(1) 如果演示的场合较正式，观众较多，那么幻灯片中字体的字号就应该较大，以保证最远位置的观众都能看清幻灯片中的文字。

(2) 同类型和同级别的标题和文本内容要设置为同样大小的字号，这样可以保证内容的连贯与文本的统一，让观众能更容易将信息进行归类，也更容易理解和接收信息。

幻灯片对象的布局原则

幻灯片中除文本之外，还包含图片、形状、表格等对象。合理、有效地将这些对象布局到各张幻灯片中，不仅可以增强演示文稿的表现力，还可以增强演示文稿的说服力。幻灯片中的各个对象在分布排列时，应遵循以下五个原则。

(1) 画面平衡。

(2) 布局简单。

(3) 统一协调。

(4) 强调主体。

(5) 内容简练。

稻壳图片

图片可以是本地图片、来自扫描仪、手机传图、资源夹图片，也可以通过稻壳图片搜索合适的图片。

（3）选中素材图片，并通过图片工具调整图片和文本的大小与位置，将图片放置在标题和图形空白处，使画面更美观，效果如图 3-31 所示。

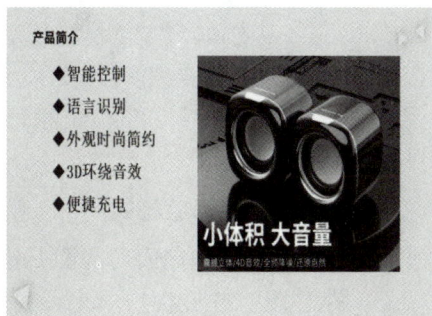

图 3-31　插入图片效果

4）插入形状

制作幻灯片时，有时需要利用形状进行美化和修饰。

（1）新建一张内容幻灯片，输入标题"产品亮点"。

（2）在"插入"栏目中选择"形状"，可以设置很多的形状，点击基本形状中的"云形"，回到幻灯片中用鼠标绘制一个"云形"，通过鼠标拖动可以修改形状的大小和位置。

（3）选中刚刚添加的"云形"，在绘图工具中设置形状填充、形状轮廓、粗细、线型、阴影等属性。此处设置形状填充为菊蓝，形状轮廓为深蓝色，粗细为 1.5 磅，线型为圆点，形状阴影选中"外部"列表中的"左下斜偏移"。

（4）双击添加的"云形"或者右击形状选择"编辑文字"进入文本输入，输入产品亮点，并设置字体为微软雅黑，字号为 28，颜色为黑色，大小与形状符合，加粗修饰，完成效果如 3-32 所示。

图 3-32　添加形状

插入图片后可以通过图片工具对其进行编辑，如添加、压缩、旋转、复制、删除、裁剪、设置透明色、添加边框、上移/下移图层等操作，如图 3-41 所示。

图 3-41　图片工具

内容幻灯片制作

内容幻灯片主要用于展示具体的讲解内容，在一个演示文稿中，内容幻灯片通常有很多张，一张简洁大方美观的内容幻灯片通常具有以下特点：

（1）文字不能太多，介绍要点即可。

（2）字号要大且醒目，可以通过字体加粗来实现。

（3）插入图片使页面更丰富。

形状操作

1. 绘制形状

在"插入"栏目中选择"形状"，在其下拉列表框中可以设置很多的形状。点击想要添加的形状，然后点击工作区中任意位置即可绘制形状，拖动鼠标可修改图形大小，选中形状再使用鼠标左键可以改变形状位置。

2. 更改形状

若有修改已绘制图形的形状，可以通过"绘图工具"中的"编辑形状"进行形状的更改，如图 3-42 所示。

(5) 重复步骤 (4)，直到描述完全部产品亮点，调整形状和文本整体大小和布局，效果如图 3-33 所示。

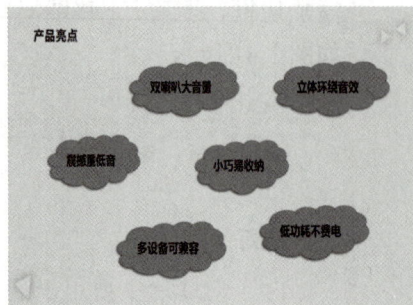

图 3-33　添加形状效果图

5) 插入表格

表格是编辑幻灯片时较为常用的一种工具，能够更好地对比、汇总数据信息，能够将枯燥的内容变得简单易懂。

下面将在"产品发布"演示文稿中插入表格，具体操作如下：

(1) 选择表格尺寸。单击"插入"→"表格"→"插入表格"，在弹出的"插入表格"对话框中设置"列数"为 2，"行数"为 7，如图 3-34 所示。

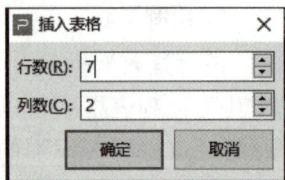

图 3-34　"插入表格"对话框

(2) 输入文本内容。在表格中输入产品参数相关内容，调整表格的行高和列宽，使所有内容都能完整展示，效果如图 3-35 所示。

图 3-35　调整表格大小

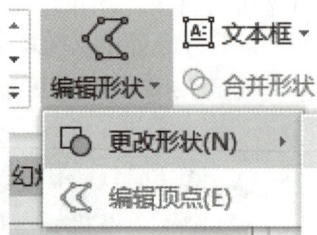

图 3-42　更改形状

3. 设置形状样式

形状绘制完成后，可以通过"绘图工具"对形状的填充、轮廓等外观样式进行设置和修改，如图 3-43 所示。

图 3-43　设置形状样式

4. 在形状中添加文本

双击添加的"云形"或者右击形状选择"编辑文字"进入文本输入工作。文本一旦输入，就会成为形状的一部分，当形状进行旋转、翻转等操作时，文字也会随形状有一样的更改。

表格操作

通过表格可以更好地对幻灯片进行排版和布局。

1. 绘制表格

绘制表格有两种方法，第一种方法是在表格的下拉列表中选择"插入表格"命令，在弹出的对话框中设置表格的行数和列数；第二种方法是直接在"插入表格"下的列表中拖曳鼠标选择表格的行数和列数，如图 3-44 所示。

（3）合并单元格。利用"表格工具"，选择倒数第一行的两列单元格，单击"合并单元格"，倒数第二行也一样操作，将最后两行中的两列合并成一列，效果如图3-36所示。

图3-36　合并单元格

（4）选择表格样式。利用菜单栏中的"表格样式"工具调整表格样式，选择"浅色样式-强调1"，勾选"首行填充""隔行填充"，效果如图3-37所示。

图3-37　设置表格样式

（5）设置文本对齐方式。在"表格工具"的单元格对齐方式中设置所有单元格水平方向左对齐，竖直方向居中对齐。

（6）设置文本格式。选择表格内所有文字，在"开始"栏目中对表格内字体进行修改，将表格内所有文本设置为微软雅黑，字号为20，加粗效果。

（7）通过"表格工具"调整表格的高度和宽度，并适当调整表格位置，完成效果图如3-38所示。

图3-38　插入表格整体样式

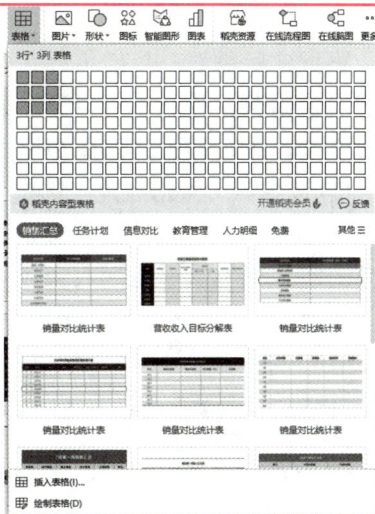

图3-44　插入图片

2. 在已有表格中添加行、列

单击要添加行或列的单元格，在"表格工具"中选择需要的位置插入，如图3-45所示。

图3-45　添加行、列

3. 删除行、列

单击要删除的行或列中的单元格，在"表格工具"中选择"删除"，单击"删除行"或"删除列"。

4. 表格布局

利用"表格工具"可以对表格的行列进行编辑，完成单元格对齐方式、表格排列、合并拆分单元格等相关操作，如图3-46所示。

图3-46　表格工具

6) 插入音频、视频

根据实际需要，我们可以在幻灯片中直接插入已有的音频文件，也可以通过录音得到需要的音频文件。此处演示给演示文稿添加背景音乐。

(1) 选中第一张幻灯片，选中"插入"栏目中的"音频"命令，弹出插入音乐命令，如图3-39所示。可以选中从本地嵌入音频或者链接音频文件，此处选中"嵌入音频"选项。

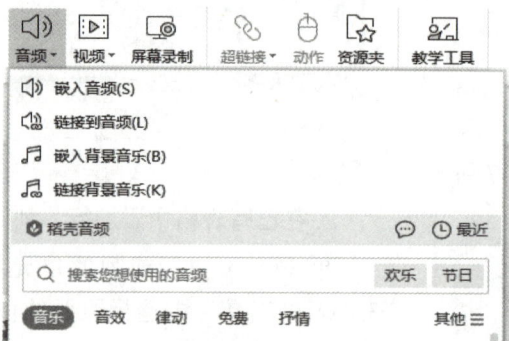

图 3-39　插入音频

(2) 选择"背景音乐"音频文件，单击插入按钮。

(3) 设置音频文件的各个参数，选中"循环播放""放映时隐藏""跨幻灯片播放"等选项，如图3-40所示。

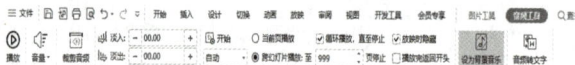

图 3-40　设置音频参数

(4) 点击"音频"标记，通过鼠标拖曳移动"音频"标记至幻灯片右下角。

5. 表格设计

单击表格任意位置，利用菜单栏中的"表格样式"工具可以对表格的样式、艺术字、表格边框等内容进行设计和修改，如图3-47所示。

图 3-47　修改表格样式

音频和视频操作

在幻灯片中插入音频和视频，可以达到强调的特殊效果，也能使演示文稿更丰富多彩，对于产品的介绍更是有锦上添花的效果。

视频文件的插入方法与音频文件的插入方法类似，我们可以在WPS Office中插入联机视频或计算机中的视频文件，如图3-48所示。

图 3-48　插入视频

1. 嵌入视频文件

在"插入"选项卡中单击"视频"按钮，在打开的下拉列表框中选择"嵌入视频"选项，在对话框中选择需要插入的视频文件后，单击"打开"按钮。选择视频文件，可在"视频工具"选项卡中对视频文件的播放参数进行设置。

2. 链接视频文件

在"插入"选项卡中单击"视频"按钮，在打开的下拉列表框中选择"链接到视频"选项，打开"插入视频"对话框，在其中选择需要插入的视频文件后，单击"打开"按钮。

操作步骤	知识链接
4. 放映幻灯片 　　完成上述所有环节后，就需要放映演示文稿来检查其内容了，只有不断放映、检查和调整，才能得到最终的演示文稿，这样才可以根据需要将其发布到相关平台。 　　从头开始播放：点击"从头开始"，即设置从第 1 张幻灯片开始放映，单击切换至下一张幻灯片，观察幻灯片的播放效果，放映过程中或者所有幻灯片播放完毕，可以通过按【Esc】键结束幻灯片的播放。	
5. 保存并关闭演示文稿 　　点击窗口左上角的"保存"按钮保存演示文稿，点击窗口右上角的"关闭"按钮关闭演示文稿。	

3.3.5　能力拓展

　　图表是展示数据的有效手段，无论是对比数据大小，还是查看数据占比、分析数据变化趋势等，利用图表都能得到直观的效果。下面将在产品发布演示文稿中插入图表，具体操作如下：

操作步骤	知识链接
(1) 新建一张内容幻灯片，输入标题"产品市场分析"。 　　(2) 单击市场分析幻灯片的任意位置，选择"插入"→"图表"命令，如图 3-49 所示。 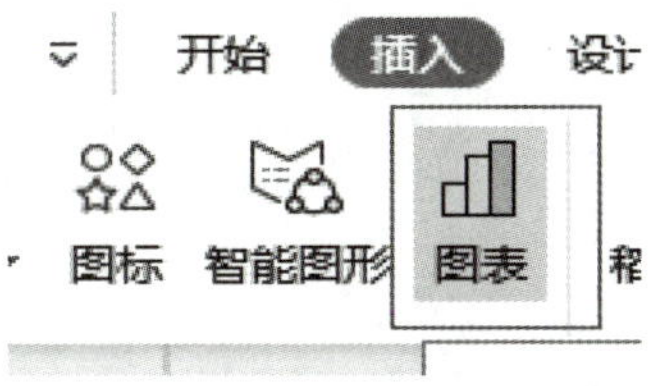 图 3-49　插入图表 　　(3) 在打开的"图表"对话框中选择需要插入的图表类型和样式，如图 3-50 所示。此处选择插入二维饼图。	

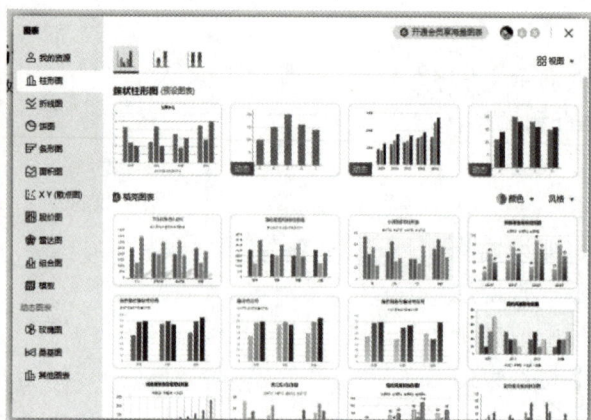

图 3-50　选择图表类型

(4) 点击菜单栏中的"图表工具"，单击"选择数据"或"编辑数据"，如图 3-51 所示，即可输入数据。

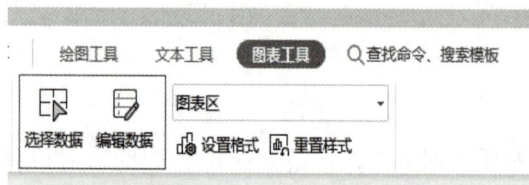

图 3-51　图表工具

(5) 选中插入的图表，单击鼠标右键，在弹出的快捷菜单中选择"添加数据标签"，如图 3-52 所示。

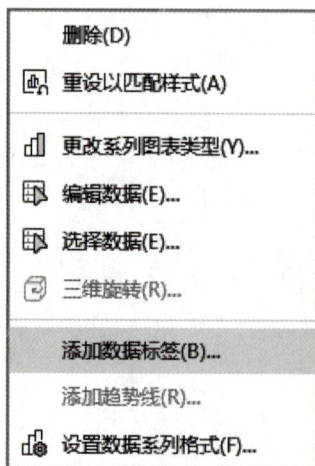

图 3-52　添加数据标签

　　(6) 选中插入的图表，单击鼠标右键，在弹出的快捷菜单中选择"设置数据格式"，可修改数据标签的名称、位置、显示样式等格式。此处设置标签包括类别名称、百分比、显示引导线，标签文本样式为微软雅黑，字体为 14 号，并通过鼠标拖曳将标签放在合适位置，效果如图 3-53 所示。

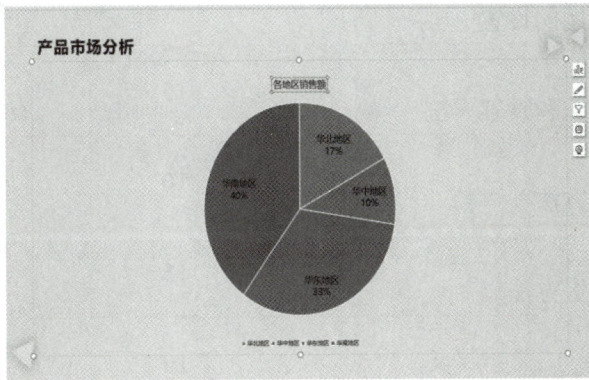

图 3-53　添加图表

3.3.6　任务考评

任务 2　【制作产品发布演示文稿】考评记录

学生姓名		班级		任务评分	
实训地点		学号		日期	
序号	考核内容			标准分	得分
1	幻灯片母版和主题 掌握幻灯片母版和主题的设置			10	
2	插入形状 掌握形状智能图形插入和设置方法			15	
3	插入图片 掌握图片插入和设置方法			10	
4	插入艺术字 掌握艺术字插入和设置方法			15	
5	插入表格 掌握表格插入和设置方法			10	
6	插入音、视频 掌握音、视频插入和设置方法			10	
7	整体布局 掌握演示文稿整体布局和设计方法			10	
8	职业素养				
	实训管理：整理、整顿、清扫、清洁、素养、安全等			5	
	团队精神：沟通、协作、互助、主动			5	
	工单和笔记：清晰、完整、准确、规范			5	
	学习反思：技能点表达、反思改进等			5	
学生反馈					
教师评语					

小　结

本节主要介绍了用 WPS 演示制作产品发布演示文稿的方法，学生需要重点掌握幻灯片的主题和母版设置，插入艺术字、形状、表格、图片、文本框、音视频的方法，以及其效果设置。

课后习题

一、填空题

WPS 演示中，通过修改 (　　　　　) 可以将所有幻灯片的背景色、字体格式等外观做统一调整。

二、不定项选择题

1. 在 WPS 演示中，要删除一张幻灯片，下列说法错误的是 (　　　　)。
A. 在大纲视图，选中要删除的幻灯片，按【Delete】键
B. 在幻灯片浏览视图，选中要删除的幻灯片，按【Delete】键
C. 在幻灯片视图，选择要删除的幻灯片，单击"编辑"→"删除幻灯片"命令
D. 在幻灯片视图，选择要删除的幻灯片，单击"文件"→"关闭"命令

2. WPS 演示中艺术字可以设置 (　　　　) 等效果。
A. 阴影　　　　　　　　B. 倒影
C. 三维旋转　　　　　　D. 转换

3. 要在幻灯片中插入计算机中的音频文件，具体的操作步骤是 (　　　　)。
A. 文件→新建→音频
B. 插入→音频→嵌入音频
C. 插入→视频→链接到音频
D. 插入→音频→链接到音频

三、判断题

1. 创建演示文稿时要有明确的主题和清晰的作品流程。　　　　　　　　(　　)
2. 幻灯片母版的设置，可以起到统一整套幻灯片风格的作用。　　　　　(　　)
3. 演示文稿中可以包含文字、图表、图像和声音、电影和超链接等。　　(　　)

3.4 【任务3】为"产品发布"演示文稿设置动画

3.4.1 任务描述

任务场景	本章【任务2】制作的产品发布演示文稿已是图文并茂，非常丰富了，但还略显呆板，不能很好地吸引客户眼球。如果能给演示文稿添加一些动画效果，则整个演示文稿会更生动，不仅可以吸引客户也能增加演示文稿的趣味性。
任务要求	分析上面的工作情境，需要完成下列任务： (1) 幻灯片的动画设计。 (2) 幻灯片切换时的动画设计。 (3) 幻灯片的动作设置和超链接。
知识准备	**1. 添加动画的原因** 　　没有动画、完全静态的演示文稿不但给人乏味的感觉，而且失去了演示文稿本身所提供的多媒体效果。在设计动画前，应先完成静态的演示文稿制作，然后再根据需求设计动画。因此，这个任务我们在上一任务的静态演示文稿基础上完成。 　　要想制作一个好的动画必须对动画的时间轴有较深刻的了解。动画的时间轴就是在时间线上有多少个事件在发生？它们因何发生？怎么进行？怎么结束？设计动画时可以根据需要将多个事件安排在时间轴上，其发生动画的方式主要包括：单击发生（用鼠标单击后才发生）、连续发生（单击一次后动画自动开始播放，循序渐进直至结束）、同时发生（单击鼠标后所有动画都开始播放，齐头并进）和间隔发生（设置动画播放的间隔，将动画按预定时间播放出来）。熟练掌握上述时间轴的概念能够使设计的动画更加精准。 **2. 幻灯片添加动画的核心原则** 　　(1) 简洁性。在确保原有效果不变的前提下，用最少的动画或元素，实现最好的效果，过多的动画会使画面变得散乱，缺乏重点。 　　(2) 有效性。在不影响动画效果的情况下，确保设计的动画便于修改、具备实用性和符合逻辑。任何不实用的动画都是空有其表，切不可为了动画而动画。

	(3) 统一性。动画的设计和切换要保持一种合适的风格，这个风格最好和演示文稿的内容、模板相匹配，不同幻灯片间的切换方式以及其中的动画，也应保持一致性和完整性。

3.4.2　任务分析

任务技术分析	在本次任务中，我们需要掌握以下技能： (1) 幻灯片的动画设计。 (2) 幻灯片的切换操作。 (3) 幻灯片的动作设置和超链接。
任务职业素养分析	认真负责、仔细严谨的作风，按内容要求准确、恰当地设计动画，具备一定的美学感知力。熟悉操作界面，牢记操作步骤，培养高效的工作理念。

3.4.3　示例演示

要想让"产品发布"演示文稿动起来，在具体操作前，首先需要对时间轴的基础知识有一定的了解，其次要熟悉动画的设计要求。在具体设置动画过程中，可以按下列步骤完成：

(1) 设置幻灯片内部动画。按照动画设计要求，为幻灯片内部各个对象设计动画，注意动画设计时尽量简单、有效、完整、统一。

(2) 设置幻灯片切换方式。按照要求设置幻灯片间的切换效果、声音和时间，使幻灯片在放映时更加生动、活泼。

(3) 插入和编辑动作和超链接。根据需求，为幻灯片对象插入动作和超链接，并能根据实际任务要求编辑动作和超链接。

最终效果如图 3-54 所示。

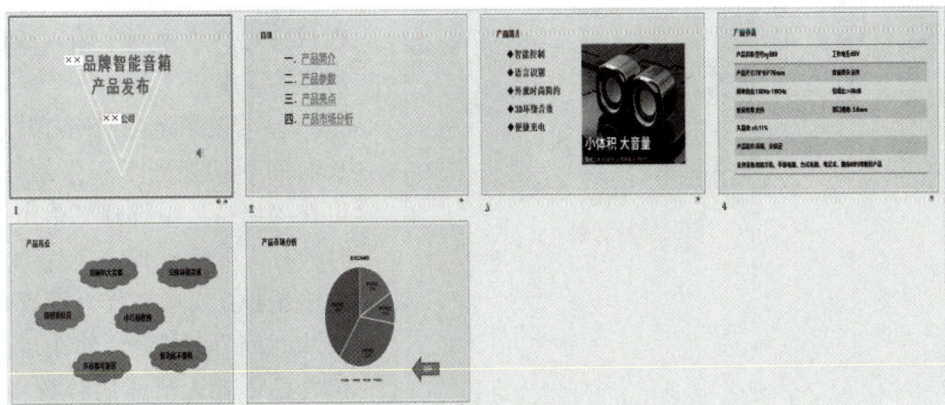

图 3-54　产品发布样图

3.4.4　任务实现

操作步骤	知识链接
1. 打开演示文稿 　　启动 WPS Office 程序，打开之前保存的"产品发布"演示文稿。	
2. 设置幻灯片切换动画 　　幻灯片切换动画即放映演示文稿时，当一张幻灯片的内容播放完成后，进入下一张幻灯片时的动画效果。下面将为"产品发布"演示文稿中的所有幻灯片设置"随机线条"切换效果，然后设置切换声音为"照相机"，具体操作如下： 　　(1) 选择切换动画。在菜单栏点击"切换"，在切换效果下拉列表框中选择"百叶窗"，如图 3-55 所示。 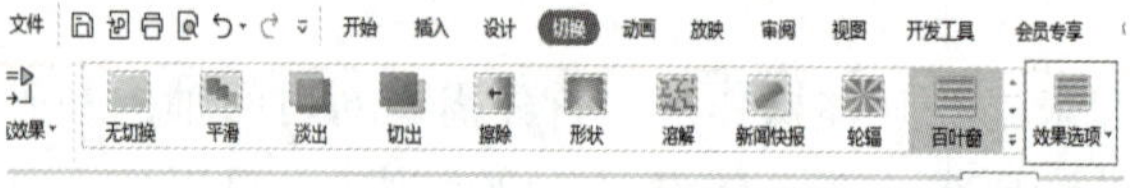 图 3-55　"百叶窗"切换效果设置 　　(2) 设置并应用切换动画。在"切换"栏目中设置"速度"为 00.90，设置"效果选项"为垂直，勾选"单击鼠标时换片"，点击"应用到全部"，切换时无声音，使切换效果应用于整个演示文稿，如图 3-56 所示。 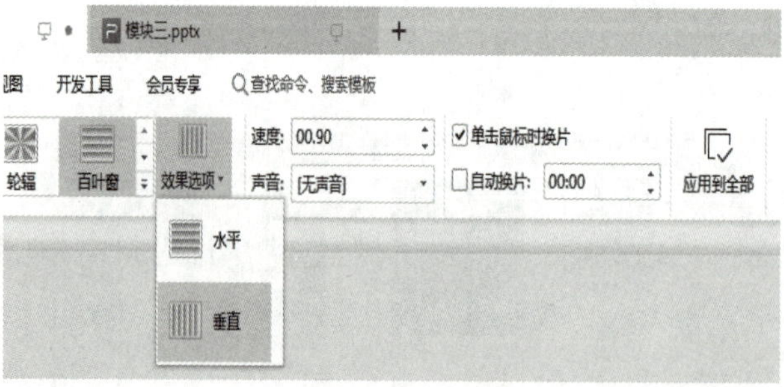 图 3-56　设置动画参数	**幻灯片切换** 　　让幻灯片动起来。幻灯片切换效果是在演示文稿播放时从一张幻灯片移到下一张幻灯片时在"幻灯片放映"视图中出现的动画效果，可以控制切换效果的速度，添加声音，甚至还可以对切换效果的属性进行自定义。 　　(1) 幻灯片添加切换效果。 　　① 在幻灯片普通视图中，选择"幻灯片"选项卡。 　　② 选中要向其应用切换效果的幻灯片。 　　③ 在"切换"选择切换效果，在下拉列表框中选择要应用于该幻灯片的切换效果。 　　(2) 设置切换效果的计时。 　　① 若要设置上一张幻灯片与当前幻灯片之间的切换效果的持续时间，可执行操作：在"切换"栏目中选择"速度"输入或选择所需的速度。 　　② 若要指定当前幻灯片在多长时间后切换到下一张幻灯片，可在"切换"中选择"单击鼠标时换片"复选框指定换片方式为单击鼠标；或者选择"设置自动换片时间"复选框，并在后面的组合框中输入所需的秒数，以通过时间来控制幻灯片换片方式。

(3) 向幻灯片切换效果添加声音。

① 在幻灯片普通视图中选择"幻灯片"选项卡。

② 选中要向其添加声音的幻灯片。

③选择"切换"→"声音"命令，在下拉列表中选择指定声音，或选择"来自文件"找到要添加的声音文件。

3. 设置幻灯片中各对象的动画效果

为了避免动画效果杂乱无章，下面主要利用"切入""渐入""飞入"等动画效果，依次为"产品发布"演示文稿各张幻灯片中的对象添加动画。为了提高效率，还将借助动画刷及动画窗格等工具。具体操作如下：

(1) 选中"产品简介"幻灯片中的文字，选择"动画"，可以看到能够添加的动画效果，如图 3-57 所示。

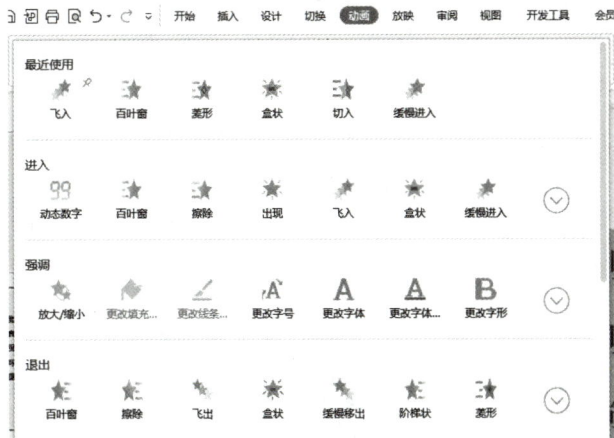

图 3-57 动画效果

(2) 添加动画。给"产品简介"幻灯片中的文字添加"盒状"动画效果，图片添加"飞入"效果。

(3) 设置动画参数。点击添加了动画效果的对象，在"动画窗格"中可以设置动画开始时间、方向、速度等参数，当同一页面添加了多个动画时还可以调整动画播放的顺序，如图 3-58 所示。

演示文稿动画

演示文稿动画包括幻灯片切换动画和对象动画两大类，而对象动画又有"强调""进入""退出""动作路径"动画之分。在设计时，使用动画时遵循宁缺毋滥、繁而不乱、突出重点、适当创新四个基本原则，才能优化演示文稿的放映效果。

WPS Offiec 中的动画类型

(1)"强调"动画。这类动画的特点是放映时通过指定方式突出显示添加了动画的对象，无论动画是在放映前、放映中，还是在放映后，应用了"强调"动画的对象始终是显示在幻灯片中的。

(2)"进入"动画。这类动画的特点是从无到有，即在放映幻灯片时，开始并不会出现应用了进入动画的对象，而在特定时间或特定操作下才会出现。

(3)"退出"动画。这类动画的特点与"进入"动画刚好相反，是通过动画使幻灯片中的某个对象消失。

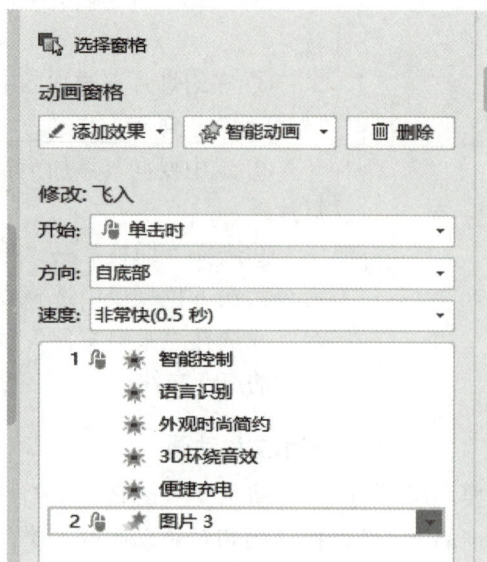

图 3-58　动画窗格

（4）查看动画效果。单击"幻灯片放映"按钮或选择"动画"→"预览"组→"预览"命令，观看幻灯片动画效果。

（5）删除多余动画。幻灯片中动画不宜过多，否则会显得杂乱，选中要删除的动画，在"动画窗格"中可进行删除。

（4）"动作路径"动画。这类动画的特点是能够使对象在动画放映时产生位置的变化，并能控制具体的变化路线。

设置动画方向

（1）"进入"动画可以使对象逐渐淡入、从边缘飞入幻灯片或者跳入视图中。

（2）"强调"动画包括使对象缩小或放大、更改颜色或沿其中心旋转等效果。

（3）"退出"动画包括使对象飞出幻灯片、从视图中消失或者从幻灯片旋出等效果。

（4）"动作路径"动画可以使对象上下移动、左右移动或者沿着星形或圆形图案移动，也可以绘制自己的动作路径。

设置动画时间

选中要修改动画效果的对象，在"动画"的"开始播放"中可以设置"单击时""与上一动画同时""在上一动画之后"，"持续时间"和"延迟时间"也可以调整，如图 3-59 所示。

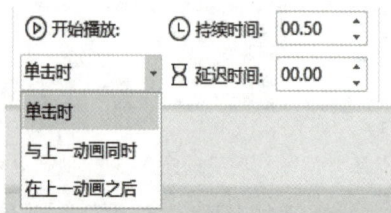

图 3-59　设置动画时间

4. 幻灯片的动作设置和超链接

（1）目录幻灯片制作。

① 选中标题幻灯片，选择"开始"，点击"新建幻灯片"，在标题处中输入"目录"。

动作设置和超链接

演示文稿的放映顺序是从前向后播放的，如果要控制幻灯片的播放顺序，就需要进行动作设置或超链接。

② 添加文字"产品简介""产品参数""产品亮点""产品市场分析"。

③ 设置项目编号为"一、二、三、四",字体为微软雅黑,字号为 36,调整文本框位置,效果如图 3-60 所示。

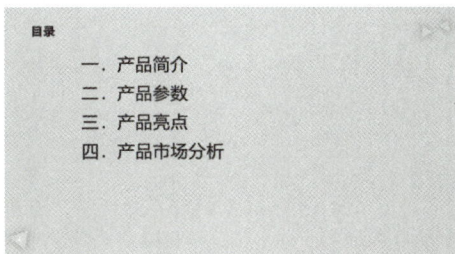

图 3-60　目录幻灯片

(2) 插入超链接。

选中目录页中"产品简介"文本,点击菜单栏中的"插入"。选择"超链接",点击"本文档幻灯片页",在弹出的窗口列表中选择"产品简介"幻灯片,如图 3-61 所示。其他页面依次插入对应页面超链接。

图 3-61　插入超链接

(3) 动作设置。

① 选中"产品市场分析"幻灯片,在右下角插入形状,选中右指向箭头,并输入文字"返回"。

② 选择"插入"中的"动作",在弹出的窗口中设置鼠标单击时超链接到第一张幻灯片,如图 3-62 所示。

③ 放映查看动作效果。

WPS Office 可以为幻灯片中的对象(如文本、图片或按钮形状等)设置动作或添加超链接,如移动到下一张幻灯片、移动到上一张幻灯片、转到放映的最后一张幻灯片或者转到网页或其他演示文稿或文件等。

设置超链接的步骤:

(1) 选择"视图"→"演示文稿视图"组→"普通视图"命令。

(2) 选中要设置超链接的对象。

(3) 选择"插入"→"链接"组→"超链接"命令,单击左侧"链接到:"中的列表,可执行下列操作之一:

① 现有文件或网页:可以链接到计算机中的某个文件或指定网站上的页面。

② 本文档中的位置:可以链接到当前演示文稿中的某张幻灯片中。

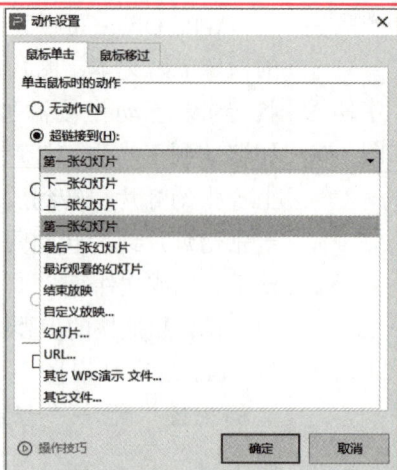

图 3-62　动作设置

5. 放映演示文稿

点击"当页开始"按钮或使用快捷组合键【Shift+F5】放映演示文稿，查看动画效果。

6. 保存并关闭演示文稿

点击窗口左上角的"保存"按钮保存演示文稿，点击窗口右上角的"关闭"按钮关闭演示文稿。

3.4.5　能力拓展

为幻灯片设置排练计时。排练计时功能用于将演示过程中每张幻灯片的播放时间记录下来，保存成功后可以进行自动播放。具体操作如下：

操作步骤	知识链接
（1）选择"幻灯片放映"→"设置"组→"排练计时"命令。 （2）此时幻灯片进入放映状态，在窗口左上角始终显示录制的时间，按正常演示切换幻灯片。 （3）幻灯片演示结束时弹出对话框"幻灯片放映共需时间××。是否保留新的幻灯片排练时间"，选择"是"。 （4）关闭幻灯片时进行保存，下次播放时就可以按照这次的排练计时进行自动播放了。	设置排练计时后，可以通过设置控制幻灯片的放映方式是自动播放还是手动播放，方法如下： （1）设置自动播放。选择"幻灯片放映"→"设置"组→"设置幻灯片放映"命令，在打开的对话框中设置"换片方式"为"如果存在排练时间，则使用它"，然后单击"确定"按钮。 （2）通过清除排练计时设置手动播放。在"切换"→"计时"组中，单击取消"设置自动换片时间"前的勾选，最后单击"全部应用"。 （3）通过设置换片方式设置手动播放。在不清除排练计时的情况下，选择"幻灯片放映"→"设置"组→"设置幻灯片放映"命令，在打开的对话框中设置"换片方式"为"手动"。

3.4.6　任务考评

任务 3 【为"产品发布"演示文稿设置动画】考评记录

学生姓名		班级		任务评分	
实训地点		学号		日期	
序号	考核内容			标准分	得分
1	幻灯片动画设计 掌握幻灯片的动画设计			10	
2	幻灯片切换 掌握幻灯片切换时的动画设计			20	
3	幻灯片的动作设置 掌握幻灯片的动作设置			20	
4	插入超链接 掌握在幻灯片中插入超链接			20	
5	设置排练计时 设置幻灯片排练计时			10	
6	职业素养				
	实训管理：整理、整顿、清扫、清洁、素养、安全等			5	
	团队精神：沟通、协作、互助、主动			5	
	工单和笔记：清晰、完整、准确、规范			5	
	学习反思：技能点表达、反思改进等			5	
学生反馈					
教师评语					

小　结

本节主要介绍了用 WPS 演示在"产品发布"演示文稿中添加动画的方法，学生需要重点掌握文件幻灯片的动画设计、幻灯片切换时的动画设计、幻灯片的动作设置和超链接。

课后习题

一、填空题

1. 幻灯片添加动画的核心原则是 (　　　　)、(　　　　)、(　　　　)。

2. 演示文稿中的动画类型有 (　　　　)、(　　　　)、(　　　　)、(　　　　)。

二、不定项选择题

1. 设计幻灯片的背景音乐，需要插入 (　　　　) 格式的音频文件。

A. mp3　　　　　　B. mp4　　　　　　C. doc　　　　　　D. vmw

2. 关于 WPS 演示中超链接的说法，正确的是 (　　　　)。

A. 不能链接到电子邮箱

B. 在图片上不能建立超链接

C. 已建立的超链接，既可以修改也可以删除

D. 在文字上不能建立超链接

三、判断题

1. 在 WPS 演示中，插入的声音文件图标可以在放映时隐藏起来。　　　　(　　)

2. 在 WPS 演示中，设置自定义动画时，动画的播放顺序可以修改。　　　　(　　)

四、操作题

编辑"产品发布"演示文稿，在产品参数、产品亮点、产品市场分析中添加动画效果，具体要求如下：

(1) 给标题幻灯片中的标题设置"飞入"动画，从左侧飞入。

(2) 给产品参数中的表格设置"菱形"动画，速度为 1 秒。

(3) 给产品亮点中的 6 个特点分别添加"百叶窗"动画，动画顺序为幻灯片从上到下，速度为 0.05 秒。

(4) 在每一页添加一个"椭圆形"，其中文字为"上一页"，设置超链接到上一页幻灯片。

(5) 给产品市场分析中的图表设置"扇形展开"动画，设置持续时间为 2 秒。

第 4 章　信 息 检 索

在信息爆炸的时代，信息素养已经成为人才综合素质的重要组成内容之一，拥有较好的信息素养对每一个人都具有重要的意义。信息检索 (Information Retrieval) 是用户进行信息查询和获取的主要方式，是查找信息的方法和手段。狭义的信息检索仅指信息查询 (Information Search)，即用户根据需要，采用一定的方法，借助检索工具，从信息集合中找出所需要信息的查找过程。掌握网络信息的高效检索方法，是现代信息社会对高素质技术技能人才的基本要求。

本章包含信息检索基础知识、搜索引擎使用技巧、专用平台信息检索等内容。信息检索工具为浏览器，是用来检索、展示以及传递 Web 信息资源的应用程序。Web 信息资源由统一资源标识符 (Uniform Resource Identifier，URI) 标记，它是一张网页、一张图片、一段视频或者任何在 Web 上所呈现的内容。使用者可以借助超级链接 (Hyperlinks)，通过浏览器浏览互相关联的信息。

学习目标

➢ 理解信息检索基本概念，了解信息检索的基本流程。

➢ 掌握常用搜索引擎的自定义搜索方法，掌握布尔逻辑检索、截词检索、位置检索、限制检索等检索方法。

➢ 掌握通过网页、社交媒体等不同信息平台进行信息检索的方法。

➢ 掌握通过专利、商标、数字信息资源平台等专用平台进行信息检索的方法。

知识导图

信息检索知识导图如图 4-1 所示。

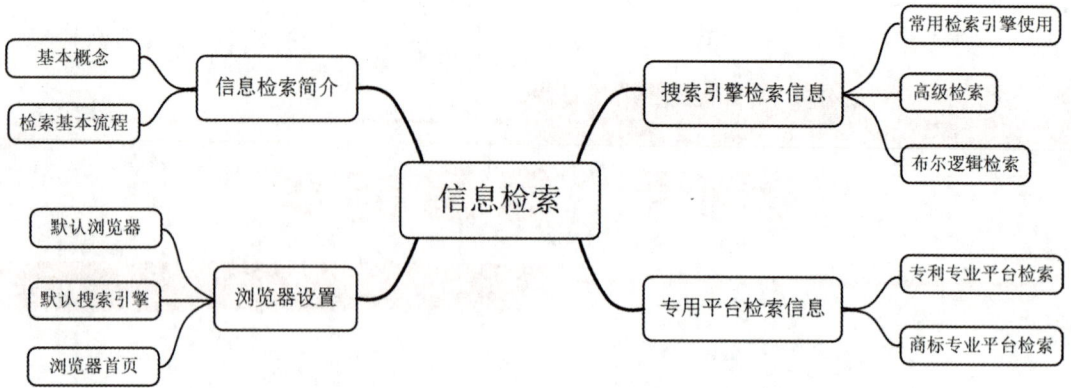

图 4-1　信息检索知识导图

4.1　信息检索简介

检索 "Retrieval" 即 "查找" 之意。信息检索的概念有狭义和广义之分。狭义的信息检索是指依据一定的方法，从已经组织好的大量有关文献集合中，查找并获取特定的相关文献的过程。这里的文献集合不是通常所指的文献本身，而是关于文献的信息或文献的线索。如果真正要获取文献中所记录的信息，那么还要依据检索所取得的文献线索索取原文。广义的信息检索包括信息的存储 (Storage) 和检索 (Retrieval) 两个过程。

信息存储包括以下三个步骤：

(1) 信息的选择与收集。它是指检索系统根据本系统的服务目的，确定信息收集、处理的原则，对分布在各处的离散的信息进行收集加工。

(2) 信息的标引。标引是信息加工人员对收集到的信息内容特征进行分析之后，对每条信息加上系统能够识别的检索标识的过程。

(3) 形成大量有序可检的信息集合。工作人员将标引后的信息条目录入，并将其按照一定的顺序排列起来，形成有序的信息集合 —— 数据库，从而为信息检索奠定基础。

信息的检索过程则是信息存储的逆过程。信息用户根据自己的需求对主题和概念进行认真分析后，将自己的信息需求转化为检索表达式。该检索表达式与系统标识的比较匹配过程就是检索的过程。

国内外有关专家对于信息检索给予了不同的解释，较有代表性的观点主要有下列几种。

(1) 信息检索的范围较大。动态信息、静态信息、声频信息、视频信息及各种数值信息均属信息检索范围。如果将信息检索作为一门学科，它应该包括矩阵记数法、概率论、最优化理论、模式识别及系统分析技术等各学科领域的内容。

(2) 信息检索主要是文献检索。信息检索是从大量的文献中查找出与情报提问所指定的课题 (对象) 有关的文献，或者是包含用户所需事实与消息的文献的过程。这里谈到的文献不仅指文献线索，也包括文献的片段，如章、节、段落，以及与事实有关的直接情报等。

(3) 信息检索是指将信息按一定的方式组织起米，并根据用户需求找出相关信息的过程。这是指信息的存储与检索，是针对信息工作者和用户来定义的，如果仅针对用户，信息检索是指在信息集合中找出所需信息的过程。

简言之，信息检索是指将信息按一定的方式组织起来，并根据信息用户的需要找出有关的信息的过程和技术。狭义的信息检索就是信息检索过程的后半部分，即从信息集合中找出所需要的信息的过程，也就是我们常说的信息查询 (Information Search 或 Information Seek)。对于信息用户来说，信息检索仅指信息的查找过程，本书所涉及的信息检索概念也仅限于信息查找的概念。

信息检索的基本流程：分析信息检索请求→选择检索工具→制定检索策略→拟定并执行具体检索步骤→获取并整理检索结果→分析评价检索操作与检索结果。

本章将以 360 安全浏览器为例介绍信息检索工具的使用。

1. 360 安全浏览器的启动与退出

1) 启动 360 安全浏览器

启动 360 安全浏览器的方法与启动其他应用程序的方法相似，常用的方法有以下三种：

(1) 从"开始"菜单中启动。单击"开始"按钮，选择 360 安全浏览器文件夹中的 360 安全浏览器软件程序单击启动。

(2) 通过快捷图标启动。用户可在桌面上为 360 安全浏览器应用程序创建快捷图标，双击该快捷图标启动。

(3) 通过已存在的网页文档启动。双击已存在的网页文档即可启动。通过已存在的网页文档启动 360 安全浏览器的方法不仅会启动该应用程序，而且会打开选定的网页文档。

2) 退出 360 安全浏览器

退出 360 安全浏览器常用的方法有以下三种：

(1) 单击 360 安全浏览器程序窗口右上角的"关闭"按钮。

(2) 在任务栏 360 安全浏览器图标处点击鼠标右键，在弹出的快捷菜单中选择"关闭窗口"选项。

(3) 使用快捷组合键【Alt+F4】。

2. 360 安全浏览器的工作界面

启动 360 安全浏览器，其操作界面如图 4-2 所示。360 安全浏览器的窗口主要包括标签页、地址栏、菜单、页面等。

图 4-2　360 安全浏览器工作界面

(1) 标签页：每个标签页代表一个活动的区域，点击不同的区域，即可展现不同的内容，节约页面的空间。360 安全浏览器可以使用多标签页浏览方式，以标签页的方式打开网站的页面。

(2) 地址栏：用于输入网站的地址。360 安全浏览器通过识别地址栏中的信息，正确连接用户要访问的内容。如要登录"网址之家"，只需在地址栏中输入 http://www.hao123.com，然后按【Enter】键即可。在地址栏中还附带了常用命令的快捷组合键，如打开新窗口 (Ctrl + N)、打开新标签 (Ctrl + T) 等，前进、后退按钮设置在地址栏前方。

(3) 菜单：由"新建标签页""书签""历史""设置""工具""帮助"等菜单组成。每个菜单中包含了控制 360 安全浏览器工作的相关命令选项，这些选项包含了浏览器的所有操作与设置功能。

(4) 页面：360 安全浏览器的主窗口，访问的网页内容显示在此。页面中有些文字或对象具有超链接属性，当鼠标指针放上去之后会变成手状，单击鼠标左键，浏览器就会自动跳转到该链接指向的网址；单击鼠标右键，则会弹出快捷菜单，可以从中选择要执行的操作命令。

在地址栏输入网址，按【Enter】键打开网页后，单击地址栏后的"收藏网页"，这时就会出现添加收藏选项，收藏到指定的文件夹中，如图 4-3 所示。

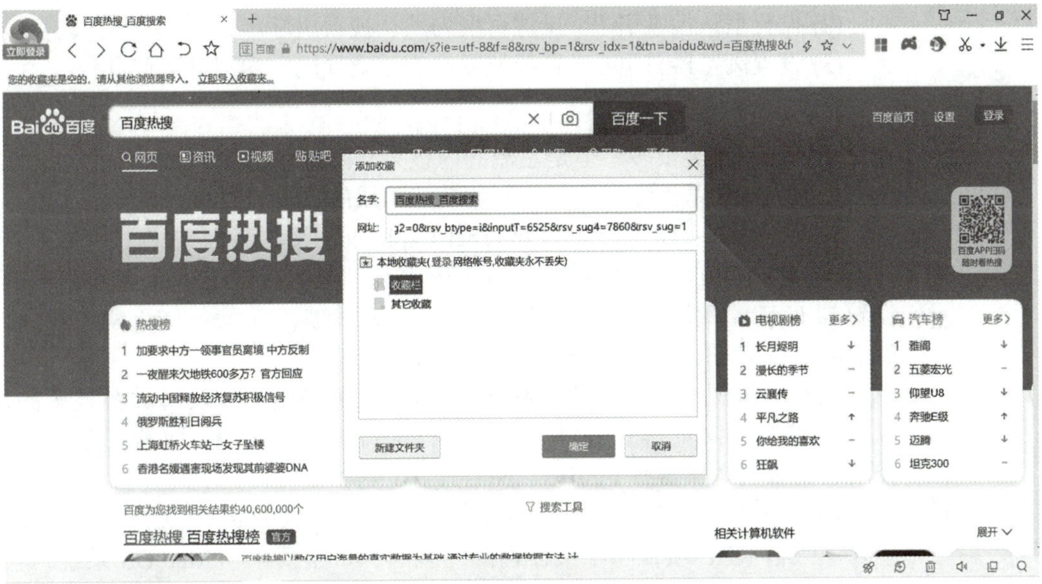

图 4-3　收藏选项

4.2　【任务1】对浏览器进行设置

4.2.1　任务描述

任务场景	××电子公司信息管理员为公司计算机进行浏览器设置，技术主管要求： (1) 将360安全浏览器设为默认浏览器。 (2) 将360安全浏览器中的默认搜索引擎设置为百度。 (3) 将导航网站"学吧导航"设置为浏览器首页。
任务要求	分析上面的工作情境，我们需要完成下列任务： (1) 设置默认浏览器：设置360安全浏览器为默认浏览器。 (2) 设置默认搜索引擎：设置百度为默认搜索引擎。 (3) 设置浏览器首页：设置导航网站"学吧导航"为浏览器首页。
知识准备	**1. 浏览器** 　　浏览器的种类很多，但是主流的内核只有四种。各种不同的浏览器，就是在主流内核的基础上，添加不同的功能构成的。 　　Trident内核：代表产品为Internet Explorer，又称其为IE内核。Trident（又称为MSHTML）是微软开发的一种排版引擎。使用Trident渲染引擎的浏览器有IE、傲游、世界之窗、Avant、腾讯TT、Netscape 8、NetCaptor、Sleipnir、GOSURF、GreenBrowser及KKman等。 　　Gecko内核：代表作品为Mozilla Firefox。Gecko是一套开放源代码的、以C++编写的网页排版引擎，是最流行的排版引擎之一，仅次于Trident。使用它的著名浏览器有Firefox、Netscape 6至9。 　　WebKit内核：代表作品有Safari、Chrome。WebKit是一个开源项目，包含了来自KDE项目和苹果公司的一些组件，主要用于Mac OS系统。它的优点在于源码结构清晰、渲染速度极快；缺点是对网页代码的兼容性不高，导致一些编写不标准的网页无法正常显示。 　　Presto内核：代表作品为Opera。Presto是由Opera Software开发的浏览器排版引擎，供Opera 7.0及以上使用。它取代了旧版Opera 4至6版本使用的Elektra排版引擎，加入了动态功能，例如网页或其他部分可随着DOM及Script语法的事件而重新排版。 　　主流的浏览器分为IE、Microsoft Edge、Chrome、Firefox、Safari等几大类。 　　IE浏览器是微软推出的Windows系统自带的浏览器，它的内核是由微软独立开发的，简称IE内核，该浏览器只支持Windows平台。国内大部分

的浏览器，都是在 IE 内核基础上提供了一些插件，如 360 安全浏览器、搜狗浏览器等。

Microsoft Edge 浏览器是由微软开发的基于 Chromium 的浏览器。

Chrome 浏览器是由 Google 在开源项目的基础上独立开发的一款浏览器，市场占有率第一，而且它提供了很多方便开发者使用的插件。Chrome 浏览器不仅支持 Windows 平台，还支持 Linux、Mac 系统，同时它也提供了移动端的应用 (如 Android 和 iOS 平台)。

Firefox 浏览器是开源组织提供的一款开源的浏览器，它开源了浏览器的源码，同时也提供了很多插件，方便了用户的使用，支持 Windows 平台、Linux 平台和 Mac 平台。

Safari 浏览器主要是 Apple 公司为 Mac 系统量身打造的，主要应用在 Mac 和 iOS 系统中。

360 安全浏览器 (360 Security Browser) 是 360 安全中心推出的一款基于 Internet Explorer 和 Chromium 双核的浏览器，是世界之窗开发者凤凰工作室和 360 安全中心合作的产品，与 360 安全卫士、360 杀毒等一同成为 360 安全中心的系列产品。360 安全浏览器拥有全国最大的恶意网址库，采用恶意网址拦截技术，可自动拦截木马、欺诈、网银仿冒等恶意网址。其独创的沙箱技术，在隔离模式即使访问木马也不会被感染。

2. 搜索引擎

搜索引擎是指自动从因特网搜集信息，经过一定整理以后，提供给用户进行查询的系统。因特网上的信息浩瀚万千，而且毫无秩序，所有的信息像汪洋上的一个个小岛，网页链接是这些小岛之间纵横交错的桥梁，而搜索引擎，则是为用户绘制一幅一目了然的信息地图，供用户随时查阅的。它们从互联网提取各个网站的信息 (以网页文字为主)，建立起数据库，并能检索与用户查询条件相匹配的记录，按一定的排列顺序返回结果。

搜索引擎依托于多种技术，如网络爬虫技术、检索排序技术、网页处理技术、大数据处理技术、自然语言处理技术等，为信息检索用户提供快速、高相关性的信息服务。搜索引擎技术的核心模块一般包括爬虫、索引、检索、排序等，同时可添加其他一系列辅助模块，以为用户创造更好的网络使用环境。

3. 首页

首页指一个网站打开后看到的第一个页面，如百度首页；主页是用户打开浏览器时默认打开的网页，如 360 安全浏览器的首页。一个网站的首页是一个文档，当一个网站服务器收到一台计算机上网络浏览器的消息链接请求时，便会向这台计算机发送这个文档。当在浏览器的地址栏输入域名，而未指向特定目录或文件时，通常浏览器也会打开网站的首页，亦称起始页。网站首页是一个网站的入口网页，故往往会被编辑得易于了解该网站，并引导互联网用户浏览网站其他部分的内容。这部分内容一般被认为是具有目录性质的。大多数作为首页的文件名是 index、default、main 或 portal 加上扩展名。

4.2.2　任务分析

任务主要技术分析	在本次任务中，需要掌握以下技能： (1) 默认浏览器的设置：不同浏览器设置默认浏览器的方式略有不同。360 安全浏览器在"菜单"→"设置"→"基本设置"→"默认浏览器"中进行设置。 (2) 默认搜索引擎的设置：常见搜索引擎有百度、Google、搜狗、Bing 等。360 安全浏览器在"菜单"→"设置"→"基本设置"→"管理搜索引擎"中进行设置。 (3) 浏览器首页的设置：可以将个人主页、网站网页、组织或活动主页、公司主页等设置为浏览器首页。360 安全浏览器在"菜单"→"设置"→"基本设置"→"启动时打开"中进行设置。
任务职业素养分析	可以根据需求对浏览器进行设置，培养其耐心、严谨的工作态度，由于准确的配置才能为高效使用浏览器提供方便，因此也培养了其高效的工作理念。

4.2.3　示例演示

要完成本次为公司计算机进行浏览器设置的任务，在具体操作之前要清楚公司的要求，并根据要求对浏览器进行设置。

在具体的配置过程中，可以按照以下步骤完成操作：

(1) 按照要求统一设置 360 安全浏览器为默认浏览器。

(2) 按照要求统一设置百度为默认搜索引擎。

(3) 按照要求统一设置导航网站"学吧导航"为浏览器首页。

完成后的效果如图 4-4 所示。

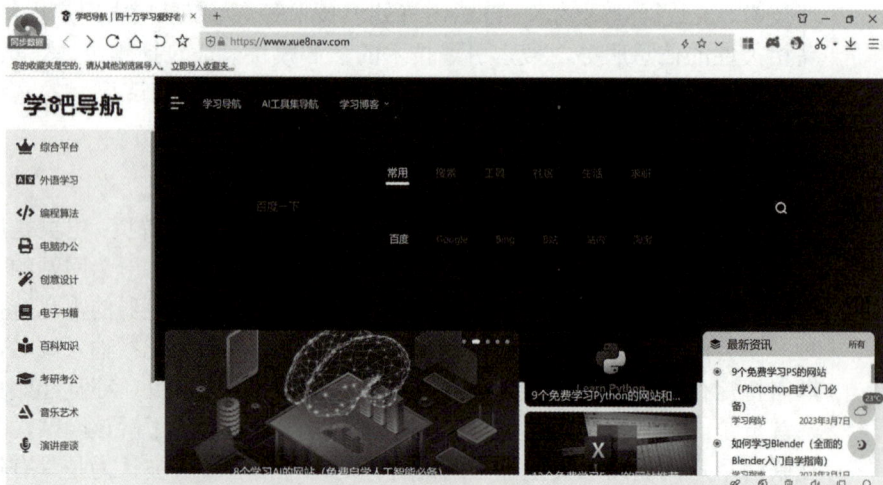

图 4-4　效果图

4.2.4 任务实现

操作步骤	知识链接
1. 设置默认浏览器 启动 360 安全浏览器，在菜单中选择"设置"，在"基本设置"中选择默认浏览器，单击"将 360 极速浏览器设置为默认浏览器并锁定"按钮，如图 4-5 所示。  图 4-5 设置默认浏览器	**设置默认浏览器方法** (1) 360、QQ 浏览器，可在菜单中直接选择"设为默认浏览器"命令。 (2) 常见浏览器，很多都可选择"设置"→"默认浏览器"命令，进行默认浏览器设置。
2. 设置默认搜索引擎 在"基本设置"中选择"搜索引擎"，单击"管理搜索"，我们可以看到"Google"为默认搜索引擎，将鼠标移动到"百度"一行上，再单击"设为默认搜索引擎"，即可将"百度"设为默认搜索引擎，如图 4-6 所示。 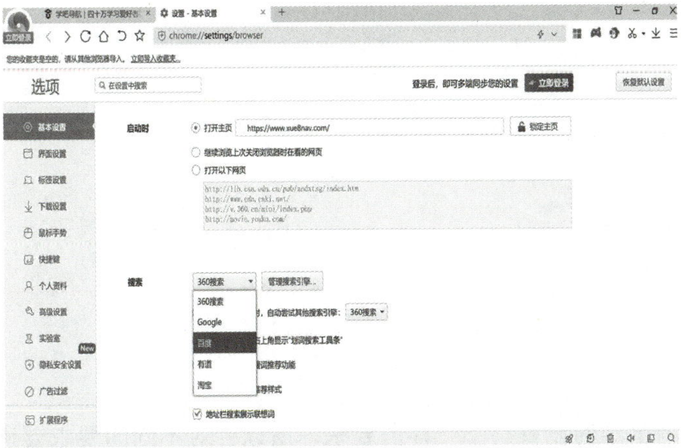 图 4-6 设置默认搜索引擎	**常见搜索引擎的网址** (1) 百度搜索引擎网址：www.baidu.com。 (2) Google 搜索引擎网址：www.google.com。 (3) 新浪搜索引擎网址：www.sina.com.cn。 (4) 网易搜索引擎网址：www.163.com。 (5) 搜狐搜索引擎网址：www.sohu.com。 (6) 360 搜索引擎网址：www.so.com。

3. 设置浏览器首页

（1）在"基本设置"中选择"启动时打开"→"修改主页"，如果安装了360安全卫士则主页会被锁定，此时会显示"浏览器防护设置"，如图4-7所示。

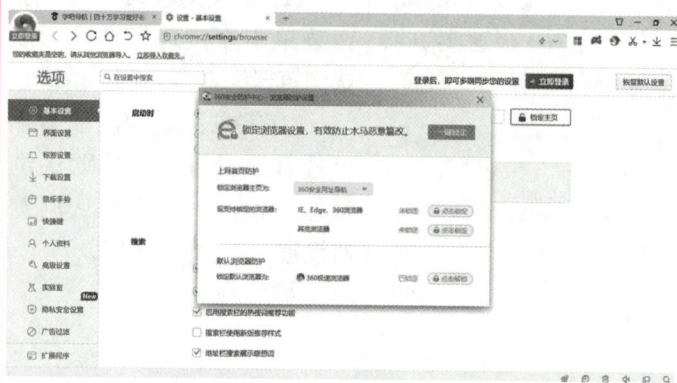

图4-7　浏览器防护设置

（2）在"浏览器防护设置"中选择"点击解锁"→"确认"，之后再次选择"修改主页"选项，输入导航网站"学吧导航"的网址"https://www.xue8nav.com/"，单击"确认"按钮，即可把导航网站"学吧导航"设置为浏览器首页，如图4-8所示。

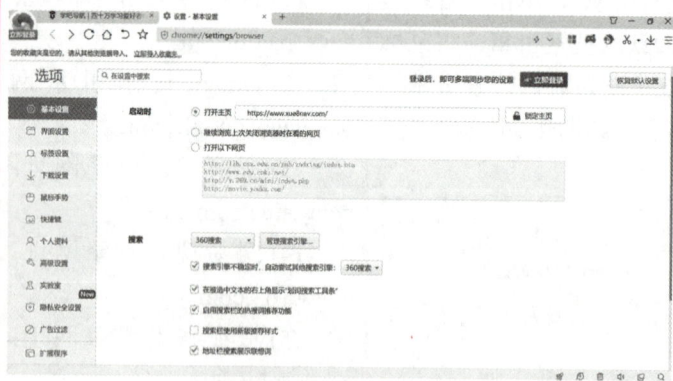

图4-8　设置浏览器首页

合适设置为浏览器的首页

（1）个人主页。
（2）网站网页。
（3）组织或活动主页。
（4）公司主页。

4.2.5　能力拓展

不同的公司、企业、个人对浏览器的设置有不一样的要求，所以针对不同的要求要进行不同的设置，下面我们就来进行Google浏览器的设置，具体操作如下：

操作步骤	知识链接
(1) 启动 Google 浏览器。 (2) 设置 Google 浏览器为默认浏览器。 　　在浏览器右上角的菜单中选择"设置"→"默认浏览器"，在默认浏览器上选择"设为默认选项"。 　　在"默认应用"中的"Web 浏览器"中，单击"360 安全浏览器"，在弹出的选项中选择"Google Chrome"选项，即可将 Google 浏览器设置为默认浏览器。 (3) 设置"百度"为 Google 浏览器的默认搜索引擎。 　　在浏览器右上角的"菜单"中选择"设置"→"搜索引擎"，选择"管理搜索引擎"，目前默认搜索引擎为"Google"搜索引擎，可以选择"百度"那一行的菜单，并选择"设为默认选项"，即可将"百度"设为默认搜索引擎。 (4) 设置浏览器启动时打开多张网页。 　　在"设置"中选择"启动时"，然后选择"打开特定网页或一组网页"选项，单击"添加新网页"，输入导航网站"学吧导航"的网址"https://www.xue8nav.com/"，点击"添加"按钮，再次单击"添加新网页"，输入"百度"的网址"www.baidu.com"，单击"添加"按钮，这样导航网站"学吧导航"和"百度"网站启动时打开设置完成。	在"启动时"中可以设置多张页面在启动浏览器时同时打开。

4.2.6　任务考评

任务 1 【对浏览器进行设置】考评记录

学生姓名		班级		考评日期	
实训地点		学号		任务评分	
考核点	考核内容与目标			标准分值	得分
基础操作	启动 360 安全浏览器			10	
浏览器操作	在菜单中选择"设置"命令			10	
设置默认浏览器	将"360 安全浏览器"设置为默认浏览器			20	
设置默认搜索引擎	将"百度"设置为默认搜索引擎			20	
设置浏览器首页	将导航网站"学吧导航"设置为浏览器首页			20	
职业素养	实训管理：整理、整顿、清扫、清洁、素养、安全等			5	
	团队精神：沟通、协作、互助、主动			5	
	工单和笔记：清晰、完整、准确、规范			5	
	学习反思：技能点表达、反思改进等			5	
学生反馈					
教师评语					

小　结

本节主要介绍了浏览器的基本概念与 360 安全浏览器的基本操作方法，学生需要重点掌握 360 安全浏览器的常用操作，默认浏览器、首页、默认搜索引擎设置的方法。

课后习题

一、填空题

1. 百度搜索引擎的网址为 (　　　　　　　　)。

2. 信息存储包括的步骤有 (　　　　)、(　　　　) 与 (　　　　)。

二、不定项选择题

1. 文献是记录有知识的 (　　　　)。

A. 载体　　　　　B. 纸张　　　　C. 光盘　　　　　　D. 磁盘

2. 下列选项中属于特种文献类型的有 (　　　　)。

A. 报纸　　　　　B. 图书　　　　C. 科技期刊　　　　D. 教学论文

3. 下列信息来源属于文献型信息源的是 (　　　　)。

A. 图书　　　　　B. 同学　　　　C. 老师　　　　　　D. 网络

三、操作题

对华为浏览器进行设置，具体要求如下：

(1) 将"华为浏览器"设为默认浏览器。

(2) 将 360 搜索引擎设为华为浏览器的默认搜索引擎。

(3) 将导航网站"hao123"设为华为浏览器首页。

4.3　【任务2】使用搜索引擎检索信息

4.3.1　任务描述

任务场景	××电子公司信息管理员想要学习知识图谱和大数据方面的知识，一方面可以通过常用搜索引擎查找相关知识；另一方面通过知网检索特定的中文文献，仅仅按关键字搜索很不准确，通过布尔逻辑检索方法、字段限制检索等方法查询学术资料，可以帮助管理员快速、准确地获取相关资料，节省时间，得到想要的内容和文献。检索分为以下几种情况： 　　(1) 通过常用搜索引擎搜索信息图谱PPT，检索"中国知网"。 　　(2) 知网检索文献查找的结果同时包含"知识图谱"和"大数据"两个检索词。 　　(3) 知网检索文献查找结果含有检索词"知识图谱"或"大数据"。 　　(4) 知网检索文献查找结果含有检索词"知识图谱"，但不含检索词"大数据"。
任务要求	分析以上任务情景，我们需要完成以下任务： 　　(1) 通过百度搜索引擎查找近一年来关于"知识图谱"的PPT文档。 　　(2) 通过搜索引擎搜狗查找所需信息：检索"中国知网"。 　　(3) 通过布尔逻辑检索在专用平台查找所需文献：通过不同的布尔逻辑运算符查找合适的文献。 　　(4) 根据检索结果下载所需文献。
知识准备	**1. 搜索引擎** 　　搜索引擎来自英文Search Engine，意为信息查找的发动机，是最为常用的网络资源搜索工具之一。关于搜索引擎的定义有广义和狭义之分。 　　广义的搜索引擎泛指网络上提供信息检索服务的工具和系统，是网络检索工具的统称。 　　广义的搜索引擎包括以下三种类型： 　　(1) 目录式搜索引擎(Directory Search Engine)，即网络资源目录，又称目录型检索工具，主要通过人工发现信息，依靠编目员的知识进行甄别和分类，用户在分类结构中进行浏览和查询信息，如雅虎、搜狐等。

<table>
<tr><td>知识准备</td><td>

(2) 基于机器人技术的搜索引擎 (Robot Search Engine)，主要采用自动搜索和标引方式来建立和维护其索引数据库。用户查询时可以用逻辑组合方式输入各种关键词，搜索引擎通过特定的检索软件，查找其索引数据库，给出与检索时相匹配的检索结果，供用户浏览利用，如 Alta Vista、Google、天网等。

(3) 元搜索引擎 (Meta Search Engine)，即集合型检索工具，主要通过调用多个独立搜索引擎的检索功能来实现互联网资源的查询。

目前，一些学者采用了广义的搜索引擎定义，将搜索引擎看作万维网检索工具的代名词。

狭义的搜索引擎主要是指利用自动搜索技术软件，对万维网资源进行搜集、组织并提供检索的信息服务系统，即广义的搜索引擎的第 2 种类型。互联网上最早出现的搜索引擎就是利用机器人 (Robot) 来建立数据库，"搜索引擎"这个词的原意也只是指这种狭义上的基于 Robot 的搜索引擎。

搜索引擎产生和发展的历史虽然不长，但它的功能却非常强大，搜索引擎的检索实际上也是一种数据库检索，几乎可以提供一般数据库的全部检索功能，如布尔逻辑检索、词组检索、截词检索、位置检索、字段限制检索等，但是，并非每一种搜索引擎均能提供全部的检索功能。

(1) 布尔逻辑检索是网络信息资源检索中应用最为广泛的检索功能。布尔逻辑检索的基础是逻辑运算。常用的逻辑运算有三种：逻辑与 (AND)、逻辑或 (OR)、逻辑非 (NOT)。下面以"信息图谱"和"大数据"两个检索词来介绍三种逻辑运算符的具体含义。

① "信息图谱" AND "大数据"，表示同时含有这两个检索词的文献才被命中。

② "信息图谱" OR "大数据"，表示含有一个检索词或同时含有这两个检索词的文献将被命中。

③ "信息图谱" NOT "大数据"，表示只含有"信息图谱"但不含有"大数据"的文献才被命中。

常见的三种布尔逻辑符号 AND、OR 和 NOT 应用于具体的搜索引擎的表现方式有所不同。有的只允许使用大写的"AND""OR""NOT"运算符，有的大小写通用，有的将逻辑符号用"&""|""!"符号表示，有的不支持或仅支持其中的某个算符，等等。

(2) 词组检索也称为短语检索，或字符串检索。它是将一个词组或短语用双引号（""）括起来作为一个独立运算单元，进行严格匹配，以提高检索准确度的一种方法。几乎所有的搜索引擎都支持词组检索。例如，以"信息图谱"作为关键词检索时，检索结果则仅反馈与"信息图谱"完全匹配的内容。

</td></tr>
</table>

<table>
<tr>
<td rowspan="1">知识准备</td>
<td>

(3) 截词检索。在搜索引擎中，右截断采用得比较多，在中文里，也称为前方一致检索。截词符多采用通配符"*"，可以用它代表多个字符。如"comput*"代表 computer，computing、computerized、computerization 等。绝大多数搜索引擎都支持截词检索，但对于每个具体的搜索引擎的截断方式，截词符的表示方法也不完全一样。

(4) 位置检索。在各个搜索引擎中，所设置的位置算符的表示方法不尽相同，比如有的搜索引擎用 (nW) 和 (nN) 这两个关系。(nW) 关系要求它所连接的两个检索词在结果中相互距离不超过 n 个词，而且前后顺序不能颠倒。(nN) 关系也要求它所连接的两个检索词在结果中相互距离不超过 n 个词，但前后顺序可以变换。

(5) 字段限制检索是指计算机检索时，可将检索范围限定在数据库特定的字段中。常用的检索字段主要有标题、摘要、关键词、作者、作者单位、参考文献等。

字段限制检索的操作形式有两种：一种是在字段下拉菜单中选择字段后输入检索词；另一种是直接输入字段名称和检索词。

2. 常用搜索引擎——百度

百度搜索引擎是全球最大的中文搜索引擎，2000 年 1 月由李彦宏、徐勇两人创立于北京中关村，致力于向人们提供"简单、可依赖"的信息获取方式。"百度"二字源于宋朝词人辛弃疾的《青玉案·元夕》中的诗句"众里寻他千百度"，象征着百度对中文信息检索技术的执着追求。

百度支持多种检索功能，首先，百度支持"+"(AND)、"-"(NOT)、"|"(OR)。如果检索框中的两个关键词之间用空格隔开，则默认为是"+"连接。其次，百度提供相关检索功能，用户可以先输入一个简单词语进行搜索，然后百度搜索引擎会提供"相关搜索"作参考，点击任何一个相关搜索词，都能得到那个相关搜索词的搜索结果。第三，提供限定检索。"site:"表示在指定网站内搜索，如"信息图谱 site: www.baidu.com"表示在 www.baidu.com 网站内搜索和"信息图谱"相关的资料；"intitle:"表示在标题中搜索；"inurl:"表示在 URL 中搜索。对于熟悉百度检索语法规则的用户，可以使用相关的算符，灵活地构建检索式，并获取相关的检索结果。

百度提供高级检索，高级检索可以很方便地帮助构建较为精准的检索式。将布尔逻辑运算符用通俗的语言表达出来，比如："包含以下全部的关键词"表示逻辑"与"，"包含以下任意一个关键词"表示逻辑"或"，"不包括以下关键词"表示逻辑"非"，"包含以下的完整关键词"表示词组检索。时间可以选择"最近一天""最近一周""最近一月""最近一年"等。文件格式的限定包括所有网页和文件、PDF、Word、Excel、PPT、RTF、所有格式等。关键词的位置可选择位于网页的任何地方、仅在网页的标题中、仅在网页的 URL 中。另外，可以限定要搜索的指定网站。

</td>
</tr>
</table>

知识准备	**3. 常用搜索引擎——搜狗** 搜狗搜索是搜狐公司于 2004 年 8 月 3 日推出的全球首个第三代互动式中文搜索引擎。搜狗搜索是中国领先的中文搜索引擎，致力于中文互联网信息的深度挖掘，帮助中国上亿网民加快信息获取速度，为用户创造价值。 **4. 中国知网** 中国知网是指中国国家知识基础设施 (China National Knowledge Infrastructure，CNKI)，它是《中国学术期刊》(光盘版) 电子杂志社和清华同方知网技术有限公司共同创办的网络知识平台，包括学术期刊、学位论文、工具书、会议论文、报纸、标准、专利等。 中国知网在全球范围内的注册用户数超过 4000 万，中心网站及设在全球的镜像站点年文献量突破 30 亿次，是全球最受推崇的知识服务品牌。为了更好地满足各类机构和个人用户的使用需求，中国知网面向各机构网站、专业论坛、博客等推出"中国知网专业文献定制服务"。用户依据网站自身定位和内容需求，选定中国知网收录的各类专业文献，包括学术期刊、博士论文、硕士论文、会议论文、报纸、专利、科技成果等，以检索页面的形式加载到网站中，定制完成后，中国知网将每日更新的定制文献以篇名或文章摘要的形式，自动推送到各站点的检索页面。

4.3.2 任务分析

任务技术分析	本次任务中我们需要掌握以下技能： (1) 通过搜索引擎查找所需信息：检索"知识图谱"PPT 和"中国知网"。 (2) 通过布尔逻辑检索在专用平台查找所需文献：通过不同的布尔逻辑运算符，查找合适的文献。 (3) 根据检索结果下载所需文献。
任务职业素养分析	认真负责、仔细严谨的作风，培养信息检索的能力，只有规范检索才能为后续工作做好准备，培养高效的工作理念。

4.3.3 示例演示

要完成本次任务，需要清楚任务的要求，并按要求进行浏览器设置。

在具体的设置过程中，可以按照下列步骤完成：

(1) 通过搜索引擎查找所需信息：通过百度搜索引擎高级检索功能查找最近一年关于"知识图谱"的 PPT，通过搜狗搜索引擎查找中国知网官网并进入。

(2) 通过布尔逻辑检索在专用平台查找所需文献。

(3) 根据检索结果下载所需文献：根据检索结果筛选并下载相应文献。

完成后的结果如图 4-9 所示。

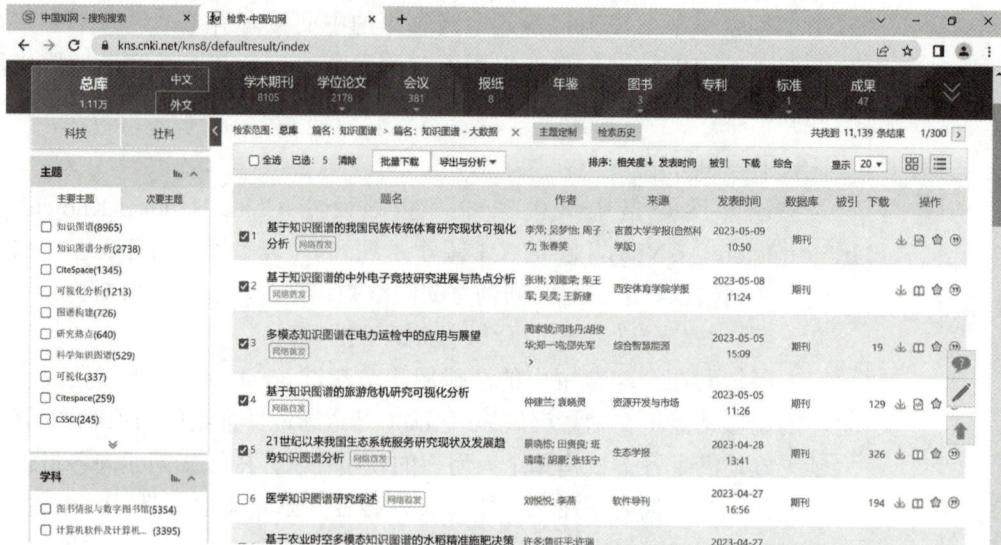

图4-9　示例演示

4.3.4　任务实现

操作步骤	知识链接
1. 启动浏览器 启动 Google 浏览器，在浏览器的地址栏中输入"www.baidu.com"，打开百度搜索的页面，也可以通过导航网站找到"百度"并进入。	**导航网站** 导航网站就是一个集合较多网址，并按照一定条件进行分类的一种网站，常见的有 www.2345.com、360 网址之家、www.hao123.com 等。
2. 百度高级检索 打开百度搜索引擎后，在"设置"中选择"高级搜索"，弹出"高级搜索"窗口，如图 4-10 所示。 图4-10　"高级搜索"窗口	

3. 构建检索式 在"包含完整关键词"中输入检索词"知识图谱",在时间选项中选择"最近一年",在文档格式中选择"PPT",在关键词位置里选择"仅在网页的标题中"。	检索式是检索者向计算机发布的指令,也是人机对话的语言。检索式表达了检索者的检索意图。检索式通常由检索词、逻辑运算符、通配符等组成。
4. 通过浏览器进行高级检索 点击"高级搜索"按钮,即可进行检索,并得到检索结果。通过高级检索辅助选择构建的检索式为:"filetype:ppt title: (" 知识图谱 ")"。检索情况如图 4-11 所示。  图4-11　检索情况	高级检索是相对于基本检索而言的。高级检索是信息检索入口的三种检索途径之一。高级检索可使用多于基本检索的标准以便精练检索。
5. 优化检索结果 可以根据检索结果来调整和优化检索式,获得更为理想的检索结果。	
6. 通过搜索引擎进入中国知网 进入搜狗搜索引擎,输入"中国知网"进行查找,如图 4-12 所示。在找到的搜索结果中单击进入中国知网官网,如图 4-13 所示。  图4-12　查找中国知网	

图4-13　中国知网

7. 中国知网查找文献

针对公司管理员的需要，在中国知网学术文献专用平台中查找合适的文献。

(1) 在中国知网首页内，将搜索栏左边搜索选项由默认"主题"改为"篇名"。

(2) 选用"逻辑与"方法进行检索，在搜索栏内输入"知识图谱 * 大数据"进行查找，单击页面"总库框"内的"中文"选项，通过查看结果，共检索出 100 多篇中文文献，查找的文献篇名同时包含"知识图谱"和"大数据"两个检索词，如图 4-14 所示。

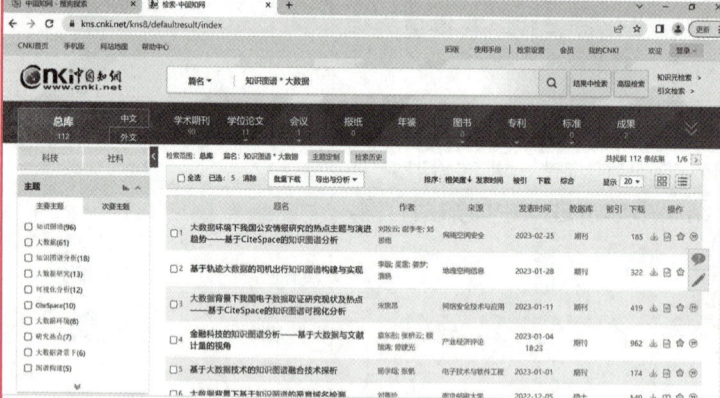

图4-14　"逻辑与"检索情况

(3) 选用"逻辑或"方法进行检索，在搜索栏内输入"知识图谱 + 大数据"进行查找，单击页面"总库框"内的"中文"选项，通过查看结果，共检索出 13 万多篇中文文献，查找结果中含有"大数据"和"知识图谱"其中一个检索词，或同时包括"大数据"和"知识图谱"两个检索词，如图 4-15 所示。

学术期刊 —— 中国知网收录了自 1915 年以来，国内出版的近 7400 种学术期刊，累计文献 2600 多万篇，其中核心期刊、重要评价性数据库来源期刊近 2700 种，内容覆盖自然科学、工程技术、农业、哲学、医学、人文社会科学等各个领域。收录的所有学术期刊均与纸版同步出版，内容连续动态更新。

学位论文 —— 中国知网收录的博士、硕士学位论文 80 余万篇，时间可追溯到 1999 年，其中已累计出版博士学位论文 12 多万篇，硕士学位论文 90 多万篇，内容涵盖各类学科。

会议论文 —— 中国知网收录了自 1985 年以来国内外各主要学会的会议论文，共计 120 余万篇，每年同步出版会议论文约 20 余万篇以上。

图4-15　"逻辑或"检索情况

(4) 选用"逻辑非"方法进行检索，在搜索框内单独输入"知识图谱"，单击搜索图标，然后单击页面"总库框"内的"中文"选项，可以看到检索出 9000 多篇中文文献，搜索的结果中有部分文献包含"大数据"检索词。在搜索框内重新输入"知识图谱 - 大数据"，可以看到检索数目减少了 102 篇，且检索的结果中不包含检索词"大数据"的信息，如图 4-16 所示。

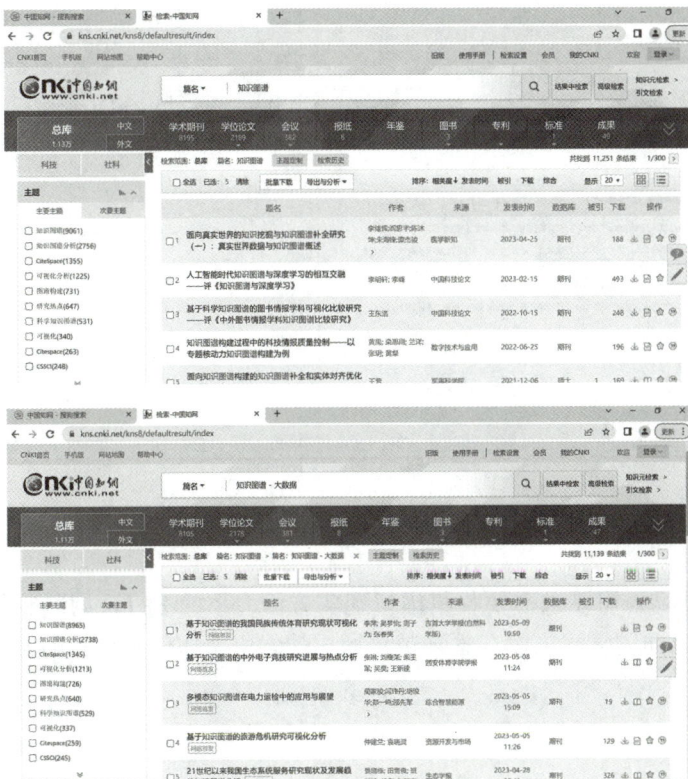

图4-16　"逻辑非"检索情况

8. 根据检索结果下载文献

查看检索出的文献，勾选要下载的文献标题，单击"批量下载"，进入下载页面。在下载页面中，单击"批量下载"将文件下载到本地，确保安装了最新的"知网研学"客户端，如图4-17所示。

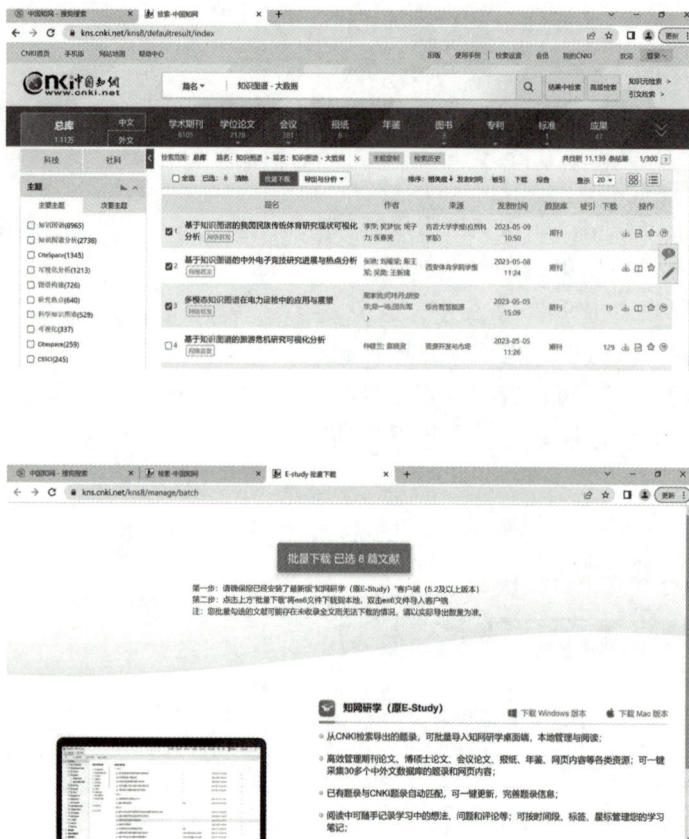

图4-17　批量下载和下载文献

知网研学（原 E–Study）

知网研学集文献检索、下载、管理、笔记、写作、投稿于一体，为学习和研究提供全过程支持。它支持PC、Mac、iPad 平台。支持CNKI学术总库、CNKI Scholar、CrossRef、IEEE、Pubmed、ScienceDirect、Springer等中外文数据库检索，将检索到的文献信息直接导入到专题中；根据用户设置的账号信息，自动下载全文，不需要登录相应的数据库系统。支持将题录从浏览器中导入、下载到知网研学的指定专题节点中；支持的网站有中国知网、维普、百度学术、Springer、Wiley、oScienceDirect 等。

4.3.5　能力拓展

××电子公司信息管理员应公司要求需要收集虚拟现实方面介绍的 PPT，同时收集虚拟现实、多媒体和人工智能方面的学术文献，管理员正通过搜索引擎和信息检索的方法寻找合适文献。

操作步骤	知识链接
(1) 打开百度搜索引擎，在设置中选择高级检索窗口。 (2) 构建检索式。在"包含完整关键词"中输入检索词"虚拟现实"，在时间选项中选择"最近一年"，在文档格式中选择"PPT"，在关键词位置里选择"仅在网页的标题中"。 (3) 高级检索。点击"高级检索"按钮即可进行检索，并得到检索结果。通过高级检索辅助选择构建的检索式为"filetype:ppt title: (" 虚拟现实 ")"。 (4) 百度搜索引擎查找"中国知网"。启动浏览器，进入导航网站，通过百度搜索引擎输入"中国知网"进行查找，在找到的搜索结果中单击进入中国知网官网。 (5) 针对公司管理员的需求，在中国知网学术文献专用平台中查找合适的文献。 ① 在中国知网首页内，将搜索栏左边搜索选项由默认"主题"改为"关键字"。 ② 选用"逻辑与"方法进行检索，在搜索栏内输入"虚拟现实 * 多媒体 * 人工智能"进行查找，单击页面"总库框"内的"中文"选项，查看结果。 ③ 共检索出 6 篇中文文献，查找的文献关键字同时包含"虚拟现实""多媒体"和"人工智能"三个检索词。 ④ 根据检索结果进行文献下载。	除了中国知网外，还可以去维普、万方、百度学术等查找。 复合逻辑检索式：在一个检索式中，可以同时使用多个逻辑运算符，构成一个复合逻辑检索式。复合逻辑检索式中，运算优先级别从高至低依次是 NOT、AND、OR，可以使用括号改变运算次序。如：(A OR B) AND C 先运算 (A OR B)，再运算 AND C。

4.3.6　任务考评

任务 2 【使用搜索引擎检索信息】考评记录

学生姓名		班级		考评日期	
实训地点		学号		任务评分	
考核点	考核内容与目标			标准分值	得分
基础操作	打开百度搜索引擎			10	
高级检索	构建检索式，进行高级检索			10	
搜索引擎搜索	通过搜索引擎搜索"中国知网"			20	
文献查找	通过中国知网学术文献专用平台中查找合适的文献			20	
结果下载	根据检索结果进行文献下载			20	
职业素养	实训管理：整理、整顿、清扫、清洁、素养、安全等			5	
	团队精神：沟通、协作、互助、主动			5	
	工单和笔记：清晰、完整、准确、规范			5	
	学习反思：技能点表达、反思改进等			5	
学生反馈					
教师评语					

小　结

　　本节主要介绍了常用的搜索引擎，通过常用搜索引擎查找相关知识，并学习通过中国知网检索特定的中文文献的方法，有助于准确的获取相关资料，节省时间，得到想要的内容和文献。

课后习题

一、填空题

1. 广义的搜索引擎包含的三种类型是 (　　　　)、(　　　　)、(　　　　)。
2. 字段限制检索的操作形式有 (　　　　　　　　)、(　　　　　　　　　　　) 两种。
3. 常用的逻辑运算有 (　　　　)、(　　　　)、(　　　　) 三种。
4. 中国知网的网址为 (　　　　　　　　)。

二、简答题

1. 什么是搜索引擎？搜索引擎都有哪些类别？

2. 常见的搜索引擎有哪些？

三、操作题

1. 搜索人类首次登月成功的时间、国家、宇航员姓名和宇宙飞船的名称。

2. 搜索含有"人工智能""移动互联网"，而不含"大数据"关键字的文档。

4.4 【任务3】使用专用平台检索信息

4.4.1 任务描述

任务场景	×× 电子公司想要了解关于国内大数据方面的发明专利，并准备注册含有 Database 关键字的信息编程类商标。为此，信息技术部主任要求管理员： (1) 在专利专业平台检索专利。 (2) 在中国商标网检索商标。
任务要求	分析以上任务情景，我们需要完成以下任务： (1) 专利检索：打开专利专业平台，检索专利。 (2) 商标检索：打开商标专业平台，检索商标。
知识准备	**1. 专利文献** 　　专利文献是记录有关发明创造信息的文献。广义的专利包括专利申请书、专利说明书、专利公报和专利检索工具，以及与专利有关的一切资料。狭义的专利仅指各国专利局出版的专利说明书。专利申请必须具备新颖性、创造性、实用性 3 个条件。 　　1) 专利的种类 　　发明专利：根据《中华人民共和国专利法实施细则》第二条，专利法所称发明，是指对产品、方法或者其改进所提出的新的技术方案。世界上的发明可分为两大类型：一类是开拓型发明，这是一种完全开辟了一个全新的技术领域，使之从无到有的发明。例如，我国古代的四大发明，20 世纪 40 年代的计算机、电视机、晶体管的发明均属此类。另一类是改进型发明，是对现有技术或产品进行的改进和发展，世界上绝大部分发明属于这种类型。 　　实用新型专利：专利法所称实用新型，是指对产品的形状、构造或者其结合所提出的适于实用的新的技术方案。实用新型属于水平较低的发明创造，一般是一些小改革、小发明或小专利。例如，早期的铅笔是圆柱体，后来有人将其改为棱柱体，避免放在课桌上滚落，改造成为我们今天用的各种铅笔，这种发明就属于实用新型。 　　外观设计专利：专利法所称外观设计，是指对产品的形状、图案或

者其结合以及色彩与形状、图案的结合所作出的富有美感并适于工业应用的新设计。例如，新颖的茶具造型及图案设计属于外观设计专利保护的对象，而精湛的牙雕工艺品则不属于外观设计，因为后者不能实现工业化大批量生产。

2) 专利文献的特点

格式统一：各国的专利说明书都按统一的著录格式出版，采用统一的识别代码，都按《国际专利分类法》(简称 IPC) 分类。即使一些国家长期使用自己的专利分类法，也会同时用《国际专利分类法》作为标引。分类体系完善，便于检索，易于提高查准率、查全率。为便于国际交流，各国的专利说明书一般都采用国际统一的格式出版印刷，说明书中的著录项用统一的识别代码标注，说明书的尺寸基本相同。

内容新颖可靠：专利报道按申请时间排列。新颖性是专利申请所必须具备的"三性"之一，是比技术杂志报道速度更快的文献形式。每次专利报道都标明专利的状态，如"申请公开""授权""无效"等，使其内容更加可靠。绝大多数国家都实行先申请原则，发明人为了得到专利权，都力争在发明完成后，抢先申请专利，尽早获得公开。世界上许多重大发明创造都是首先出现在专利文献中的，经过实质审查后公布的专利说明书，质量相当可靠。未经实质审查而公布的专利说明书，如实用新型专利说明书，其质量难以保证。

新旧技术兼有：专利文献不仅仅具有新颖性。由于专利申请要求叙述技术背景，并有实施例证或附图加以说明，其详尽程度是一般科技文章难以相比的，所以专利资料在很大程度上提供了该技术发展的历史资料和新技术方案。因此，查到专利原文既可以读到历史资料，又可以查到最新技术。

披露内容广：专利文献包含了其他文献不能披露的内容，包括所有技术应用领域。同一类目集中了某一技术领域的最先进的技术信息。企业出于竞争的需要，往往会围绕某一产品及工艺方法等提出几十件甚至上百件专利申请，形成一整套专利文献。

可以选择语言：专利文献由于有同族专利报道，故用户可以选择自己熟悉的文字，在专利检索过程中减少或消除语言障碍。各国均采用国际专利分类法分类，或用 IPC 作标引，各国专利说明书都采用统一的国际分类号及国别代码，所有这些都为人们管理、存储及检索专利文献提供了很大的方便。对于具有一定专利知识的人来说，即使文字不通，也可以通过各著录项目的识别代码及标准结构，识别出各部分的内容。一项发明若想在多个国家获得专利权，就必须分别向这些国家提出申请。形成一项发明多国公布，虽然给管理工作带来不便，但用户可以从重复公布的有关同一发明的众多说明书中选择自己熟悉的语种，为克服语言障碍提供方便。

知识准备

知识准备	易于检索发明人：与其他文献不同的是，专利文献上都登有专利申请人、发明人的姓名、详细地址，为与专利发明人、专利权人的联系、技术洽谈提供了方便条件。 针对性强：为获得专利权，发明人必须对技术问题给予一种解决方案，给出该解决方案的具体实施方法，形成针对性强，对应于某一很窄的技术领域的技术信息。在科研、生产、新产品开发中所遇到的所有具体技术问题，几乎都能在其中找到具体的解决措施或受到其启发。 **2. 商标** 商标是区别经营者商品或服务的标记。我国商标法规定，经商标局核准注册的商标，包括商品商标、服务商标和集体商标、证明商标，商标注册人享有商标专用权，受法律保护，如果是驰名商标，将会获得跨类别的商标专用权法律保护。 根据《商标法》规定，与他人的商品区别开的标志，包括文字、图形、字母、数字、三维标志、颜色组合、声音等，以及上述要素的组合，均可以作为商标申请注册。经国家核准注册的商标为"注册商标"，用 ® 表示，受法律保护。商标通过确保商标注册人享有用以标明商品或服务，或者许可他人使用以获取报酬的专用权，而使商标注册人受到保护。 商标注册前进行查询是非常有必要的。通过查询，可以降低商标注册过程中的风险，显著提高商标注册成功率。 **3. 中文专利检索** 中文专利检索，一般可以通过国家知识产权专利网络检索系统来完成。中国商标网是国家工商行政管理总局商标局主办、工商总局信息中心技术支持的商标互联网免费查询系统，是商标检索的权威网站，提供商标近似查询、综合查询及状态查询等检索方式。输入商标专业平台网址并输入正确的关键字，可进行商标近似查询。

4.4.2　任务分析

任务技术分析	本次任务中我们需要掌握以下技能： (1) 专利的类型：发明、实用新型、外观设计。 (2) 专利检索：输入关键字进行专利检索。 (3) 商标近似查询：如何正确使用商标近似查询。
任务职业 素养分析	(1) 耐心、严谨。经过沟通了解客户要求后，按客户要求进行信息检索，实际工作中不同客户要求各不相同，需要我们养成耐心、严谨的工作态度。 (2) 规范、高效。按任务需求规范检索，只有规范检索才能为后续工作做好准备，培养高效的工作理念。

4.4.3 示例演示

要完成本次检索专利和商标的任务，在具体操作前，需要收集检索的有用信息。
在具体创建过程中，可以按照下列步骤完成：

(1) 打开浏览器：按要求打开浏览器。

(2) 输入网址：按要求输入正确的专业 (专利和商标) 平台网址。

(3) 输入关键词：输入正确的关键词。

完成后的结果如图 4-18 所示。

图 4-18　示例演示

4.4.4　任务实现

操作步骤	知识链接
1. 专利检索 (1) 打开浏览器，进入搜索引擎百度，搜索"国家知识产权局"，如图 4-19 所示。 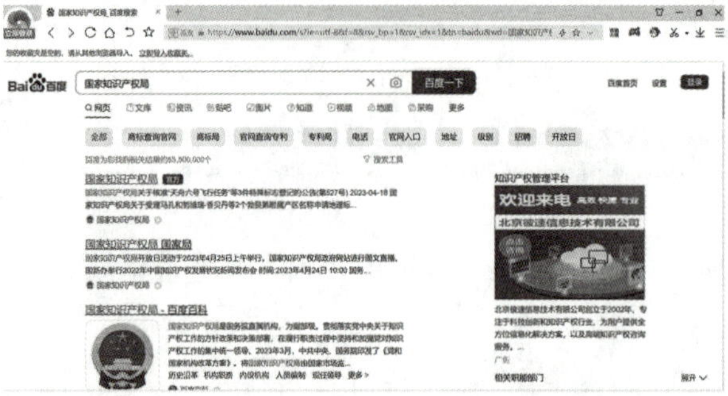 图 4-19　搜索"国家知识产权局" (2) 进入该网站的专利检索界面，找到"政务服务"，选择"专利"大项下面的"专利检索"，如图 4-20 所示。 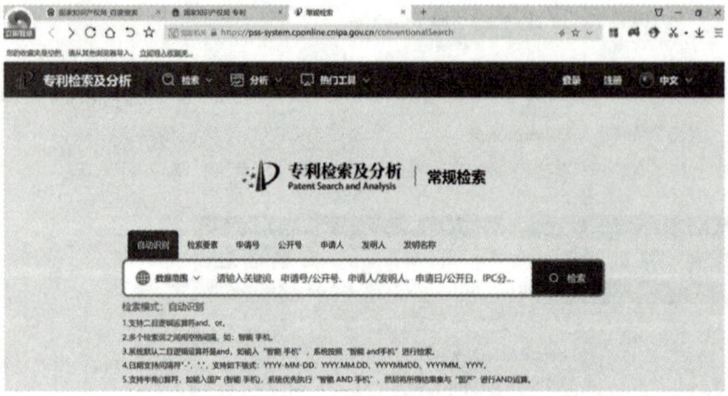 图 4-20　专利检索及分析 (3) 该系统提供多种途径对专利数据进行检索，可以按申请号、公开号、申请人、发明人、发明名称等来查询。数据范围可以在专利类型中选择，也可以选择相应的国家范围。 (4) 选择"发明名称"，输入正确的关键字"大数据"，数据范围选择"发明专利"和"中国"，如图 4-21 所示，单击"检索"按钮。	**专利信息检索平台** 　　企业想申请专利更为顺利，更好地确定申请专利的技术方向，建议在专利研发申请之前，要到专利信息检索平台进行全面检索，这对申请专利来说能节省更多时间和精力，避免企业申请专利时多走弯路，在节省时间精力的同时，还能避免重复性的投入更多成本。

图 4-21 　发明专利检索

(5) 检索结果如图 4-22 所示, 共检索出 3 万多件发明专利。

图 4-22 　检索结果

2. 商标检索

(1) 打开浏览器, 进入搜索引擎百度, 搜索"国家知识产权局", 进入官网。

(2) 进入该网站的商标查询界面, 找到"政务服务", 选择"商标"大项下面的"商标查询", 如图 4-23 所示。

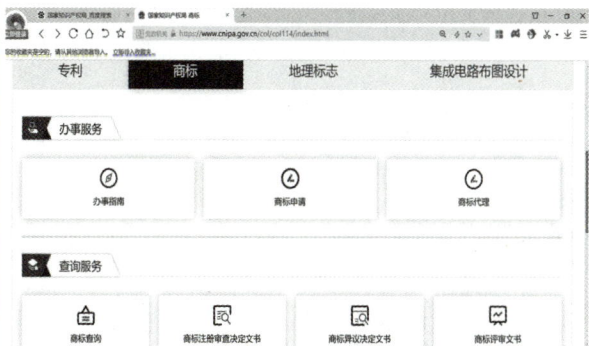

图 4-23 　国家知识产权局商标查询界面

(3) 单击"我接受", 等待跳转, 如图 4-24 所示。

商标检索

　　商标检索是申请商标注册的必经程序, 主要是对商标申请是否符合商标法的规定进行的检索。在向商标局提出商标注册申请之前, 还有一项主要工作要做, 就是进行商标检索, 以确定拟注册商标是否同他人在同一种商品、服务或者类似商品、服务上已经注册的或者初步审定的商标相同或近似。

图 4-24　跳转页面

(4) 进入国家知识产权局商标局中国商标网，单击"商标近似查询"，如图 4-25 所示。

图 4-25　国家知识产权局商标局中国商标网

(5) 检索一个含有"Database"关键字的信息编程类商标，如图 4-26 所示。

图 4-26　商标查询

(6) 单击"查询"按钮后，查询结果如图 4-27 所示，共检索到 90 件类似的商标。

图 4-27　查询结果

4.4.5 能力拓展

××电子公司想要了解湖南关于大数据方面的发明专利，检索操作如下：

操作步骤	知识链接
(1) 打开浏览器，进入"国家知识产权局"官网，进入该网站的专利检索界面，找到"政务服务"，选择"专利"大项下面的"专利检索"。 (2) 进入"专利检索及分析"网站后，在左上角选择"高级检索"，如图4-28所示。  图4-28 专利高级检索 (3) 选择"检索范围"为"中国""发明专利"，在"发明名称"中填入"大数据"，在"申请人所在省"中填入"湖南"，单击"检索"，查找湖南大数据相关的发明专利，如图4-29所示。 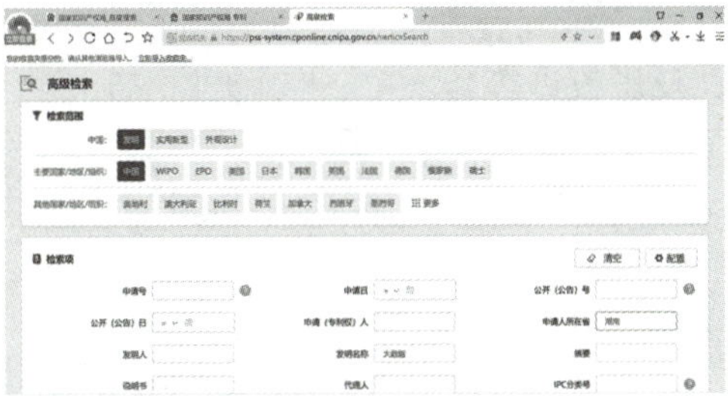 图4-29 查找湖南大数据相关发明专利 (4) 检索结果如图4-30所示，有700多条满足查询要求。  图4-30 查询结果	正确输入专利专业网址。 专利搜索中，名称使用字符？或＊搜索。 ？：代表一个字符。 ＊：代表任意多个字符。

4.4.6　任务考评

任务 3 【使用专用平台检索信息】考评记录

学生姓名		班级		考评日期	
实训地点		学号		任务评分	
考核点	考核内容与目标			标准分值	得分
基础操作	启动 360 安全浏览器			10	
搜索操作	搜索"国家知识产权局"，进入官网			10	
专利查询	进入国家知识产权局专利检索界面，找到"政务服务"，选择"专利"大项下面的"专利检索"，进行大数据相关发明专利查询			30	
商标查询	进入国家知识产权局商标局中国商标网，单击"商标近似查询"，检索一个含有"Database"关键字的信息编程类商标			30	
职业素养	实训管理：整理、整顿、清扫、清洁、素养、安全等			5	
	团队精神：沟通、协作、互助、主动			5	
	工单和笔记：清晰、完整、准确、规范			5	
	学习反思：技能点表达、反思改进等			5	
学生反馈					
教师评语					

小 结

信息检索起源于图书馆的参考咨询和文摘索引工作。而在信息处理技术、计算机和数据库技术的推动下，信息检索在教育、军事、商业等各个领域高速发展，并得到了广泛的应用。学习信息检索的方法，能提高信息检索的速度，使人们获取最新最前沿最有效的信息，提高自我知识的更新能力。

本节简单介绍了信息检索的基本概念和基本流程，主要介绍专利和商标的信息检索方法。希望通过本任务的学习，能切实掌握信息检索的简单使用并运用到日常工作中，从而较好地提升工作效率。

课后习题

一、填空题

1. 常用的逻辑运算有 (   )、(   )、(   ) 三种。

2. 在搜索引擎布尔检索中，要求检索结果中只包含所输入的两个关键词中的一个的关系的布尔关系词是 (   )。

3. 通配符包括 "*" "?" 和 (   )。

4. 专利申请必须具备三个条件：(   )、(   )、(   )。

5. 世界上的发明可分为两大类型：一类是 (   )，另一类是 (   )。

6. 专利的 (   ) 指发明或设计比现有技术水平先进，有突出的、实质性的创新。

二、简答题

专利的种类有哪些？专利文献的特点是什么？专利申请必须具备哪些条件？

三、操作题

利用国家知识产权局专利网络检索系统，检索有关"智能门锁"的专利。

第5章　新一代信息技术发展

新一代信息技术是国务院确定的七个战略性新兴产业之一，它是对传统计算机、集成电路与无线通信的晋级，而且将原来的信息技术平台和工业进行变迁，打造合适未来商场的一种技术。它会让多个范畴获益，比如信息技术、新能源、新材料、生物、高端设备、环保等范畴，凡是和电子信息系统相关的职业都无法脱离它。新一代信息技术中包括人工智能、物联网、云计算、现代通信技术等。

学习目标

➤ 理解新一代信息技术及主要代表技术的概念。
➤ 了解新一代信息技术各主要代表技术的技术特点。
➤ 熟悉新一代信息技术各主要代表技术的典型应用。

知识导图

新一代信息技术知识导图如图 5-1 所示。

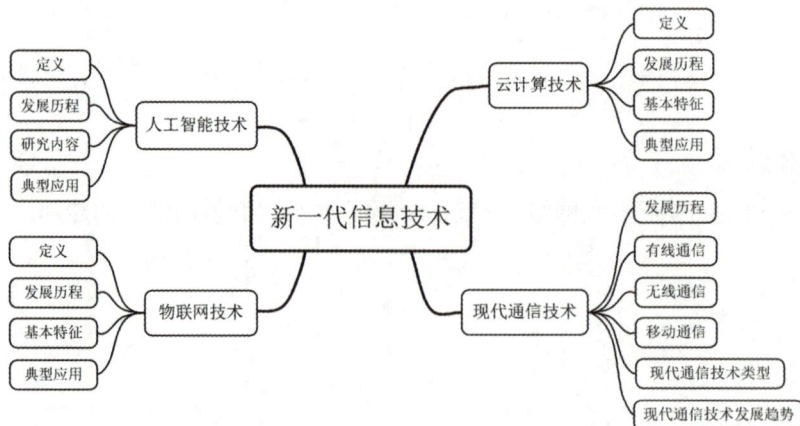

图 5-1　新一代信息技术知识导图

5.1　了解人工智能技术

人工智能是一个庞大的研究领域，由多个子领域组成，包括机器学习、深度学习、神经网络、计算机视觉、自然语言处理等。人工智能被认为是未来的技术，它可以解决机器人、医学、物流和运输、金融等众多领域的众多问题，并提供更多的工业公用服务。用来研究人工智能的主要物质基础以及能够实现人工智能技术平台的机器就是计算机，人工智能的发展历史是和计算机科学技术的发展史联系在一起的。除了计算机科学以外，人工智能还涉及信息论、控制论、自动化、仿生学、生物学、心理学、数理逻辑、语言学、医学、哲学等多门学科。人工智能学科研究的主要内容包括知识表示、自动推理和搜索方法、机器学习和知识获取、知识处理系统、自然语言理解、计算机视觉、智能机器人、自动程序设计等方面。

5.1.1　人工智能的定义

人工智能 (Artificial Intelligence，AI) 是研究、开发用于模拟、延伸和扩展人的智能的理论、方法、技术及应用系统的一门新的技术科学。

人工智能是计算机科学的一个分支，它企图了解智能的实质，并生产出一种新的能以与人类智能相似的方式作出反应的智能机器。该领域的研究包括机器人、语言识别、图像识别、自然语言处理、专家系统等。人工智能从诞生以来，理论和技术日益成熟，应用领域也不断扩大，可以设想，未来人工智能带来的科技产品，将会是人类智慧的"容器"。人工智能可以对人的意识、思维的信息过程进行模拟。人工智能不是人的智能，但能像人那样思考，也可能超过人的智能。

1. 机器学习

机器学习是一门多领域交叉学科，涉及概率论、统计学等多门学科，专门研究计算机怎样模拟或实现人类的学习行为，以获取新的知识或技能，重新组织已有的知识结构使之不断改善自身的性能。它是人工智能的核心，是使计算机具有智能的根本途径。

机器学习在人工智能的研究中具有十分重要的地位。一个不具有学习能力的智能系统难以称得上是一个真正的智能系统，但是以往的智能系统都普遍缺少学习的能力。例如，它们遇到错误时不能自我校正；不会通过经验改善自身的性能；不会自动获取和发现所需要的知识。它们的推理仅限于演绎而缺少归纳，因此至多只能够证明已存在的事实、定理，而不能发现新的定理、定律及规则等。随着人工智能的深入发展，这些局限性表现得愈加突出。正是在这种情形下，机器学习逐渐成为人工智能研究的核心之一。它的应用已遍及人工智能的各个分支，如专家系统、自动推理、自然语言理解、模式识别、计算机视觉、智能机器人等领域。其中尤其典型的是专家系统中的知识获取瓶颈问题，人们一直在努力试图采用机器学习的方法加以克服。

2. 深度学习

深度学习是指多层的人工神经网络和训练它的方法。一层神经网络会把大量矩阵数字作为输入，通过非线性激活方法取权重，再产生另一个数据集合作为输出。这就像生物神经大脑的工作机理一样，通过合适的矩阵数量，多层组织连接在一起，形成神经网络"大脑"进行精准复杂的处理，就像人们识别物体标注图片一样。

深度学习是从机器学习中的人工神经网络发展出来的新领域。早期所谓的"深度"是指超过一层的神经网络。但随着深度学习的快速发展，其内涵已经超出了传统的多层神经网络，甚至机器学习的范畴，逐渐朝着人工智能的方向快速发展。

5.1.2　人工智能的发展历程

"人工智能"一词最初是在 1956 年的达特茅斯（Dartmouth）学会上提出的。从那以后，研究者们发展了众多理论和原理，人工智能的概念也随之扩展。人工智能是一门极富挑战性的科学，从事这项工作的人必须懂得计算机知识、心理学和哲学。人工智能是一个非常广泛的领域，涵盖了许多不同的技术，如机器学习、计算机视觉等。总的来说，人工智能研究的一个主要目标是使机器能够胜任一些通常需要人类智能才能完成的复杂工作。

现在人类已经把计算机的计算能力提高到了前所未有的地步，而人工智能也在当下引领计算机发展的潮头。尽管现在人工智能由于受到理论上的限制发展的不是很明显，但它必将像今天的网络一样深远地影响我们的生活。让我们顺着人工智能的发展来回顾一下计算机的发展：1941 年，由美国和德国两国共同研制的第一台计算机诞生了，从此人类存储和处理信息的方法开始发生革命性的变化；1949 年，发明了可以存储程序的计算机，这使得编写程序变简单了。由于编程变得十分简单，计算机理论的发展终于导致了人工智能理论的产生。人们总算可以找到一个存储信息和自动处理信息的方法了。

1955 年，美国计算机科学家艾伦纽威尔和赫伯特西蒙开发了"逻辑理论家"程序，它采用树形结构，在程序运行时，它在树中搜索，寻找与可能答案最接近的树的分枝，以得到正确的答案。这个程序在人工智能的历史上有重要地位，我们现在所采用的思想方法有许多还是来自于这个 20 世纪 50 年代的程序。

1956 年，人工智能之父和 LISP 语言的发明人约翰麦卡锡召集了一次会议来讨论人工智能未来的发展方向。从那时起，人工智能的名字才正式确立。这次会议给人工智能奠基人相互交流的机会，并为未来人工智能的发展起了铺垫的作用。在此以后，人工智能的重点开始变为建立实用的、能够自行解决问题的系统，并要求系统有自学习能力。1957 年，艾伦纽威尔和赫伯特西蒙又开发了一个程序 General Problem Solver(GPS)，它对维纳的反馈理论进行了扩展，并能够解决一些比较普遍的问题。别的科学家在努力开发系统时，麦卡锡创建了表处理语言 LISP，直到现在许多人工智能程序还在使用这种语言，它几乎成了人工智能的代名词，到了今天，LISP 仍然在发展。

1963 年，麻省理工学院受到了美国政府和国防部的支持进行人工智能的研究。

SHRDLU 是维诺格拉德于 1972 年在美国麻省理工学院建立的一个用自然语言指挥机器人动作的系统。在这个大发展的 20 世纪 60 年代，系统可以解决代数问题，而 SIR 系统则可以开始理解简单的英文句子了。SIR 的出现导致了自然语言处理的出现。20 世纪 70 年代出现的专家系统成了一个巨大的进步，它头一次让人知道计算机可以代替人类专家进行一些工作。由于计算机硬件性能的提高，使人工智能得以进行一系列重要的活动，如统计分析数据、参与医疗诊断等，它作为生活的重要方面开始改变人类生活了。在理论方面，20 世纪 70 年代也是大发展的一个时期，计算机开始有了简单的思维和视觉。这里不能不提的是 20 世纪 70 年代，另一个人工智能编程语言 Prolog 语言诞生了，它和 LISP 一起几乎成了人工智能工作者不可缺少的工具。大家不要以为人工智能离我们很远，它已经在进入我们的生活，模糊控制、决策支持等方面都有人工智能的影子。让计算机这个机器代替人类进行简单的智力活动，把人类解放用于其他更有益的工作，这是人工智能的目的。

当前，我国人工智能发展的总体态势良好。党中央、国务院高度重视并大力支持发展人工智能。2017 年 7 月，国务院发布《新一代人工智能发展规划》，将新一代人工智能放在国家战略层面进行部署，描绘了面向 2030 年的我国人工智能发展路线图，旨在构筑人工智能先发优势，把握新一轮科技革命战略主动权。国家发改委、工信部、科技部、教育部等国家部委和北京、上海、广东、江苏、浙江等地方政府都推出了发展人工智能的鼓励政策。据清华大学发布的《中国人工智能发展报告 2018》统计，我国已成为全球人工智能投融资规模最大的国家，我国人工智能企业在人脸识别、语音识别、安防监控、智能音箱、智能家居等人工智能应用领域处于国际前列。根据 2017 年爱思唯尔文献数据库统计结果，我国在人工智能领域发表的论文数量已居世界第一。近几年，中国科学院大学、清华大学、北京大学等高校纷纷成立人工智能学院，2015 年开始的中国人工智能大会已连续成功召开四届并且规模不断扩大。我国发布的《新一代人工智能发展规划》提出，到 2030 年人工智能核心产业规模超过 1 万亿元，带动相关产业规模超过 10 万亿元。在我国未来的发展征程中，"智能红利"将有望弥补人口红利的不足。

5.1.3　人工智能的研究内容

人工智能的研究是高度技术性和专业的，各分支领域都是深入且各不相通的，因而涉及范围极广。人工智能学科研究的主要内容包括：知识表示、自动推理和搜索方法、机器学习和知识获取、知识处理系统、自然语言理解、计算机视觉、智能机器人、自动程序设计等方面。

1. 认知建模

人类的认知过程是非常复杂的，作为研究人类感知和思维信息处理过程的一门学科，认知科学（或称思维科学）要研究人类在认知过程中是如何进行信息加工的。

2. 知识表示

知识表示是人工智能的一个重要研究课题。应用人工智能技术解决实际问题，就涉及各类知识的表示方法，它需要把人类知识概念化、形式化或模型化，常见的就是运用符号知识、算法及状态图等来描述待解决的问题。

3. 知识应用

人工智能能否获得广泛应用是衡量和检验其生命力的重要标志。

4. 推理

要使机器具有智能，就必须使其具有推理的功能。推理是由一个或几个已知的判断推出另一个新判断的一种思维形式，也即从已有事实推出新的事实的过程。

5. 机器感知

机器感知就是使机器具有类似于人的感觉，包括视觉、听觉、触觉、嗅觉、痛觉、接近感、速度感等。其中，最重要的和应用最广的要属机器视觉（计算机视觉）和机器听觉。

6. 机器思维

机器思维，顾名思义就是在机器的脑子里进行的动态活动，也就是计算机软件中动态地处理信息的算法。

7. 机器学习

机器学习就是使机器（计算机）具有学习新知识和新技术，并在实践中不断改进和完善的能力。其目的是让机器能够像人类一样具备学习能力，能够感知世界、认知世界和改造世界。

8. 机器行为

机器行为是人工智能中最有趣、最新兴的领域之一。机器行为是指智能系统（计算机、机器人）具有的表达能力和行动能力，如对话、描写，以及移动、行走、操作、抓取物体等能力，它是一个利用行为科学来理解人工智能代理行为的领域。

5.1.4　人工智能的典型应用

1. 问题求解

人工智能的第一大成就是下棋程序。在下棋程序中应用的某些技术，把困难的问题分解成一些较容易的子问题，发展成为会搜索与问题归纳的人工智能技术。今天的计算机程序已能够达到下各种方盘棋和国际象棋的锦标赛水平。但是，尚未解决包括人类棋手具有的但尚不能明确表达的能力，如国际象棋大师们洞察棋局的能力。另一个问题是涉及问题的原概念，在人工智能中为问题的选择，人们常能找到某种思考问题的方法，从而使求解变易而解决该问题。到目前为止，人工智能程序已能知道如何考虑它们要解决的问题，即搜索解答空间，寻找较优解答。

2. 逻辑推理与定理证明

逻辑推理是人工智能研究中最持久的领域之一，其中特别重要的是要找到一些方法，只把注意力集中在一个大型的数据库中的有关事实上，留意可信的证明，并在出现新信息时适时修正这些证明。对数学中臆测的题，定理寻找一个证明或反证，不仅需要有根据假设进行演绎的能力，而且许多非形式的工作，包括医疗诊断和信息检索都可以和定理证明问题一样加以形式化。因此，在人工智能方法的研究中定理证明是一个极其重要的论题。

3. 自然语言处理

自然语言处理是人工智能技术应用于实际领域的典型范例，经过多年艰苦努力，这一领域已获得了大量令人瞩目的成果。目前该领域的主要课题是计算机系统如何以主题和对话情境为基础，注重大量的常识，生成和理解自然语言。这是一个极其复杂的编码和解码问题。

4. 智能信息检索技术

智能信息检索技术已成为当代计算机科学与技术研究中迫切需要研究的课题，将人工智能技术应用于这一领域的研究是人工智能走向广泛实际应用的契机与突破口。

5. 专家系统

专家系统是目前人工智能中最活跃、最有成效的一个研究领域，它是一种具有特定领域内大量知识与经验的程序系统。近年来，在"专家系统"或"知识工程"的研究中已出现了成功和有效应用人工智能技术的趋势。人类专家由于具有丰富的知识，所以才能达到优异的解决问题的能力。那么计算机程序如果能体现和应用这些知识，就也应该能解决人类专家所解决的问题，而且能帮助人类专家发现推理过程中出现的差错，现在这一点已被证实。如在矿物勘测、化学分析、规划和医学诊断方面，专家系统已经达到了人类专家的水平。成功的例子有：PROSPECTOR 系统（用于地质学的专家系统）发现了一个钼矿沉积，价值超过 1 亿美元；DENDRL 系统的性能已超过一般专家的水平，可供数百人在化学结构分析方面的使用；MYCIN 系统可以对血液传染病的诊断治疗方案提供咨询意见，正式鉴定结果显示，其对患有细菌血液病、脑膜炎方面的诊断和提供治疗的方案，已超过了这方面的专家。

5.1.5 人工智能的发展趋势

1. 深度学习

深度学习是人工智能的核心技术之一，它可以让机器自动学习复杂的模式和规律。随着计算机性能的不断提高和数据量的不断增大，深度学习将会在更多的领域发挥作用，例如自动驾驶、医疗影像诊断等。

2. 边缘计算

边缘计算是一种新型的计算模式，它可以将数据处理和分析的计算任务分布到离数据源更近的边缘设备上，实现低延迟和高效率的数据处理。在人工智能领域，边缘计算可以让机器学习模型更快地响应和适应不同的环境和场景。

3. 人机协同

人机协同是人工智能发展的另一个重要方向，它可以让机器和人类进行更加紧密的合作，共同完成复杂的任务。例如，在医疗领域，人机协同可以让医生和机器一起对病情进行诊断和治疗，提高诊断准确率和治疗效果。

4. 可解释性人工智能

可解释性人工智能是指机器学习模型能够输出可解释的结果，从而让人们能够理解模型的决策和推荐。这对于人工智能的应用和推广非常重要，因为只有能够解释机器的决策，人们才会更加信任和接受人工智能技术。

小　结

本节主要介绍了人工智能技术，学生需要重点掌握人工智能的研究内容以及典型应用。

课后习题

一、填空题

1. 人工智能的研究内容包括认知建模、（　　　　　　）、（　　　　　　）、（　　　　　　）、（　　　　　　）、（　　　　　　）、（　　　　　　）、机器行为。

2. 人工智能的典型应用包括问题求解、（　　　　　　）、（　　　　　　）、（　　　　　　）、（　　　　　　）。

二、简答题

1. 人工智能的定义是什么？

2. 什么是机器学习？

5.2　了解物联网技术

5.2.1　物联网的定义

物联网的概念是在 1999 年提出的，它的定义很简单：把所有物品通过射频识别等信息传感设备与互联网连接起来，实现智能化识别和管理。物联网通过智能感知、识别技术与普适计算、泛在网络融合应用，被称为继计算机、互联网之后世界信息产业发展的第三次浪潮。物联网被视为互联网的应用拓展，应用创新是物联网发展的核心，以用户体验为核心的创新 2.0 是物联网发展的灵魂。

国际电信联盟 2005 年一份报告曾描绘"物联网"时代的图景：当司机出现操作失误时汽车会自动报警；公文包会提醒主人忘带了什么东西；衣服会"告诉"洗衣机对颜色和水温的要求等。物联网把新一代 IT 技术充分运用在各行各业之中，具体地说，就是把感应器嵌入和装备到电网、铁路、桥梁、隧道、公路、建筑、供水系统、大坝、油气管道等各种物体中，然后将物联网与现有的互联网整合起来，实现人类社会与物理系统的整合，在这个整合的网络当中，存在能力超级强大的中心计算机群，能够对整合网络内的人员、机器、设备和基础设施实施实时的管理和控制，在此基础上，人类可以以更加精细和动态的方式管理生产和生活，达到"智慧"状态，提高资源利用率和生产力水平，改善人与自然间的关系。

当前的物联网指的是将无处不在的末端设备和设施，包括具备"内在智能"的传感器、移动终端、工业系统、楼控系统、家庭智能设施、视频监控系统等，与"外在使能"的，如贴上 RFID 的各种资产，携带无线终端的个人与车辆等"智能化物件或动物"或"智能尘埃"，通过各种无线、有线、长距离、短距离的通信网络实现互联互通以及基于云计算的 SaaS 营运等模式，在内网、专网或互联网环境下，采用适当的信息安全保障机制，提供安全可控乃至个性化的实时在线监测、定位追溯、报警联动、调度指挥、预案管理、远程控制、安全防范、远程维保、在线升级、统计报表、决策支持、领导桌面 (集中展示的 Cockpit Dashboard) 等管理和服务功能，实现对"万物"的"高效、节能、安全、环保"的"管、控、营"一体化。

5.2.2　物联网的发展历程

2005 年 11 月 17 日，在突尼斯举行的信息社会世界峰会上，国际电信联盟发布了《ITU互联网报告 2005：物联网》。该报告指出，无所不在的"物联网"通信时代即将来临，世界上所有的物体从轮胎到牙刷、从房屋到纸巾，都可以通过因特网主动进行交换。射频识别技术、传感器技术、纳米技术、智能嵌入技术将得到更加广泛的应用。

2008 年 11 月，在北京大学举行的第二届中国移动政务研讨会"知识社会与创新 2.0"上，提出了移动技术、物联网技术的发展代表着新一代信息技术的形成，并带动了经济社会形态、创新形态的变革，推动了面向知识社会的以用户体验为核心的下一代创新 (创新 2.0) 形态的形成，创新与发展更加关注用户、注重以人为本。而创新 2.0 形态的形成又进一步推动新一代信息技术的健康发展。

2010 年 3 月，"加快物联网的研发应用"第一次写入中国政府工作报告。为了进一步促进物联网健康发展，加强对物联网发展方向和发展重点的引导，《国家中长期科学与技术发展规划 (2006—2020 年)》和"新一代宽带移动无线通信网"重大专项中均将传感网列入重点研究领域。工业和信息化部开展物联网的调研，计划从技术研发、标准制定、推进市场应用、加强产业协作四个方面支持物联网发展。国家和地方政府发布一系列政策不断优化物联网发展环境。2011 年，国家发改委联合相关部委推进 10 个首批物联网示范工程。2012 年，批复在智能电网、海铁联运等 7 个领域开展国家物联网重大应用示范工程。工业和信息化部《物联网"十二五"发展规划》推进在工业、农业、物流、家居等 9 个重点领域开展应用示范工程。

物联网不仅在工业领域得到广泛应用，也在智慧家居、智慧医疗、智慧城市等领域发挥着越来越重要的作用。例如，智慧家居领域，物联网技术可以实现家居设备之间的互相连接，如通过智能音箱控制智能灯、智能窗帘等设备，以提高生活质量和便利性。在智慧医疗领域，物联网技术可以实现医疗设备的互相连接，提高医疗设备的效率和准确性。在智慧城市领域，物联网技术可以实现城市基础设施的互相连接，提高城市管理的智能化和自动化。

随着物联网技术的不断发展和应用，全球各行各业都在逐步应用物联网技术，以提高工作效率、节省成本和改善生产过程。根据市场研究公司 IDC 的数据显示，到 2025 年，全球物联网市场规模将达到 1.6 万亿美元。其中，中国市场规模将在 2025 年超过 3000 亿美元，全球占比约 26.1%。

5.2.3　物联网的基本特征

物联网的基本特征分为三个，分别是全面感知、可靠传输、智能处理。

1. 全面感知

利用无线射频识别 (RFID)、传感器、定位器、二维码等手段，可以随时随地对物体进行信息采集和获取。感知包括传感器的信息采集、协同处理、智能组网，甚至信息服务，以达到监控、控制的目的。

2. 可靠传输

通过 NB-IOT、ROLA、ZigBee、蓝牙、Wi-Fi 及移动电信通信等融合，可以对接收到的感知信息进行实时远程传送，实现信息的交互和共享，并进行各种有效的处理。传输过程包括无线和有线网络。由于传感器网络是一个局部的无线网，因而无线移动通信网、

5G 网络是作为承载物联网的一个有力的支撑。

3. 智能处理

利用云存储、人工智能、模糊识别等各种智能计算技术，可以对随时接受到的跨地域、跨行业、跨部门的海量数据和信息进行分析处理，提升对物理世界、经济社会各种活动和变化的洞察力，实现智能化的决策和控制。

5.2.4　物联网的典型应用

1. 物联网在农业中的应用

(1) 农业标准化生产监测：将农业生产中的温度、湿度、二氧化碳含量、土壤温度、土壤含水率等关键数据信息进行实时采集，实时掌握农业生产的各种数据。

(2) 动物标识溯源：实现各环节一体化全程监控，达到动物养殖、防疫、检疫和监督的有效结合，对动物疫情和动物产品的安全事件进行快速、准确地溯源和处理。

(3) 水文监测：集传统近岸污染监控、地面在线检测、卫星遥感和人工测量于一体，为水质监控提供统一的数据采集、数据传输、数据分析、数据发布平台，为湖泊观测和成灾机理的研究提供实验与验证途径。

2. 物联网在工业中的应用

(1) 电梯安防管理系统：通过安装在电梯外围的传感器采集电梯正常运行、冲顶、蹲底、停电、关人等数据，并经无线传输模块将数据传送到物联网的业务平台。

(2) 输配电设备监控、远程抄表：基于移动通信网络，实现所有供电点及受电点的电力电量信息、电流电压信息、供电质量信息及现场计量装置状态信息实时采集，以及用电负荷远程控制。

(3) 企业一卡通：基于 RFID-SIM 卡，大中小型企事业单位的门禁、考勤及消费管理系统；校园一卡通及学生信息管理系统等。

3. 物联网在服务产业中的应用

(1) 个人保健：在人身上安装不同的传感器，对人的健康参数进行监控，并且实时传送到相关的医疗保健中心，如果有异常，保健中心将通过手机提醒其进行体检。

(2) 智能家居：以计算机技术和网络技术为基础，包括各类消费电子产品、通信产品、信息家电及智能家居等，完成家电控制和家庭安防功能。

(3) 智能物流：通过移动网络提供的数据传输通路，实现物流车载终端与物流公司调度中心的通信，实现远程车辆调度，实现自动化货仓管理。

(4) 移动电子商务：实现手机支付、移动票务、自动售货等功能。

5.2.5　物联网的发展趋势

1. 市场范围扩大

随着物联网技术的不断成熟和普及，其应用领域将会越来越广泛，如环境监测、城市管理、医疗保健、智能农业等。

2. 隐私和安全问题

由于物联网涉及的信息和数据较为敏感，因此物联网技术的安全和隐私问题成为制约其发展的重要问题之一。未来，保障物联网技术的安全和隐私将成为亟须解决的问题之一。

3. 高速网络和云计算技术的结合

随着云计算技术、大数据技术等技术的发展，人们可以更加便捷地使用应用程序，而高速网络将为云端提供足够的网络带宽和资源支撑，从而满足未来物联网技术发展的需求。

小　　结

本节主要介绍了物联网技术，学生需要重点掌握物联网的基本特征以及典型应用。

课后习题

一、填空题

1. 物联网的基本特征分为三个，分别是（　　　　）、（　　　　）、（　　　　）。
2. 物联网的典型应用包括在（　　　　）、（　　　　）、（　　　　）中的应用。

二、简答题

1. 物联网的定义是什么？

2. 什么是智能处理？

5.3　了解云计算技术

腾讯公司副总裁、腾讯云总裁邱跃鹏说："云计算是一种 IT 资源和技术能力的共享。在传统模式中，个人开发者和企业需要购买自己的硬件和软件系统，还需要运营和维护。"有了云计算，用户可以不用去关心机房建设、机器运行维护、数据库等 IT 资源建设，而可以结合自身需要，灵活地获得对应的云计算整体解决方案。这些解决方案，目前广泛应用在互联网、金融、零售、政务、医疗、教育、文旅、出行、工业、能源等各个行业。可以说，云计算是 IT 产业水到渠成的产物：计算量越来越大，数据越来越多、越来越动态、越来越实时。正因如此，阿里巴巴、腾讯、华为等行业领先企业在满足自身需求后，又将这种软硬件能力提供给有需要的其他企业。目前，云计算已被广泛应用到各个领域，并发挥了巨大作用。阿里巴巴集团副总裁刘松介绍说，云平台的成本、安全和管理集约优势，可以降低 IT 架构和系统构建的成本。目前，国内大多数互联网应用构建在云平台上。云服务可以按需提供弹性的 IT 服务。用户可以根据自身需要调配 IT 资源，在保障应用需求的同时节约成本。比如，铁路 12306 系统就使用阿里云平台支撑春运等购票峰值的 IT 需求，保障系统在高峰期的稳定运行。

5.3.1　云计算的定义

云计算 (Cloud Computing) 是一个新概念，产生的历史并不长，但对其的定义有多种说法。

(1) 厂商角度：云计算的"云"是存在于互联网服务器集群上的资源，它包括硬件资源 (如 CPU 处理器、内存储器、外存储器、显卡、网络设备、输入 / 输出设备等) 和软件资源 (如操作系统、数据库、集成开发环境等)，所有的计算都在云计算服务提供商所提供的计算机集群上完成。

(2) 用户角度：云计算是指技术开发者或者企业用户以免费或按需租用方式，利用云计算服务提供商基于分布式计算和虚拟化技术搭建的计算中心或超级计算机，使用数据存储、分析以及科学计算等服务。

(3) 抽象角度：云计算是指一种商业计算模型，它将计算任务分布在大量计算机构成的资源池上，使各种应用系统能够根据需要获取计算力、存储空间和信息服务。

(4) 正式的定义：云计算是一种按使用量付费的模式，这种模式提供可用的、便捷的、按需的网络访问，进入可配置的计算资源共享池 (资源包括网络、服务器、存储、应用软件、服务)，这些资源能够被快速提供，只需投入很少的管理工作，或与服务供应商进行很少的交互。这是美国国家标准与技术研究院对云计算的定义，是被大众广泛接受的定义。

5.3.2　云计算的发展历程

真正意义上的云计算服务是在 2000 年以后出现的，即 Amazon 公司于 2006 年 3 月推出的弹性计算云 (Elastic Compute Cloud) 服务。同年 8 月，Google 公司的首席执行官埃里克·施密特 (Eric Schmidt) 在美国加利福尼亚州圣何塞 (San Jose) 举行的搜索引擎大会 (SES 2006) 介绍的 "Google 101" 项目中，使用了 "云计算" 这一名词，这是云计算概念第一次出现在公众视野中。2007 年 10 月，Google 公司与美国国际商业机器公司 (IBM) 开始在美国的大学中推广 "云计算" 计划，为这些大学提供相关的云计算软硬件设备及技术支持，旨在降低云计算技术在学术研究方面的成本。2008 年 2 月，IBM 公司在中国无锡太湖新城科教产业园启动 "IBM- 中国云计算中心" 的建设，这被认为是全球第一个云计算中心 (Cloud Computing Center)。

2010 年 7 月，美国国家航空航天局 (National Aeronautics and Space Administration, NASA) 和美国云计算公司 Rackspace、美国超威半导体公司 (AMD)、美国英特尔公司 (Intel)、美国戴尔公司 (Dell) 等计算机硬件设备公司共同宣布 "OpenStack" 开放源代码计划，持续推动开源的云计算管理平台项目的发展。2013 年 12 月，IBM 公司首次宣布将 IBM 的顶级计算基础结构服务引入中国大陆，随后 Amazon 公司也将 Amazon 的公有云计算服务引入中国。

2019 年 8 月 17 日，北京互联网法院发布《互联网技术司法应用白皮书》。发布会上，北京互联网法院互联网技术司法应用中心揭牌成立。

2020 年我国云计算市场规模达到 1781 亿元，增速为 33.6%。其中，公有云市场规模达到 990.6 亿元，同比增长 43.7%；私有云市场规模达 791.2 亿元，同比增长 22.6%。

未来几年云计算行业市场规模年均复合增速将达 22%，到 2025 年中国云计算市场规模将达 3868.6 亿元。云计算的兴起和发展顺应了当前全球范围内整合计算资源和服务能力的需求，满足了高速处理海量数据的需求，为高效、可扩展和易用的软件开发和使用提供了支持和保障。

5.3.3　云计算的基本特征

1. 超大规模

云计算服务通常由运行在多个数据中心的集群系统提供，每个数据中心的节点数量可以达到上万台。这样，云计算能够为各种不同的应用提供海量的计算和存储资源。例如，Google 的云计算中心已经拥有 100 多万台服务器，Amazon、IBM、微软等公司的云计算中心均拥有几十万台服务器，一般中小企业的私有云拥有数百至上千台服务器。云计算超大规模的特性能赋予用户前所未有的计算能力，用户可以通过自己的台式计算机、笔记本计算机、平板计算机或者移动终端等设备，在任意时间和任意地点访问自己存储在云端的数据。

2. 高可靠和容灾能力

云计算使用了数据多副本容错、计算节点同构可互换等措施来保障服务的高可靠性。在某种程度上，使用云计算比使用本地计算机更加可靠，这是因为一旦本地计算机损坏，在没有备份的情况下，损失的数据较难恢复。云计算的分布式数据中心可将云端的用户信息备份到地理上相互隔离的数据库主机中。云计算的存储服务保证用户的数据在存储时有多个备份，甚至用户自己也无法判断信息的确切备份地点，任意一台物理机器的损坏都不会造成用户数据的丢失。多数据中心的设计不仅提供了数据恢复的依据，也使得网络病毒和网络黑客的攻击失去目的性而变成徒劳，从而大大提高了系统的安全性。在容灾方面，云计算也保证了地震、海啸、火灾等灾难不会对用户的数据存储和访问产生影响。在储存上和计算能力上，云计算技术相比以往的计算机技术具有更高的服务质量，同时在节点检测上也能做到智能检测，在排除问题的同时不会对系统带来任何影响。

3. 廉价和性价比高

云计算的核心理念是由廉价甚至过时的计算机组成并提供高性能和可靠的服务。云计算平台不需要都由高性能服务器组成，云计算的特殊容错措施使云计算可以采用极其廉价的节点来构成云。在达到同样性能的前提下，组建一个超级计算机所消耗的资金很多，而云计算通过采用大量商业机组成集群的方式，所需要的费用与之相比要少很多。同时，云计算的自动化集中式管理使用户无须负担日益高昂的数据中心管理成本。云计算设施可以建在电力资源丰富的地区，从而大幅降低能源成本。在使用同样的硬件资源时，云计算能够为更多的用户服务，减少了硬件、机房和电力的投入，降低了运营成本。云计算对用户的用户端要求低，可以轻松共享不同设备之间的数据和应用，使用起来很方便。

4. 按需服务按量计费

云计算是一个庞大的资源池，按需服务按量计费是云计算的重要特点。云计算是一种即付即用的服务模式。云计算可以针对用户不同的服务类型，通过计量的方法自动控制和优化资源配置，所以云计算的资源使用可被监测和控制。按需分配是云计算平台支持资源动态流转的外部特征表现。云计算平台通过虚拟分拆技术，可以实现计算资源的同构化和可度量化，可以提供小到一台计算机，多到千台计算机的计算能力。按量计费起源于效用计算，在云计算平台实现按需分配后，按量计费也成为云计算平台向外提供服务时的有效收费形式。

5. 资源利用率高

云计算把大量计算资源集中到一个公共资源池中，通过资源虚拟化的方式为用户提供可伸缩的资源，支持各种不同类型的应用同时在系统中运行，并利用各种应用对资源的需求可能随时间而变化的特点，以对不同应用进行"削峰填谷"的方式，提高整体的资源利用率，从而对外提供低成本的云计算服务。云计算根据每个租户的需要在一个超大的资源池中动态分配和释放资源，不需要为每个租用者预留峰值资源。由于云计算平台规模大、租户数量众多、支撑的应用种类多样，比较容易做到平稳的整体负载，因此，云计算资源利用率可以达到 80% 左右。如果使用传统的方法托管服务器，互联网数据中心一般采用服务器和虚拟主机等方式对网站提供服务，每个网站租用的网络带宽、处理能力和存储空间都是固定的。为了保证服务质量，网站一般会按照峰值要求来配置服务器和网络资源，造成服务器的利用率通常仅为 10% ～ 15%，磁盘系统的利用率也仅仅在 40% 左右，许多物理服务器的购买实际上并不必要。因此，云计算资源利用率是传统计算模式的 5 ～ 7 倍。

6. 资源虚拟化和透明化

云计算支持用户在任意位置、使用各种终端获取服务，所请求的资源来自云计算平台，而不是固定的有形实体，应用在云平台中某处运行，但实际上用户无须了解应用运行的具体位置，只需要一台计算机或一台手机或平板，就可以通过网络服务来获取各种能力超强的服务，甚至包括超级计算这样的任务。对云计算服务提供商而言，各种底层资源，例如计算、储存、网络、资源逻辑等资源的异构性被屏蔽，边界被打破，所有的资源可以被统一管理和调度，成为云计算资源池，从而为用户提供按需服务。对用户而言，云计算的虚拟化技术将云平台上方的应用软件和下方的基础设备隔离开来，用户只能看到虚拟化层中虚拟出来的各类设备，基础设备层是透明的，无限大的，用户无须了解内部结构，只需关心自己的需求是否得到满足即可。这种架构减少了设备依赖性，也为动态的资源配置提供了可能。

7. 高可伸缩和高扩展性

云计算将传统的计算、网络和存储资源通过虚拟化、容错和并行处理技术，转化成可以弹性伸缩、可扩展的服务，从而满足应用和用户规模增长的需要。云计算支持资源动态伸缩，实现基础资源的网络冗余，意味着添加、删除、修改云计算环境的任一资源节点，抑或任一资源节点异常宕机，都不会导致云环境中的各类业务的中断，也不会导致用户数据的丢失。这里的资源节点可以是计算节点、存储节点和网络节点。而资源动态流转，则意味着在云计算平台下实现资源调度机制，资源可以流转到需要的地方。

8. 支持异构基础资源

云计算可以构建在不同的基础平台之上，即可以有效兼容各种不同种类的硬件和软件基础资源，包括计算、存储、网络等设备和操作系统、中间件、数据库等软件。云计算不针对特定的应用，在云计算平台的支撑下可以构造出千变万化的应用，同一个云计算平台可以同时支撑不同的应用运行。云计算为用户提供良好的编程模型，用户可以根据自己的需要进行程序制作，这样便为用户提供了巨大的便利性，同时也节约了相应的开发资源。云计算为用户提供自助化的资源服务，用户无须同提供商交互就可自动得到自助的计算资源能力。同时云计算系统为用户提供一定的应用服务目录，用户可采用自助方式选择满足自身需求的服务项目和内容。

5.3.4　云计算的典型应用

1. 金融云

金融云是运用云计算技术的模型组成原理，将金融产品、信息、服务细化到巨大分支机构所组成的云网络当中，提高金融机构迅速发觉并处理问题的能力，提高总体工作效率，改进流程，降低经营成本。

2. 制造云

制造云是云计算技术向制造业数字化行业延展与发展后的落地与实现，客户根据网络和终端设备就能随时随地按需获得生产制造网络资源与能力服务，从而智慧地完成其生产制造全生命周期的各类活动。

3. 教育云

教育云是"云计算技术"转移在教育领域中的运用，包含了教育信息化所必需的任何硬件计算资源，这类网络资源经虚拟化技术以后，向教育培训机构、从业者和学习者给予一个优良的云服务平台。

4. 医疗云

医疗云指的是在医疗服务行业选用云计算技术、物联网、大数据、4G 通信、移动技术及多媒体等新技术基础上，融合医疗技术，应用"云计算技术"的核心理念来搭建医疗健康服务云平台。

5. 云会议

云会议是依托于云计算技术的一类高效率、便捷、低成本的会议形式。使用人只需要根据网络界面，进行简易实用的操作，便可迅速高效率地与世界各地团体及客户同步共享语音、数据文件及视频。

6. 云存储

云存储指的是根据集群运用、网格技术或分布式文件系统等作用，将网络中很多各类差异类型的存储设备根据应用软件集合起来协同工作，共同对外给予数据存储和业务浏览作用的一个系统。

7. 云安全

云安全根据网状的很多客户端对网络中软件方式的异常监测，获得网络中木马病毒、恶意软件的新信息，推送到 Server 端进行全自动剖析和解决，再把病毒和木马病毒的解决方案派发到每一个客户端。

8. 云交通出行

云交通出行指的是在云计算技术当中融合原有网络资源，并能够专门针对未来的交通出行行业发展融合将来所需要的各类硬件、软件、数据。

5.3.5　云计算的发展趋势

1. 多云环境的普及

未来，多云环境将成为主流，即企业同时使用公有云、私有云、混合云等多种云计算模式。多云环境需要解决的问题包括数据安全性、应用平台互通性、资源统一管理等方面。未来，多云管理平台和多云数据管理技术将成为重点研究方向。

2. 智能化服务的提升

未来，云计算服务将向智能化方向发展，如智能调度、智能监控、智能分析等服务。

同时，随着人工智能技术的发展，云计算服务将融合更多的 AI 服务，如语音识别、图像识别、自然语言处理等方面。

3. 环境友好型的云计算

未来，环境友好型的云计算将成为趋势。云计算对环境的影响主要包括能耗和碳排放。云计算服务商将通过节能、绿色数据中心等手段，减少能耗和碳排放，推动云计算向环保型方向发展。

4. 融合新兴技术的应用

未来，云计算将与新兴技术如区块链、物联网等技术融合，为用户提供更多元化的服务。例如，云计算与区块链技术的结合，可以为用户提供更安全、更透明的数据管理和交换服务。而云计算与物联网技术的结合，则可以实现更智能化的物联网应用，如智能家居、智慧城市等。

5. 云计算的地域化布局

随着数字经济的发展和全球化的推进，云计算的地域化布局将成为趋势。云计算服务商将在全球范围内布局数据中心，以更好地为本地用户提供服务。同时，国家间的数据隔离政策也将推动云计算服务商在不同地区建立数据中心，以满足用户需求和遵守法规要求。

小　结

本节主要介绍了云计算技术，学生需要重点掌握云计算的基本特征以及典型应用。

课后习题

一、填空题

1. 云计算的基本特征包括超大规模、（　　　　　）、（　　　　　）、（　　　　　）、（　　　　　）、（　　　　　）、高可伸缩和高扩展性、支持异构基础资源。

2. 云计算的典型应用包括金融云、（　　　　　）、（　　　　　）、（　　　　　）、（　　　　　）、云存储、云安全、云交通出行。

二、简答题

1. 云计算的定义是什么？

2. 什么是云存储？

5.4　了解现代通信技术

5.4.1　通信技术发展历程

公元前 600 年左右，古希腊哲学家泰勒斯用琥珀棒蹭一只小猫时，发现琥珀棒把小猫的毛都吸起来了。当时的人们 (包括泰勒斯) 并不知道这是因为静电，泰勒斯认为这和磁铁是一个原理，他将这种未知的神秘力量称为"电"。

1600 年，英国女王伊丽莎白一世的御医、英国人威廉·吉尔伯特 (William Gilbert)，用拉丁语"电"来描述某些物质相互摩擦时所施加的力量。他还写了一本传世名著——《论磁》。在书中，他认为，电的产生需要摩擦，而磁铁不用，所以，电和磁是两回事。这个观念持续了很多年，人们一直把电和磁作为毫无关系的学科分开研究。后来，越来越多的人开始研究电，并取得了不错的进展，其中最伟大的发现，就是本杰明·富兰克林的"风筝实验"(见图 5-2)。

图 5-2　本杰明·富兰克林的"风筝实验"

风筝实验，即富兰克林将系着钥匙的风筝用金属线放到云层中，闪电击中钥匙，顺着金属线被富兰克林的手感知到。到了 1820 年，丹麦人汉斯·奥斯特 (Hans Christian Oersted) 发现了电流的磁效应，重新建立了电与磁之间的联系。1821 年，英国人迈克尔·法拉第 (Michael Faraday) 发明了电动机。10 年后，1831 年，他又发现了电磁感应定律，并且制造出世界上第一台能产生持续电流的发电机。1837 年，美国人莫尔斯 (Morse) 发明了莫尔斯电码和有线电报。

有线电报的出现，具有划时代的意义 —— 它让人类获得了一种全新的信息传递方式，这种方式看不见、摸不着、听不到，完全不同于以往的信件、旗语、号角、烽火。1876 年，美国人亚历山大·贝尔 (Alexander Bell) 申请了电话专利，成为了电话之父。虽然真正的电话之父应该是安东尼奥·穆齐 (Antonio Meucci)，但他因为过于贫穷，无钱申请专利，导致被贝尔捡了漏。通过电磁波不仅可以传输文字，还可以传输语音，由此大大加快了通信的发展进程。1888 年，德国人海因里希·鲁道夫·赫兹 (Heinrich Rudolf Hertz) 用实验证明了电磁波的存在。至此，经典电磁理论大厦正式落成。1896 年，意大利人伽利尔摩·马可尼 (Guglielmo Marchese Marconi) 实现了人类历史上的首次无线电通信，通信距离为 30 米 (次年达到 2 英里)。

20 世纪初，有线通信技术快速发展，电报、电话等已经成为人们日常生活中不可或缺的工具。20 世纪 50 年代，无线通信技术开始崭露头角，无线电、卫星通信等技术的出现，使得通信跨越了地域和国界的限制。20 世纪 80 年代，数字通信技术开始兴起，数字电话、数字电视等技术的出现，使得通信更加高效、便捷、快速。

21 世纪以来，通信技术的发展进入了一个全新的阶段。移动通信、互联网、物联网等技术的出现，使得通信更加普及、全面、多样化。移动通信技术的普及，使得人们可以随时随地进行语音、短信、视频等多种形式的通信。互联网的普及，使得人们可以通过网络进行信息的传递、交流和共享。物联网的出现，使得各种设备和物品可以通过互联网进行互相连接和通信，实现智能化、自动化的控制和管理。

通信技术的发展历程和趋势，是人类社会进步的重要标志之一。未来，通信技术将继续发挥着重要的作用，为人类社会的发展和进步作出更加重要的贡献。

5.4.2　有线通信

在电话被发明之后，人们的声音可以在电线上传播，这其实就是声信号转换成电信号，电信号通过电线传播，最后电信号再转换回声信号的过程。

对于通信网络来说，要解决的主要问题，就是如何布设和接续这些电线。最开始的时候，是采用人工交换机的方式进行接续的。随着用户的增加，电话网络变得越来越庞大，电话线路从几百条变成几千、几万条。19 世纪末的电话线杆上面有几千条电话线，在这种情况下，人工交换机显然已经无法满足需求。除了工作量难以承受之外，差错率也很高。

1891 年，有一个名叫史端乔的殡仪馆老板就吃了人工交换机的大亏。他发现，打到自己店里的生意电话，总会被话务员转接到另一家殡仪馆。后来才知道，原来当地话务员是那家殡仪馆老板的堂弟。于是，他很生气，发誓一定要发明一个不需要人工操作的交换机。结果，他还真的做到了。他在自己的车库里，制作了世界上第一台步进制电话交换机——史端乔交换机 (见图 5-3)。

图 5-3　史端乔交换机

史端乔交换机是一种机械式交换机，带有机械工业时代的烙印。虽然它实现了替代人工，但是仍然存在很多缺点，例如接点是滑动式的，可靠性差，易损坏，动作慢，结构复杂，体积大等。1919年，瑞典工程师贝塔兰德和帕尔姆格伦共同发明了一种"纵横接线器"（见图5-4）的新型选择器，并为之申请了专利。

图5-4　纵横制接线器

纵横接线器将过去的滑动式改成了点触式，从而减少了磨损，提高了使用寿命。在纵横连接器的基础上，1926年，世界上第一台大型纵横制自动电话交换机在瑞典松兹瓦尔市投入使用。到了1938年，美国开通了1号纵横制自动电话交换系统。紧接着，法国、日本等国家也相继生产和使用了该类系统。

从此，人类正式进入纵横制交换机（见图5-5）的时代。到20世纪50年代，纵横制交换系统已经非常成熟和完善。

图5-5　纵横制交换机

纵横制和步进制都是利用电磁机械动作接线的，所以它们同属于机电制自动电话交换机。机械终归是机械，效率低，容量小，故障率高，难以满足人类日益增长的通信需求。于是，人们期待一种全新的交换处理方式出现。

1947年12月，美国贝尔实验室的肖克莱、巴丁和布拉顿组成的研究小组，发明了晶体管（见图5-6）。

图 5-6　世界上第一个晶体管

晶体管的诞生，掀起了微电子革命的浪潮，也为后来集成电路的降生吹响了号角。

随着半导体技术和电子技术飞速发展，人们开始考虑，在电话交换机中引入电子技术。由于当时电子元件的性能还无法满足要求，所以出现了电子和传统机械结合的交换机技术，被称为半电子交换机、准电子交换机。后来，微电子技术和数字电路技术进一步发展成熟，终于有了全电子交换机。

1965 年，美国贝尔成功生产了世界上第一台商用存储程式控制交换机 (也就是程控交换机)，型号为 No.1 ESS(Electronic Switching System)，如图 5-7 所示。

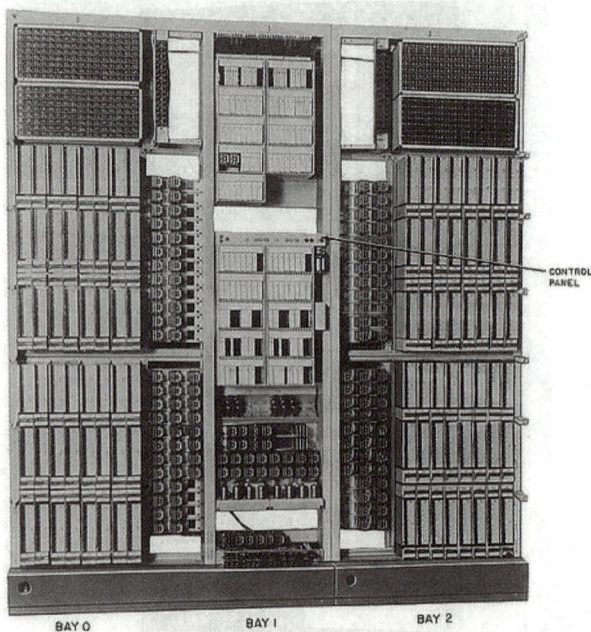

图 5-7　No.1 ESS 程控交换机

1970 年，法国在拉尼翁开通了世界上第一个程控数字交换系统 E10，标志着人类开始了数字交换的新时期。程控交换机的实质，就是电子计算机控制的交换机。它以预先编好的程序来控制交换机的接续动作，优点非常明显：接续速度快、功能多、效率高、声音清晰、质量可靠、容量大。

5.4.3　无线通信

在马可尼发明无线电报之后的很长一段时间，无线通信都处于单向通信（单工通信）的状态。

单工通信，只能单向通信，发信方发出信息，收信方接受信息，是一对多的方式。任何人都可以接收到发信方发出的无线电波，但如果是加密的无线电波，则只有掌握密码本的人才能解密无线电波的内容；而如果是未加密的明文电波，则任何人都可以获悉报文的内容。广播就是这样一种一对多的单工工作方式，广播出现之后，一定程度上取代了报纸，成为人们获取新闻的最快捷方式。

二战时期，摩托罗拉公司（创立于 1928 年）开发出了一款跨时代的产品——SCR-300 军用步话机（见图 5-8），实现了距离可达 12.9 公里的远距离无线通信。

图 5-8　SCR-300 军用步话机

SCR-300 采用了 FM 调频技术，具备一定的抗干扰能力和稳定的信号质量，但是重量也不轻（16 公斤），需要一个专门的通信兵背负，或者安装在汽车或飞机上。

1946 年，贝尔实验室在战地步话机的基础上，制造了世界第一部所谓的移动通信电话。不过，虽然称为移动电话，但体积却非常庞大，研究人员只能把它放在实验室的架子上，不久之后，便被人遗忘了。此后的通信技术与前面有线通信所遇到的情况一样，受限于电子元器件的技术瓶颈，一直没有什么重大的突破。同样是半导体技术逐渐成熟之后，无线通信设备开始有了高速发展的基础。

1958 年，苏联工程师列昂尼德·库普里扬诺维奇发明了 ЛК-1 型移动电话，但这个电话还是只有装在汽车上才能使用。

到了 20 世纪 60 年代，以摩托罗拉和 AT&T 为代表的科技公司，开始重新对研发移动电话产生了兴趣。

步入 20 世纪 70 年代，终于迎来了无线通信技术的大爆发。1973 年 4 月的一天，一名男子站在纽约街头，掏出一个约有两块砖头那么大的设备，并对它说话，兴奋得手舞足蹈，引得路人纷纷侧目，这就是手机的发明者，摩托罗拉公司工程师马丁库帕。

这个世界上的第一个移动电话，打给的是马丁库帕在贝尔实验室工作的一位对手。对方当时也在研制移动电话，但尚未成功。库帕后来回忆道："我打电话给他说：'乔，我现在正在用一部便携式蜂窝电话跟你通话。'我听到听筒那头的'咬牙切齿'，虽然他已经保持了相当的礼貌。"

马丁库帕发明的手机，是世界上第一部真正意义上的手机，单人可以携带，可以在移动中通话。手机的发明，标志着人类敲开了全民通信时代的大门，也标志着无线通信开始了对有线通信的反超。

5.4.4　移动通信

1. 1G 时代

第一代移动通信网络 (简称 1G) 为模拟网络，是在 20 世纪 80 年代初提出的，特点是业务量小，质量差，安全性差，没有加密，而且传输速率低。其对应的接入技术为频分多址技术 FDMA，主要基于蜂窝结构组网，直接使用模拟语音调制技术，传输速率约为 2.4 kb/s。典型的 1G 网络主要包括美国的模拟电话系统 AMPS(Advanced Mobile Phone System)、北欧的移动电话系统 NMTS(Nordic Mobile Telephone System) 及英国的全接入通信系统 TACS(Total Access Communication System) 等。

第一代移动通信技术在 20 世纪 80 年代诞生于美国芝加哥，是最早的移动商用通信系统。该技术采用模拟信号传输，通过 FM 调制，将介于 $300 \sim 3400$ Hz 的语音转换到高频的载波频率 MHz 上。这种模拟信号传输方式只能应用于语音传输业务，且涵盖范围小、信号不稳定、语音品质低。1G 主要系统为 AMPS(Advanced Mobile Phone System)。

20 世纪 80 年代初期，中国的移动通信产业还处于空白状态，直到 1987 年的广东第六届全运会上，才正式启用蜂窝移动通信系统，这是我国移动通信开端的标志。

在应用领域，1G 时代，"大哥大"(大块头的摩托罗拉 DynaTAC 8000X (见图 5-9)) 成为"显赫"身份的标志。虽然这类移动终端带来了通信方面的便利，但由于模拟通信系统存在诸多缺陷，因此经常发生串号、盗号等现象。

图 5-9　摩托罗拉 DynaTAC 8000X (世界首款手机)

在那个时代，摩托罗拉和爱立信主宰了移动通信的 A 网和 B 网，直到 1999 年两网才被正式关闭。

2. 2G 时代

第二代移动通信网络 (简称 2G) 为窄带数字网络，起源于 20 世纪 90 年代初期，对应的接入技术主要包括时分多址技术 (Time Division Multiple Access，TDMA) 和码分多址技术 (Code Division Multiple Access，CDMA) 两种。典型的 2G 网络主要包括欧洲的全球移动通信 (Global System for Mobile Communication，GSM) 系统与美国的 CDMA IS-95(也称 CDMA One 或窄带 CDMA) 系统等。其中，GSM 网络可提供 9.6 ～ 28.8 kb/s 的传输速率，而窄带 CDMA 网络可提供的理论最大传输速率为 115 kb/s，但实际只能实现 64 kb/s。与 1G 网络相比，2G 网络具有保密性强、频谱利用率高、能提供丰富的业务、标准化程度高等特点。但无论是 1G 网络还是 2G 网络，主要都是针对话音通信设计的。

1995 年，我国正式进入 2G 通信时代。这时，通信技术日趋成熟，GSM、TDMA、CDMA 等不同制式的数据业务已基本进入实用阶段。

从这一代开始，数字传输取代了模拟传输，开启了数字网络时代。2G 在一定程度上解决了 1G 技术的缺陷，通信保密性极大提升，系统容量明显增加，便利性增强。技术的成熟和进步，带来了通信质量的提升，从此手机可以上网 (速度较慢，第一款能够上网的手机是诺基亚 710(见图 5-10))、发短信，移动通信开始向大众化飞速发展。

图 5-10　诺基亚 710

3. 2.5G 时代

随着全球范围 Internet 用户数与移动数据业务的爆炸式增长，使得在专门针对多媒体通信的 3G 网络还未建成之前，有必要研究如何利用 2G 网络来实现数据通信，由此产生了多种相关技术，如：高速电路交换数据 (High Speed Circuit Switched Data，HSCSD)、通用分组无线服务 (General Packet Radio Service，GPRS)、CDMA20001x、无线应用协议 (Wireless Application Protocol，WAP)、蓝牙 (Bluetooth)、增强数据速率 GSM 演进 (Enhanced Data Rate for GSM Evolution，EDGE) 等。

(1) HSCSD：GSM 网络的升级版本，可通过多重时分同时进行传输，而不是只有单一时分，因此能够将传输速度大幅提升到平常的 2 ～ 3 倍。新加坡电信的移动电话采用的就是 HSCSD 系统，其传输速率能够达到 57.6 kb/s。

(2) GPRS：一种基于 GSM 网络的无线分组交换技术，提供端到端的、广域的无线 IP 连接。在 GPRS 网络中，声音的传送继续使用原有的 GSM 网络，而数据的传送则是通过 GPRS 网关以分组的形式传送到用户手上。GPRS 网络的峰值传输速率可以达到 115 kb/s。

(3) CDMA20001x：CDMA2000 的第一阶段 (传输速率高于 CDMA IS-95，但低于 2 Mb/s)，可提供 308 kb/s 的峰值传输速率。CDMA20001x 的网络部分引入分组交换技术，可支持移动 IP 业务。

(4) WAP：一种向移动终端提供互联网内容和先进增值服务的全球统一的开放式协议标准，是简化了的无线 Internet 协议。简单地说，就是网站向手机提供内容的一种协议，可以把网络上的信息传送到移动电话或其他无线通信终端上。它使用一种类似于互联网上的 HTML(超文件标记语言) 的标记式语言 WML(Wireless Markup Language，无线标记语言)，并可通过 WAP 网关直接访问一般的网页。通过 WAP，用户可以随时随地利用无线通信终端获取互联网上的即时信息或公司网站的资料，真正实现无线上网。它是移动通信与互联网结合的第一阶段性产物。

(5) Bluetooth：一种短距离无线电技术，利用蓝牙技术，能有效简化掌上计算机、笔记本计算机和移动电话等移动通信终端设备之间的通信，也能够成功简化以上这些设备与因特网之间的通信，从而使这些现代通信设备与因特网之间的数据传输变得更加迅速高效，为无线通信拓宽道路。Bluetooth 的传输速度可以达到 1 Mb/s。

(6) EDGE：在 GSM 网络的基础上，通过采用一种新调制方法，从而有效地提高了 GPRS 信道的编码效率，因此相当于 GPRS 技术的升级版。EDGE 的峰值传输速度可以达到 384 kb/s，可应用于诸如无线多媒体、电子邮件、网络信息娱乐以及电视会议等。

基于上述技术的移动通信网络统称为 2.5G 网络，其中，基于 EDGE 技术的移动通信网络有时也称为 2.75G 网络。

4. 3G 时代

第三代移动通信系统 (简称 3G) 目前包括基于 CDMA 技术的四个国际标准：WCDMA、CDMA2000、TD-SCDMA 以及 WiMAX。其中，WCDMA 是 GSM 的升级，主要支持者为欧洲、日本、韩国；CDMA2000 是窄带 CDMA 的升级，主要支持者为美国；TD-SCDMA 则是中国提出的一种基于 GSM 的 3G 标准。3G 网络的传输速率为室内低速时 2 Mb/s，室内 / 室外中速时 384 kb/s，车载高速时 144 kb/s。

随着人们对移动网络应用的需求不断提升，新一代移动通信技术产生了，这就是基于新的标准体系的 3G，移动通信进入高速 IP 数据网络时代。从此互联网技术得以广泛应用，移动高速上网成为现实，音频、视频、多媒体文件等各种数据通过移动互联网高速、稳定地传输。

我国于 2009 年 1 月 7 日颁发了 3 张 3G 牌照，分别是中国移动的 TD-SCDMA、中国联通的 WCDMA 和中国电信的 WCDMA2000。TD-SCDMA 是我国自主研发的第三代移动通信标准，在国内电信史上具有重要的里程碑意义。

这时，支持 3G 网络的智能手机和平板计算机开始出现。特别是苹果智能手机 (见图 5-11) 的诞生，推动了 3G 用户的爆发性增长，进而为 4G 的产生营造了日趋成熟的应用氛围。

图 5-11　苹果手机第一代

5. 4G 时代

第四代移动通信系统 (简称 4G) 与以 CDMA 为核心技术的 3G 网络不同，4G 网络主要是以正交频分复用 OFDM 为技术核心的。目前 4G 网络的主要标准包括有由 3GPP 提出的 LTE-Advanced(3GPP Release 10) 和由 IEEE 提出的 Wireless MAN-Advanced(IEEE 802.16m) 两种。其中，LTE-Advanced 又包括 TDD-LTE-Advanced(Time Division Duplex-Long Term Evolution，时 分 双 工 - 长 期 演 进 技 术) 和 FDD-LTE-Advanced(Frequency Division Duplex，频分双工 - 长期演进技术) 两种不同制式，其峰值上行和下行速率分别为 500 Mb/s 和 1 Gb/s。而 Wireless MAN-Advanced 在高速移动时的峰值速率为 300 Mb/s，在固定或低速移动时的峰值速率为 1 Gb/s。

4G 采用无线蜂窝电话通信协议，集 3G 与 WLAN 于一体，能够传输高质量的视频图像，且速度快 (传输速率静态下可达 1 Gb/s，高速移动状态下理论速率可达 100 Mb/s，比拨号上网快 2000 倍)，传输质量高，信号覆盖广泛，支持更多类型的手机和平板电子产品，是目前正在被广泛使用的一代，终端数量规模庞大。

2013 年 12 月，工信部宣布向三大运营商颁发 "LTE/ 第四代数字蜂窝移动通信业务 (TD-LTE)" 经营许可，即 4G 牌照，开启我国 4G 时代。

我国的 4G 采用了自主研发的 TD-LTE(Time Division Long Term Evolution，时分长期演进) 网络制式，2016 年 6 月基站超过 132 万个，覆盖人口超过 12 亿，与 126 个国家和地区开通了 4G 漫游服务，客户近 4.3 亿，为全球规模最大的 4G 网络系统。

6. 5G 时代

随着 AR、VR、物联网等技术的诞生与普及，第五代移动通信技术 (简称 5G 或 5G 技术) 应运而生。5G 是最新一代蜂窝移动通信技术，也是 4G(LTE-A、WiMax)、3G(UMTS、LTE) 和 2G(GSM) 系统的延伸。5G 的性能目标是提供高数据速率、减少延迟、节省能源、降低成本、提高系统容量和提供大规模设备连接。

5G 不再是一个单一的无线接入技术，而是多种新型无线接入技术和现有 4G 技术的集成，其应用场景十分广泛。国际电联 (International Telecomunication Union，ITU) 将 5G 应用场景分为移动互联网和物联网两大类，支持海量数据传输，以实现万物互联，促进工业互联网等领域发展。

从 1G 到 5G，从用户的角度来说，1G 出现了移动通话，2G 普及了移动通话，2.5G 实现了移动上网，3G 实现了快速率上网，4G 实现了更快速率上网，5G 推动了万物互联。

从运营商和移动通信网络本身的角度来说，从 1G 到 5G，就是从模拟到数字，从频分到时分到码分到综合，从低频到高频，从低速到高速。随着系统的容量不断提升，安全性和稳定性也不断提升，成本却在不断下降。最终，让通信从少数人的特权变成了所有人的福祉。

通信技术中还有一项重大的发明，大大缓解了通信系统的容量瓶颈，那就是光纤 (见图 5-12)。

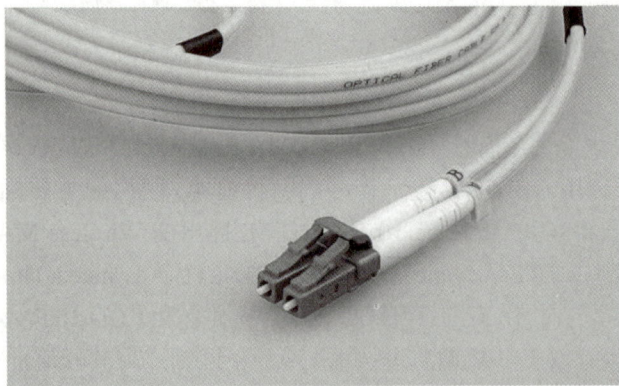

图 5-12　光纤

1966 年，华裔科学家高锟开创性地提出光导纤维可以在通信中应用，从此打开了光通信世界的大门。

几十年来，光纤以超高的容量，超低的成本，成为通信系统中不可替代的重要组成部分，也让我们的生活发生了翻天覆地的变化。如果不是光纤，我们不可能有现在这么快的网速，也就不会有所谓的移动互联网生活。

到目前为止，在无数通信人的努力下，我们在通信领域取得了不错的成就，有了现在先进的通信技术、发达的通信网络，为全球社会经济发展提供了支撑。

5.4.5　现代通信技术类型

1. 数字通信技术

数字通信即传输数字信号的通信，是通过信源发出的模拟信号经过数字终端的信源编码成为数字信号，终端发出的数字信号经过信道编码变成适合于信道传输的数字信号，然后由调制解调器把信号调制到系统所使用的数字信道上，经过相反的变换最终传送到信宿的。数字通信以其抗干扰能力强，便于存储、处理和交换等特点，成为现代通信网中最主要的通信技术基础，被广泛应用于现代通信网的各种通信系统中。

2. 程控交换技术

程控交换技术是指人们用专门的计算机根据需要把预先编好的程序存入计算机后完成通信中的各种交换。以程控交换技术发展起来的数字交换机处理速度快，体积小，容量大，灵活性强，服务功能多，便于改变交换机功能，便于建设智能网，向用户提供更多、更方便的电话服务，还能实现传真、数据、图像通信等交换。它由程序控制，是由时分复用网络进行物理上电路交换的一种电话接续交换设备。其常见结构有集中控制、分散控制或两者结合，技术指标有很多，主要为 BHCA/ 呼损接通率、无故障间隔时间等。

3. 信息传输技术

信息传输技术 (计算机传输) 主要是指一台计算机向远程的另一台计算机或传真机发送传真，一台计算机接收远程计算机或传真机发送的传真，两台计算机之间可实现屏幕对话及两台计算机之间实现文件传输，即 EDI (Electronic Datainterchange) 技术。

现代计算机信息传输技术的蓬勃发展，给现代信息传输带来了一场深刻的革命。享受 ISP 提供的 Internet 服务是信息传输最广泛、发展最快的有效途径。现代计算机信息传输技术是现代计算机技术和现代通信技术的有机结合，促进了现代信息传输技术的发展。尤其近年来，以 HTML 语言为基础的 WWW 技术的广泛应用，使信息服务进入了前所未有的发展热潮，并朝着多媒体方向发展。

4. 通信网络技术

通信网是一种由通信端点、节(结) 点和传输链路相互有机连接起来，以实现在两个或更多的规定通信端点之间提供连接或非连接传输的通信体系。通信网按功能与用途不同，一般可分为物理网、业务网和支撑管理网三种。

物理网是由用户终端、交换系统、传输系统等通信设备所组成的实体结构，是通信网的物质基础，也称通信装备网。用户终端是通信网的外围设备，它将用户发送的各种形式的信息转变为电磁信号送入通信网路传送，或把通信网路中接收到的电磁信号等转变为用户可识别的信息。交换系统是各种信息的集散中心，是实现信息交换的关键环节。传输系统是信息传递的通道，它将用户终端与交换系统之间以及交换系统相互之间连接起来，形成网路。

业务网是完成电话、电报、传真、数据、图像等各类通信业务的网络，是指通信网的服务功能。按其业务种类不同，可分为电话网、电报网、数据网等。业务网具有等级结构，即在业务中设立不同层次的交换中心，并根据业务流量、流向、技术及经济分析，在交换机之间以一定的方式相互连接。

支撑管理网是为了保证业务网正常运行、增强网路功能、提高全网服务质量而形成的网络。在支撑管理网中传递的是相应的控制、监测及信令等信号。按其功能不同，可分为信令网、同步网和管理网。信令网由信令点、信令转接点、信令链路等组成，旨在为公共信道信令系统的使用者传送信令。同步网为通信网内所有通信设备的时钟 (或载波) 提供同步控制信号，使它们工作在同一速率 (或频率) 上。管理网是为保持通信网正常运行和服务所建立的软、硬系统，通常可分为话务管理网和传输监控网两部分。

5. 数据通信与数据网

数据通信是通信技术和计算机技术相结合而产生的一种新的通信方式。要在两地间传输信息必须有传输信道，根据传输媒体的不同，以有线与无线区分，但它们都是通过传输信道将数据终端与计算机连接起来的，从而使不同地点的数据终端实现软、硬件和信息资源的共享。

信号是数据的电磁编码，信号中包含了所要传递的数据。信号一般以时间为自变量，以表示消息 (或数据) 的某个参量 (振幅、频率或相位) 为因变量。信号按其自变量时间的取值是否连续，分为连续信号和离散信号；按其因变量的取值是否连续，分为模拟信号和数字信号。

信号具有时域和频域两种最基本的表现形式和特性。时域特性反映信号随时间变化的情况；频域特性不仅含有信号时域中相同的信息量，而且通过对信号的频谱分析，还可以清楚地了解该信号的频谱分布情况及所占有的频带宽度。

由于信号中的大部分能量都集中在一个相对较窄的频带范围之内，因此我们将信号大部分能量集中的那段频带称为有效带宽，简称带宽。任何信号都有带宽。一般来说，信号的带宽越大，利用这种信号传送数据的速率就越高，要求传输介质的带宽也越大。

6. 宽带 IP 技术

ATM 曾被认为是一种十分完美的、用来统一整个通信网的技术，未来的所有语音、数据、视频等多种业务均通过 ATM 来传送。国际上，特别是电信标准化机构对该项技术进行了多年的研究，而且也得到了实际应用。但事与愿违，ATM 没有能够达到原来所期望的目标。与此同时，IP 的发展速度大大出乎人们的预料，一方面，在若干年前自始至终没有一种独立的 IP 骨干网技术；另一方面，IP 在高速发展的同时确实有一定的缺陷，如 QoS 不高等。因此，在宽带 IP 骨干网中首先产生的是 IP over ATM (IPOA) 技术。

IP over ATM 的基本原理是将 IP 数据包在 ATM 层全部封装为 ATM 信元，以 ATM 信元形式在信道中传输。当网络中的交换机接收到一个 IP 数据包时，它首先根据 IP 数据包的 IP 地址通过某种机制进行路由地址处理，按路由转发。随后，按已计算的路由在 ATM 网上建立虚电路 (Virtual Circuit，VC)，以后的 IP 数据包将在此虚电路 VC 上以直通 (Cut-Through) 方式传输，从而有效地解决 IP 路由器的瓶颈问题，并将 IP 包的转发速度提高到交换速度。IP over ATM 技术很多，但按模型可归类为重叠模型和集成模型两种。

7. 接入网与接入技术

从整个电信网角度讲，可以将全网划分为公用网和用户驻地网 (CPN) 两大块。其中 CPN 属用户所有，因而，通常意义的电信网指的是公用电信网部分。

公用电信网又可以划分为长途网、中继网和接入网 (Access Network，AN) 三部分。长途网和中继网合并称为核心网。相对于核心网，接入网介于本地交换机和用户之间，主要完成使用户接入到核心网的任务。

接入网可由三个接口界定，即网络侧经由 SNI 与业务节点相连，用户侧由 UNI 与用户相连，管理方面则经 Q3 接口与电信管理网 (TMN) 相连。传统以太网技术不属于接入网范畴，而属于用户驻地网 (CPN) 领域。基于以太网技术的宽带接入网由局侧设备和用户侧设备组成。局侧位于小区内，用户侧位于居民楼内。这种技术有强大的网管功能，而且和传统以太网兼容，成本更低。

5.4.6　现代通信技术发展趋势

现代通信与传统通信最重要的区别是现代通信技术与现代计算机技术紧密结合，其技术发展总的趋势以光纤通信为主体，以卫星通信、无线电通信为辅助，将宽带化、综合化（有的称数字化）、个人化、智能化的通信网络技术作为发展主要内容及方向，目标是实现通信的宽频带、大容量、远距离、多用户、高保密性、高效率、高可靠性、高灵活性。

1. 宽带化

宽带化是指通信系统能传输的频率范围越宽越好，即每单位时间内传输的信息越多越好。由于通信干线已经或正在向数字化转变，宽带化实际是指通信线路能够传输的数字信号的比特率越高越好。而要传输极宽频带的信号，非光纤莫属。据计算，人类有史以来积累起来的知识，在一条单模光纤里，用 3 ～ 5 分钟即可传毕。光纤传输信号的优点是：传输频带宽，通信容量大；传输损耗小，中继距离长；抗电磁干扰性能好；保密性好，无串音干扰；体积小，重量轻。

2. 综合化 (或数字化)

综合就是把各种业务和各种网络综合起来，业务种类繁多，有视频、语音和数据业务。把这些业务数字化后，通信设备易于集成化和大规模生产，在技术上便于与微处理器进行处理和用软件进行控制和管理。早在 1988 年，国际上已一致认为，未来世界网络的发展方向是宽带综合业务数字网。

3. 个人化

个人化即通信可以达到"每个人在任何时间和任何地点与任何其他人通信"。每个人将有一个识别号，而不是每一个终端设备（如现在的电话、传真机等）有一个号码。现在的通信，如拨电话、发传真，只是拨向某一设备（话机、传真机等），而不是拨向某人，如果被叫的人外出或到远方去，则不能与该人通话。而未来的通信，只需拨此人的识别号，不论此人在何处，均可拨至此人并与之通信。

4. 智能化

智能化通信就是要建立先进的通信智能网。一般来说，智能网是能够灵活方便地开设和提供新业务的网络。它是隐藏在现有通信网里的一个网，而不是脱离现有通信网而另建一个独立的"智能网"，而只是在已有的通信网中增加一些功能单元，形成新的智能通信网络。智能化后，如果用户需要增加新的业务或改变业务种类时，只要在系统中增加一个或几个模块即可，所花费的时间可能只要几分钟。当网络提供的某种服务因故障中断时，智能网可以自动诊断故障和恢复原来的服务。

5.4.7　推动通信技术发展的中国力量

我国为全球 5G 技术的领先者，拥有 40% 的 5G 标准必要专利，位居世界首位。我国建成了全球最大的 5G 网络，至今 5G 基站数量已近 240 万座，占全球 5G 基站数量的比例近六成，积累了丰富的技术和经验。我国在 5G 技术中采用了中频频段的 100M 频谱，因此在 3D 天线技术和 MIMO 技术等方面拥有足够的优势。

在 5G 中频段技术基础上，我国的科技企业已研发出 5.5G 技术，利用 100GHz 频段以及 800M 的频谱宽度，将进一步增强中国在多天线技术和 MIMO 技术上的优势。而这些恰恰也都会在 6G 技术上用到，因为 6G 技术采用更高的太赫兹频段以及更宽的频谱，而在 5G 技术积累的这些技术有助于在 6G 技术上应用太赫兹频段。有了这些积累，我国科研机构可以在太赫兹频段上测试数据传输并取得全球最快的数据传输速率，巩固我国在 6G 技术上的领先优势，确保我国在未来 6G 技术的制定中取得更多主动权。

6G 可以满足以下四个方面的愿景：

(1) 能够实现全球覆盖，因此需要与非地面基站（如卫星网络和无人机网络）结合。

(2) 利用更多的频谱资源，包括 5G 现有的 sub-6G 和毫米波频段，以及太赫兹和可见光频段。

(3) 引入人工智能和大数据技术一，应对更加复杂的异构网络，多样的通信场景，以及其他应用需求。

(4) 能够有更好的安全性。

小　结

在现代社会，经济高速发展，社会日益进步，广阔的经济前景离不开通信的发展。近几十年，全球通信迅猛发展，走在时代前沿。目前，现代通信已由原先单纯的信息传递功能逐步深入到对信息进行综合处理，如信息的获取、传递、加工等各个领域。特别是随着通信技术的迅速发展，如卫星通信、光纤通信、数字程控交换技术等的不断进步，以及卫星电视广播网、分组交换网、用户电话网、国际互联网等通信网的建设，通信作为社会发展的基础设施和发展经济的基本要素，越来越受到世界各国的高度重视和大力发展。

课后习题

一、填空题

1. 1837 年，美国人（　　　　　）发明了莫尔斯电码和有线电报。

2. 世界上第一台步进制电话交换机是（　　　　　）。

3. （　　　　　）的诞生，掀起了微电子革命的浪潮，也为后来集成电路的降生吹响了号角。

4. 现代通信技术发展的总趋势是宽带化、（　　　　　）、个人化、（　　　　　）。

5. 现代通信网中最主要的通信技术基础，广泛应用于现代通信网的各种通信系统的技术是（　　　　　）。

二、选择题

1. 单工通信，只能单向通信，发信方发出信息，收信方接受信息，是 (　　) 的方式。

A. 一对一　　　　　　　　　　B. 一对多

C. 多对一　　　　　　　　　　D. 多对多

2. 二战时期，摩托罗拉公司开发出了一款跨时代的产品 (　　)，实现了距离可达 12.9 公里的远距离无线通信。

A. SCR-300 军用步话机　　　　B. ЛК-1 型便携移动电话

C. 诺基亚 710　　　　　　　　D. 摩托罗拉 DynaTAC 8000X

3. 手机的发明者是 (　　)。

A. 列昂尼德·库普里扬诺维奇　B. 马丁库帕

C. 史端乔　　　　　　　　　　D. 莫尔斯

4. 第 (　　) 代移动通信网络为模拟网络。

A. 1　　　　　　　　　　　　B. 2

C. 3　　　　　　　　　　　　D. 4

5. TD-SCDMA 是 (　　) 提出的一种基于 GSM 的 3G 标准。

A. 美国　　　　　　　　　　　B. 英国

C. 德国　　　　　　　　　　　D. 中国

第6章 信息素养与社会责任

信息素养 (Information Literacy) 的本质是全球信息化需要人们具备的一种基本能力。信息素养这一概念是信息产业协会主席保罗·泽考斯基于 1974 年在美国提出的。信息素养简单的定义来自 1989 年美国图书协会 (American Library Association，ALA)，它包括文化素养、信息意识和信息技能三个层面，能够判断什么时候需要信息，并且懂得如何去获取信息，如何去评价和有效利用所需的信息。

社会责任是指一个组织对社会应负的责任。一个组织应以一种有利于社会的方式进行经营和管理。社会责任通常是指组织承担的高于组织自己目标的社会义务。它超越了法律与经济对组织所要求的义务，社会责任是组织管理道德的要求，完全是组织出于义务的自愿行为。

学习目标

➢ 了解与认识信息素养。
➢ 了解信息技术发展与信息安全和国产化替代的要求。
➢ 了解个人素养、信息伦理与职业行为自律的要求。
➢ 了解行业内个人发展的途径与方法。

知识导图

信息素养与社会责任知识导图如图 6-1 所示。

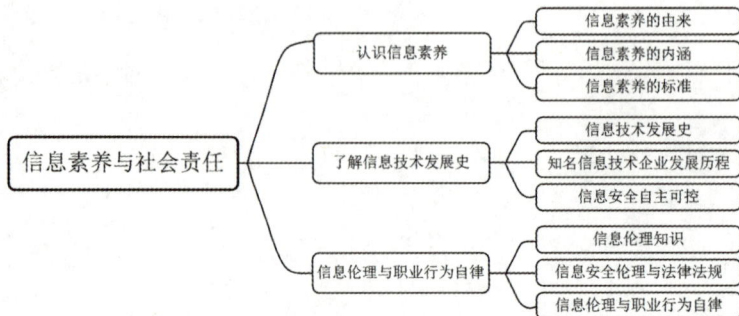

图 6-1　信息素养与社会责任知识导图

6.1　认识信息素养

信息素养 (Information Literacy) 更确切的名称应该是信息文化。

信息素养是一种基本能力，它是一种对信息社会的适应能力。美国教育技术 CEO 论坛 2001 年第 4 季度报告提出 21 世纪的能力素质，包括基本学习技能 (指读、写、算)、信息素养、创新思维能力、人际交往与合作精神、实践能力。信息素养是其中一个方面，它涉及信息的意识、信息的能力和信息的应用。

信息素养是一种综合能力：信息素养涉及各方面的知识，是一个特殊的、涵盖面很宽的能力，它包含人文的、技术的、经济的、法律的诸多因素，与许多学科有着紧密的联系。信息技术支持信息素养，通晓信息技术强调对技术的理解、认识和使用技能。而信息素养的重点是内容、传播、分析，包括信息检索以及评价，涉及更宽的方面。它是一种了解、搜集、评估和利用信息的知识结构，既需要通过熟练的信息技术，也需要通过完善的调查方法，通过鉴别和推理来完成。信息素养是一种信息能力，信息技术是它的一种工具。

6.1.1　信息素养的由来

1974 年，美国信息产业协会主席 Paul Zurkowski 率先提出了信息素养这一全新概念，并将其解释为：利用大量的信息工具及主要信息源使问题得到解答的技能。信息素养概念一经提出，便得到广泛传播和使用。世界各国的研究机构纷纷围绕如何提高信息素养展开了广泛的探索和深入的研究，对信息素养概念的界定、内涵和评价标准等提出了一系列新的见解。

1987 年，信息学家 Patrieia Breivik 将信息素养概括为一种"了解提供信息的系统并能鉴别信息价值、选择获取信息的最佳渠道、掌握获取和存储信息的基本技能"。

1989 年，美国图书馆协会 (ALA) 下设的信息素养总统委员会在其年度报告中对信息素养的含义进行了重新概括："要成为一个有信息素养的人，就必须能够确定何时需要信息并且能够有效地查询、评价和使用所需要的信息"。

1992 年，Doyle 在《信息素养全美论坛的终结报告》中将信息素养定义为：一个具有信息素养的人，他能够认识到精确的和完整的信息是作出合理决策的基础，确定对信息的需求，形成基于信息需求的问题，确定潜在的信息源，制定成功的检索方案，从包括基于计算机和其他信息源获取信息、评价信息、组织信息于实际的应用，将新信息与原有的知识体系进行融合以及在批判性思考和问题解决的过程中使用信息。

6.1.2　信息素养的内涵

信息素养包括关于信息和信息技术的基本知识和基本技能，运用信息技术进行学习、合作、交流和解决问题的能力，以及信息的意识和社会伦理道德问题。具体而言，信息素养应包含以下四个方面的内容。

1. 信息意识

信息意识又叫信息观念，是对信息需求的认知水平及对有用或可能有用信息的敏感程度，包括对于信息敏锐的感受力、对信息价值的判断力和洞察力、自身信息需求的自我意识，以及对信息资源和信息技术在社会文化中的角色的认识。

信息意识取决于对信息的科学正确认识和对自身信息需求的自我意识。信息意识是在社会因素、科学技术因素、经济因素以及人的文化心理因素的影响下形成的，对信息的认识和对需求的积极反映。"信息爆炸"时代，信息无处不在，无时不有，关键是善于发现、精于挖掘。信息意识的强弱直接影响到信息活动的效果。具有较强的信息意识，在面对浩如烟海的信息时，就可以敏锐地发现有价值的信息，及时、准确地占有信息，为进一步进行有效信息活动创造先决条件。

2. 信息知识

信息知识是指开展信息获取、评价、利用等活动所需要的知识。信息知识是信息素养的理论基础，尽管信息知识不是信息活动的内容，但却是社会信息活动有效进行的基础，尤其是信息技术知识，其对信息活动的开展是必不可少的。信息知识包括传统的文化知识、语言方面的知识、信息理论知识、信息技术和信息系统等方面的基本知识。不管是信息理论知识还是信息技术知识，都是以传统文化知识为基础的，如果没有扎实的文化知识基础，是不可能具备丰富的信息知识的。

3. 信息能力

信息能力是人们有效利用信息设备和信息技术开展信息活动的一系列能力。信息能力是信息素养内容结构中的核心部分，是信息素养水平高低的最直接、最明显的外在表现。信息能力是一个多元化的概念，包括评判信息需求能力、信息查询和获取能力、信息内涵分析能力、选择有用信息能力(即信息处理能力)、生成和创造信息能力、组织储存信息能力、利用和发挥信息作用能力、信息免疫能力等。

4. 信息道德

信息道德是人们在信息活动中应当遵循的道德规范。其主要内容包括：信息交流、传递与社会整体目标协调一致；承担相应的责任和义务；遵循法律、法规，抵制违法信息行为；尊重他人知识产权；正确处理信息创造、信息传播、信息使用三者之间的关系；恰当使用并合理发展信息技能。

信息意识、信息知识、信息能力、信息道德等信息素养的诸要素是相互作用、相互影响的有机统一体。信息意识在信息素养构成中起着先导的作用，信息知识和信息能力是构成信息素养的基础和核心，信息道德则是信息素养健康发展的保证。总之，信息素养的四个要素共同构成一个不可分割的统一整体，信息意识是先导，信息知识是基础，信息能力是核心，信息道德是保证。

6.1.3　信息素养的标准

今天的社会特征就是信息化：资源的信息化，教育的信息化，决策的信息化，生活理念的信息化，等等。可以说，今天对于人的价值而言，"学富五车""满腹经纶"已经不再是一个终身的荣耀。如果不具备良好的信息素养能力，不能够继续丰满自己的知识储备，紧跟社会的变化，那么，"后生可畏""不进自退"的结局，很可能就是明天的事。

什么是信息素养的评判标准呢？作为在信息高速公路建设中先行一步的美国，其概念的定位是这样产生和明确的：在美国，信息素养概念是从图书检索技能演变过来的。美国将图书检索技能和计算机技能集合成为一种综合的能力、素质，即信息素养。1989 年，美国图书馆协会下设的信息素养总统委员会正式给信息素养下的定义是：要成为一个有信息素养的人，他必须能够确定何时需要信息，并已具有检索、评价和有效使用所需信息的能力。

1. 九大信息素养标准

1998 年，全美图书馆协会和美国教育传播与技术协会在其出版物《信息能力：创建学习的伙伴》中，制定了学生学习的九大信息素养标准。这一标准从信息素养、独立学习和社会责任三个方面进行了表述，进一步明确和丰富了信息素养在技能、态度、品德等方面的要求。

1) 信息素养

标准一：具有信息素养的学生能够有效地和高效地获取信息。

标准二：具有信息素养的学生能够熟练地和批判地评价信息。

标准三：具有信息素养的学生能够有精确地、创造性地使用信息。

2) 独立学习

标准四：能作为一个独立学习者的学生具有信息素养，并能探求与个人兴趣有关的信息。

标准五：能作为一个独立学习者的学生具有信息素养，并能欣赏作品和其他对信息进行创造性表达的内容。

标准六：能作为一个独立学习者的学生具有信息素养，并能力争在信息查询和知识创新中做得最好。

3) 社会责任

标准七：对学习社区和社会有积极贡献的学生具有信息素养，并能认识信息对民主化社会的重要性。

标准八：对学习社区和社会有积极贡献的学生具有信息素养，并能实行与信息和信息技术相关的符合伦理道德的行为。

标准九：对学习社区和社会有积极贡献的学生具有信息素养，并能积极参与小组的活动探求和创建信息。

2. 信息素养能力

处理信息的目的在于综合利用各种信息，在分析处理各种相关信息的基础上，围绕某一问题的解决，创造新的信息。由此可以看出，信息素养的核心是对信息的加工能力，它是新时代学习能力中至关重要的能力。信息加工能力主要包括：寻找、选择、整理和储存各种有用的信息；言简意赅地将所获得的信息从一种表述形式转变为另一种表述形式，亦即从了解到理解；针对问题，选择、重组、应用已有信息，独立地解决该问题；正确地评价信息，比较几种说法和方法的优缺点，看出它们各自的特点、适用的场合以及局限性；利用信息作出新的预测或假设；能够从信息看出变化趋势、变化模式，并提出变化的规律。

归纳起来，信息素养主要表现为以下八个方面的能力：

(1) 运用信息工具：能熟练使用各种信息工具，特别是网络传播工具。

(2) 获取信息：能根据自己的学习目标有效地收集各种学习资料与信息，能熟练地运用阅读、访问、讨论、参观、实验、检索等获取信息的方法。

(3) 处理信息：能对收集的信息进行归纳、分类、存储记忆、鉴别、遴选、分析综合、抽象概括及表达等。

(4) 生成信息：在信息搜集的基础上，能准确地概述、综合、改造和表述所需要的信息，使之简洁明了，通俗流畅并且富有个性特色。

(5) 创造信息：在多种收集信息的交互作用的基础上，迸发创造思维的火花，产生新信息的生长点，从而创造新信息，达到收集信息的终极目的。

(6) 发挥信息的效益：善于运用接收的信息解决问题，让信息发挥最大的社会和经济效益。

(7) 信息协作：使信息和信息工具作为跨越时空的、"零距离"的交往和合作中介，使之成为延伸自己的高效手段，同外界建立多种和谐的协作关系。

(8) 信息免疫：浩瀚的信息资源往往良莠不齐，需要有正确的人生观、价值观、甄别能力，以及自控、自律和自我调节能力，能自觉抵御和消除垃圾信息及有害信息的干扰和侵蚀，并且完善合乎时代的信息伦理素养。

很显然，这些能力是围绕个体学习者为适应信息化社会或者学习化社会而提出的。今天，随着信息化时代的迅猛发展，这些能力越来越显示其重要性和紧迫性。作为生活在现实生活中的每个人，都应该，而且必须对照信息素养能力的这八个方面，积极主动地调整自己的知识结构和知识获取形式，乃至知识的处理能力，这样才有可能使自己不被现实所淘汰。

6.2　信息技术及其发展

信息技术 (Information Technology，IT)，是指在信息科学的基本原理和方法的指导下扩展人类信息功能的技术。一般来说，信息技术是以电子计算机和现代通信为主要手段实现信息的获取、加工、传递、利用等功能的技术总和。人的信息功能包括：感觉器官承担的信息获取功能，神经网络承担的信息传递功能，思维器官承担的信息认知功能和信息再生功能，效应器官承担的信息执行功能。

人们对信息技术的定义，因其使用的目的、范围、层次不同而有如下不同的表述：

(1) 信息技术就是"获取、存储、传递、处理分析以及使信息标准化的技术"。

(2) 信息技术"包含通信、计算机与计算机语言、计算机游戏、电子技术、光纤技术等"。

(3) 现代信息技术"以计算机技术、微电子技术和通信技术为特征"。

(4) 信息技术是指在计算机和通信技术支持下用以获取、加工、存储、变换、显示和传输文字、数值、图像以及声音信息，包括提供设备和提供信息服务两大方面的方法与设备的总称。

(5) 信息技术是人类在生产斗争和科学实验中，认识自然和改造自然过程中所积累起来的获取信息、传递信息、存储信息、处理信息，以及使信息标准化的经验、知识、技能和体现这些经验、知识、技能的劳动资料有目的的结合过程。

(6) 信息技术是管理、开发和利用信息资源的有关方法、手段与操作程序的总称。

(7) 信息技术是指能够扩展人类信息器官功能的一类技术的总称。

(8) 信息技术是指"应用在信息加工和处理中的科学，技术与工程的训练方法和管理技巧；上述方法和技巧的应用；计算机及其与人、机的相互作用，与人相应的社会、经济、文化等诸种事物。"

(9) 信息技术包括信息传递过程中的各个方面，即信息的产生、收集、交换、存储、传输、显示、识别、提取、控制、加工、利用等技术。

6.2.1　信息技术发展简述

信息技术的发展经历了一个漫长的时期，可将其分为三个基本阶段，一是计算机通信技术，二是微电子技术，三是网络技术。

1. 从通信技术到计算机通信技术的发展

通信技术和计算机技术起步较早，其中，现代通信萌芽于 19 世纪上半叶，当时美国的莫尔斯发明了电报，到 20 世纪下半叶初期，美国人成功研制出世界上第一部程控交换机，随着数字程控交换机的应用和推广，通信技术开始向着数字化的方向发展。再后来，人类成功开拓了卫星通信技术领域，进一步拓展了通信技术的应用领域。

1946 年，美国宾夕法尼亚大学成功研制出世界上第一台计算机设备，意味着计算机通信技术的"问世"。当然，这部名为"埃尼阿克"的计算机有着庞大而笨重的外形和居高不下的功率能耗，但是随着计算机集成电路的发展和软件技术的进步，计算机设备的存储容量、运算速度以及数据处理能力都得到了不断的提高，计算机的功能也从最初的单一计算功能演变为具备数字处理、语言文字、图像视频等多种信息处理功能，计算机的应用范围也涉及了社会的方方面面。

2. 从晶体管到以集成电路为基础的微电子技术的发展

微电子技术始于晶体管的问世：人类于 1948 年发明了第一个晶体管，又于 1958 年研制出第一块集成电路，短短十年时间，便引发了一场波及全球的微电子技术革命。微电子技术能够将日益复杂的电子信息系统集成在一个小小的硅片上，使电子设备向着微型化发展，使计算机系统的能耗越来越低。微电子技术促进集成电路的发展，中、小规模集成电路逐步发展为大规模集成电路和超大规模集成电路，同时让每一个集成电路芯片上所能集成的电子器件越来越多，而集成电路的整体价格却保持不变或者下降，从而带动以集成电路为基础的微电子信息技术的迅速发展。

3. 网络技术的发展

美国于 1969 年成功建成了 ARPANET 网络，它是世界上首个采用分组交换技术组建的计算机网络，这也是如今计算机因特网的前身。1986 年，美国又成功建成了国家科学基金网 NSFNET，并于 1991 年促成因特网进入商业应用领域，从而使互联网得到飞跃性的发展，给整个信息技术产业以及人类社会的进步带来了重大影响。随后，网络技术经历了电子邮件到电子会议、网络传真到网络电话、网络冲浪到网络购物等一系列的变革，为个人和企业参与全球范围的竞争提供了有利条件，带动了一大批互联网新兴服务行业的崛起和发展。

进入 21 世纪之后，人们明显感到了信息的重要性，尤其是在互联网非常普及、人均一部手机的今天。近几十年是信息技术高速发展的时期。信息给产业赋能带来的价值正在得到更多的展现，随着信息技术的发展，信息技术会成为社会进步最重要的推动力，会给人们带来越来越多的好处。

6.2.2　知名信息技术企业发展历程

信息技术服务企业是指向客户提供信息技术服务的企业。其中，信息技术服务是指通过促进信息技术系统效能的发挥，来帮助用户实现自身目标的服务。信息技术服务主要包括以下八大类：信息技术咨询、信息技术运维、设计开发服务、测试服务、数据处理服务、集成实施服务、培训服务、信息系统增值服务。

2021 年 8 月，国内软件和信息技术服务企业竞争力排名前十的企业分别是：华为技术有限公司、深圳市腾讯计算机系统有限公司、北京百度网讯科技有限公司、中国通信服务股份有限公司、中兴通讯股份有限公司、杭州海康威视数字技术股份有限公司、网易（杭州）

网络有限公司、海尔集团公司、海信集团控股股份有限公司、小米集团。

1. 华为技术有限公司

华为技术有限公司成立于 1987 年，总部位于广东省深圳市龙岗区。2021 年，华为公司的总收入为 6368 亿元，净利润达到 1137 亿元。华为是全球领先的信息与通信技术 (ICT) 解决方案供应商，专注于 ICT 领域，坚持稳健经营、持续创新、开放合作，在电信运营商、企业、终端及云计算等领域构筑了端到端的解决方案优势，为运营商客户、企业客户和消费者提供有竞争力的 ICT 解决方案、产品和服务，并致力于实现未来信息社会，构建更美好的全联接世界。

2. 深圳市腾讯计算机系统有限公司

深圳市腾讯计算机系统有限公司 (简称腾讯公司) 成立于 1998 年 11 月，是目前中国最大的互联网综合服务提供商之一，也是中国服务用户最多的互联网企业之一。成立这么多年以来，腾讯公司一直秉承一切以用户价值为依归的经营理念，始终处于稳健、高速发展的状态。2004 年 6 月 16 日，腾讯公司在香港联交所主板公开上市。

用互联网的先进技术提升人类的生活品质是腾讯公司的使命。腾讯 QQ 的发展深刻地影响和改变着数以亿计网民的沟通方式和生活习惯，它为用户提供了一个巨大的便捷沟通平台，在人们生活中实践着各种生活功能、社会服务功能及商务应用功能，并正以前所未有的速度改变着人们的生活方式，创造着更广阔的互联网应用前景。

3. 中国通信服务股份有限公司

中国通信服务股份有限公司 (简称中国通信服务) 是经国务院同意、国务院国有资产管理委员会批准，在国家工商行政管理总局登记注册成立的大型企业，由中国电信集团公司、中国移动通信集团公司、中国联合网络通信集团有限公司三大电信运营商控股，在全国范围内为通信运营商、媒体运营商、设备制造商、专用通信网及政府机关、企事业单位等提供网络建设、外包服务、内容应用及其他服务，并积极拓展海外市场。

中国通信服务拥有先进的技术、齐全的业务、良好的业绩、完备的资质、广泛的本地化服务网络和独具特色的一体化服务模式，以及具有丰富经验和良好执行能力的管理团队。中国通信服务是我国通信行业第一家在海外上市的生产性服务类企业。中国通信服务上市被国务院国资委誉为"为大型国有企业盘活辅业资产进行了有益探索，提供了成功案例"。

2006 年 8 月 30 日，中国电信集团在重组上海、广东、浙江、福建、湖北和海南 6 省实业重点业务资产的基础上发起设立中国通信服务股份有限公司，并于同年 12 月 8 日在香港成功上市，成为国内通信行业第一家在香港上市的生产性服务类企业。

2007 年 8 月 31 日，中国通信服务收购江苏、安徽、江西、四川、重庆、湖南、贵州、云南、广西、陕西、甘肃、青海、新疆等 13 省 (区、市) 的实业重点业务资产，实现中国电信实业重点业务资产的整体上市。

2008 年 4 月 3 日，中国通信服务收购中国通信建设集团有限公司，本次收购有助于中国通信服务提升市场地位和竞争力，进一步开拓海外市场，实现运营的规模经济和协同效应。

6.2.3　信息安全自主可控

信息安全是指为数据处理系统而采取的技术的和管理的安全保护，保护计算机硬件、软件、数据不因偶然的或恶意的原因而遭到破坏、更改、显露。这里面既包含了层面的概念，其中计算机硬件可以看作是物理层面，软件可以看作是运行层面，再就是数据层面；又包含了属性的概念，其中破坏涉及的是可用性，更改涉及的是完整性，显露涉及的是机密性。

1. 信息安全风险内容

(1) 硬件安全，即网络硬件和存储媒体的安全。要保护这些硬设施不受损害，能够正常工作。

(2) 软件安全，即计算机及其网络中各种软件不被篡改或破坏，不被非法操作或误操作，功能不会失效，不被非法复制。

(3) 运行服务安全，即网络中的各个信息系统能够正常运行并能正常地通过网络交流信息。通过对网络系统中的各种设备运行状况的监测，发现不安全因素能及时报警并采取措施改变不安全状态，保障网络系统正常运行。

(4) 数据安全，即网络中存在及流通数据的安全。要保护网络中的数据不被篡改，非法增删、复制、解密、显示、使用等。数据安全是保障网络安全最根本的目的。

2. 信息安全对策

1) 安全技术

为了保障信息的机密性、完整性、可用性和可控性，必须采用相关的技术手段。这些技术手段是信息安全体系中直观的部分，任何一方面薄弱都会产生巨大的危险。因此，应该合理部署、互相联动，使其成为一个有机的整体。具体的技术介绍如下：

(1) 加解密技术。在传输过程或存储过程中进行信息数据的加解密，典型的加密体制可采用对称加密和非对称加密。

(2) VPN 技术。VPN 即虚拟专用网，通过一个公用网络 (通常是因特网) 建立一个临时的、安全的连接，是一条穿过混乱的公用网络的安全、稳定的隧道。通常 VPN 是对企业内部网的扩展，可以帮助远程用户、公司分支机构、商业伙伴及供应商同公司的内部网建立可信的安全连接，并保证数据的安全传输。

(3) 防火墙技术。防火墙在某种意义上可以说是一种访问控制产品。它在内部网络与不安全的外部网络之间设置障碍，防止外界对内部资源的非法访问，以及内部对外部的不安全访问。

(4) 入侵检测技术。入侵检测技术 IDS 是防火墙的合理补充，帮助系统防御网络攻击，扩展了系统管理员的安全管理能力，提高了信息安全基础结构的完整性。入侵检测技术从计算机网络系统中的若干关键点收集信息，并进行分析，检查网络中是否有违反安全策略的行为和遭到袭击的迹象。

(5) 安全审计技术。安全审计技术包含日志审计和行为审计。日志审计协助管理员在受到攻击后察看网络日志，从而评估网络配置的合理性和安全策略的有效性，追溯、分析安全攻击轨迹，并能为实时防御提供手段。通过对员工或用户的网络行为审计，可确认行为的规范性，确保管理的安全。

2) 安全管理

只有建立完善的安全管理制度，将信息安全管理自始至终贯彻落实于信息系统管理的方方面面，企业信息安全才能真正得以实现。具体技术包括以下几方面：

(1) 开展信息安全教育，提高安全意识。员工信息安全意识的高低是一个企业信息安全体系是否能够最终成功实施的决定性因素。据不完全统计，信息安全的威胁除了外部的(占20%)以外，主要还是内部的(占80%)。在企业中，可以采用多种形式对员工开展信息安全教育。例如：可以通过培训、宣传等形式，采用适当的奖惩措施，强化技术人员对信息安全的重视，提升使用人员的安全观念；有针对性地开展安全意识宣传教育，同时对在安全方面存在问题的用户进行提醒并督促改进，逐渐提高用户的安全意识。

(2) 建立完善的组织管理体系。完整的企业信息系统安全管理体系首先要建立完善的组织体系，即建立由行政领导、IT技术主管、信息安全主管、系统用户代表及安全顾问等组成的安全决策机构，完成制定并发布信息安全管理规范和建立信息安全管理组织等工作。从管理层面和执行层面上统一协调项目实施进程，克服实施过程中人为因素的干扰，保障信息安全措施的落实以及信息安全体系自身的不断完善。

(3) 及时备份重要数据。在实际的运行环境中，数据备份与恢复是十分重要的。即使从预防、防护、加密、检测等方面加强了安全措施，也无法保证系统不会出现安全故障，因此应该对重要数据进行备份，以保障数据的完整性。企业最好采用统一的备份系统和备份软件，将所有需要备份的数据按照备份策略进行增量和完全备份。要有专人负责和专人检查，保障数据备份的严格进行及可靠、完整性，并定期安排数据恢复测试，检验其可用性，及时调整数据备份和恢复策略。目前，虚拟存储技术已日趋成熟，可在异地安装一套存储设备进行异地备份，不具备该条件的，则必须保证备份介质异地存放，所有的备份介质必须有专人保管。

3. 信息安全的国产化

1) 没有网络安全就没有国家安全

确保网络安全乃至国家安全的必经之路，就是通过自主研发安全可信的软硬件体系，解决缺芯少屏的问题，摆脱受制于人的处境。目前我们在信息技术产业的各个细分领域，如数据库、操作系统、中间件、芯片等，都有了积极的进展，但是面对现在形势复杂的安全形态，必须坚持自主创新，加快国产化替代步伐。

近些年来，由于国外设备、软件设置的"后门"和bug造成的泄密事件越来越多，例如美国思科公司的路由器存在严重的预置式"后门"问题，赛门铁克公司旗下的软件产品存在窃密后门和高危安全漏洞，因此这些国外的设备与软件最终被公安机关封禁，并使用国产软件来代替。

网络安全，牵一发而动全身。没有网络安全就没有国家安全，就没有经济社会稳定运行，广大人民群众利益也难以得到保障。一个安全、稳定、繁荣的网络空间，对一国乃至世界和平与发展具有重大意义。然而，随着全球数字化进程的不断加速，网络安全威胁和风险日益突出，已然成为了全球性的共同挑战。

2) 信息安全的前提是自主可控

信息安全的前提是信息产品、关键核心技术设备和服务的自主可控。近年来，我国围绕发展安全可信、自主可控的软硬件体系进行了一系列积极探索。如在芯片方面，有手机消费级设备领域的麒麟芯片；服务器领域的娓鹏芯片；人工智能领域的异腾芯片。在服务器方面，浪潮自主研发的天梭 TS860G3 高端八路服务器采用高速互联设计，具备五大关键特性，是国内出货量较大的八路服务器，并将与国际先进水平的差距缩短到一年以内。目前我国的信息安全水平仍落后于发达国家，但是只要坚持国产化的战略，相信在不久的将来一定会一步步实现安全可信、独立自主，确保我国真正意义上的信息安全。当前我们应该遵循"先解决能用的问题、再解决好用的问题"的路线，在突破技术瓶颈的同时大力推动产品应用。自主的产品和技术在刚开始阶段都存在这样或那样的不足和缺点，但是经过不断的应用和探索，不断发展和完善，终将会开出我国真正的信息安全的美丽之花。

6.3　信息伦理与职业行为自律

信息伦理又称为信息道德，是指在信息的采集、加工、存储、传播、利用等信息活动各个环节中，用来规范其间产生的各种社会关系的道德意识、道德规范和道德行为的总和。它通过社会舆论、传统习俗，使人们形成一定的信念、价值观和习惯，从而使人们自觉地通过自己的判断来规范自己的信息行为。还有学者将其归纳为，信息道德是调整人们之间以及个人和社会之间信息关系的行为规范的总和。

信息时代人类最基本的社会行为是信息行为。信息道德便是信息制造者、信息服务者和信息使用者的信息行为的规范。信息道德是在信息技术发展的前提下形成的，是人们利用电子信息网络进行交往时所表现出来的一种道德关系。它不同于传统的道德关系，主要特征之一就是它建立在电子信息网络的基础上，是信息技术的派生物。信息道德以传统道德为原型，是信息时代社会伦理道德的重要内容，约束着人们在信息空间的各种行为。另外，由于信息行为既包括网络行为，也包括基于传统媒体 (如报纸、杂志、书籍等) 和其他电子媒体 (如电视、广播等) 的信息行为，所以信息道德包含网络道德。网络道德是信息道德最重要的组成部分，当然也是当前最受关注的一部分。

6.3.1　信息伦理知识

1. 信息伦理

信息伦理不是由国家强行制定和强行执行的，是在信息活动中以善恶为标准，依靠人们的内心信念和特殊社会手段维系的。信息伦理的内容可概括为两个方面、三个层次。

所谓两个方面，即主观方面和客观方面。前者指人类个体在信息活动中以心理活动形式表现出来的道德观念、情感、行为和品质，如对信息劳动的价值认同，对非法窃取他人信息成果的鄙视等，即个人信息道德；后者指社会信息活动中人与人之间的关系以及反映这种关系的行为准则与规范，如扬善抑恶、权利义务、契约精神等，即社会信息道德。

所谓三个层次，即信息道德意识、信息道德关系、信息道德活动。

信息道德意识是信息伦理的第一个层次，包括与信息相关的道德观念、道德情感、道德意志、道德信念、道德理想等。它是信息道德行为的深层心理动因。信息道德意识集中地体现在信息道德原则、规范和范畴之中。

信息道德关系是信息伦理的第二个层次，包括个人与个人的关系、个人与组织的关系、组织与组织的关系。这种关系是建立在一定的权利和义务的基础上，并以一定信息道德规范形式表现出来的。如联机网络条件下的资源共享,网络成员既有共享网上资源的权利 (尽管有级次之分），也要承担相应的义务，遵循网络的管理规则。成员之间的关系是通过大家共同认同的信息道德规范和准则维系的。信息道德关系是一种特殊的社会关系，是被经济关系和其他社会关系所决定、所派生出的人与人之间的信息关系。

信息道德活动是信息伦理的第三层次，包括信息道德行为、信息道德评价、信息道德教育、信息道德修养等。这是信息道德一个十分活跃的层次。信息道德行为即人们在信息交流中所采取的有意识的、经过选择的行动。根据一定的信息道德规范对人们的信息行为进行善恶判断即为信息道德评价。按一定的信息道德理想对人的品质和性格进行陶冶就是信息道德教育。信息道德修养则是人们对自己的信息意识和信息行为的自我解剖、自我改造。信息道德活动主要体现在信息道德实践中。

2. 信息伦理发展历史

信息伦理学的形成是从对信息技术的社会影响研究开始的。信息伦理的兴起与发展植根于信息技术的广泛应用所引起的利益冲突和道德困境，以及建立信息社会新的道德秩序的需要。第二次世界大战后，电子计算机、通信技术、网络技术的应用发展，促使西方发达国家率先进入信息社会。在对信息化及信息社会理论的研究进程中，西方学术界逐渐发现了一系列在新的信息技术条件下所引发的伦理问题，并为此开辟了一门新的应用伦理学——信息伦理学。它最早源于计算机伦理研究。20 世纪 70 年代，美国教授 W. 曼纳首先发明并使用了"计算机伦理学"这个术语。1971 年，G.M. 温伯格在《计算机程序编写心理学》一书中，首先对信息技术对社会伦理问题产生的影响进行了研究。从 20 世纪 80 年代中期开始，大量信息伦理论文和专著的涌现，使信息伦理学的研究取得了突破性的发展。1985 年，J.H. 穆尔在《元哲学》杂志上发表的论文提出了"计算机伦理"概念。同年，德国的信息科学家拉斐尔·卡普罗教授发表题为"信息科学的道德问题"的论文，研究了电子形式下专门信息的生产、存储、传播和使用问题，这是最早以信息科学作为伦理学研究对象的论文。在他的论文中提出了"信息科学伦理学""交流伦理学"等概念。他从宏观和微观两个角度探讨了信息伦理学的问题，包括信息研究、信息科学教育、信息工作领域中的伦理问题。他将信息伦理学的研究放在科学、技术、经济和社会知识等背景下进行。他认为任何伦理理论都是对人的自由的反映，通信与信息领域的伦理理论也是如此。1986 年，美国管理信息科学专家 R.O. 梅森提出信息时代有四个主要的伦理议题：信息隐私权、信息准确性、信息产权及信息资源存取权。

20 世纪 90 年代，信息伦理学的研究发生了深刻的变化，它冲破了计算机伦理学的束缚，将研究的对象更加明确地确定为信息领域的伦理问题，在概念和名称的使用上也更为直白，直接使用了"信息伦理"这个术语。1996 年，英国学者 R. 西蒙和美国学者 W.B. 特立尔共同发表题为"信息伦理学：第二代"的文章，他们认为计算机伦理学是第一代信息伦理学，其所研究的范围有限，研究的深度不够，只是对计算机现象的解释，缺乏全面的伦理学理论。1999 年，拉斐尔·卡普罗教授发表论文"数字图书馆的伦理学方面"，该论文对信息时代发生巨大变化的图书馆方面产生的伦理问题加以分析和论述。2000 年，拉斐尔·卡普罗教授又发表论文"数字时代的伦理与信息"，这篇论文的主题还是论述数字时代图书馆的伦理问题，但他指出："作为一种描述性的理论，信息伦理学揭示了一种权利结构，这种权利结构对不同文化和不同时代的信息观念和传统观念的态度产生影响，作为一种不受约束的理论，信息伦理开创了对道德态度和道德传统的批判"。随后拉斐尔·卡普罗教授又发表题为 "21 世纪信息社会的伦理挑战"的论文，文中专门论述了信息社会的伦理问题，特别讨论了网络环境下提出的信息伦理问题。他将信息伦理学从计算机伦理学中区分出来，强调的是信息伦理学。他认为，新的信息技术提出了对伦理学的挑战，在虚拟现实中存在着对传统的伦理关系的威胁。拉斐尔·卡普罗教授的信息伦理学观点的变化，反映出信息伦理学理论的发展和变化。

在全球化的信息浪潮中，我国必须把工业化和信息化结合起来，充分吸取西方发达国家信息化的成功经验，力争跳跃式地实现向信息社会的转型。而要顺利完成我国信息化的任务，要构建一个有序的信息社会，除了加快信息技术的发展，信息资源的开发之外，构建适合我国国情的信息伦理体系也势必成为当务之急。中国是一个有着悠久历史的文明古国，本土文化资源极为丰富且影响深远，在这样的背景下，更需要正确把握和处理文化传统与新型的信息伦理之间的关系。

6.3.2　信息安全伦理与法律法规

1. 信息伦理与信息法律的区别

第一，信息道德的范围要比信息法律广。法律能调节的主要是非法行为，而道德能调节的是所有的不道德行为。道德能调节的，法律则不一定能调节。比如，提供一条虚假的信息，虽然没有明确的法律对此进行定罪，但是可以通过社会舆论对这种不道德行为进行谴责。

第二，信息道德能在人的心灵深处起作用，表现为人的高度自觉行为，而信息法律依靠的是外部强制力。法律是他控，而道德是自控，所以，在一个提倡以人为中心的时代，信息道德将会越来越引人注目。

信息道德是信息法律的基础。任何法律的制定和实施，都会有一个善与恶、崇高与卑鄙、是与非的标准问题，如果不顾及这些道德准则，法律就难以起作用。正如控制论创始人维纳所指出的："没有道德基础的法律是无法实现其对社会的控制的"。

2. 信息安全法

信息安全法是指维护信息安全，预防信息犯罪的刑事法律规范的总称。这是狭义上的信息安全法，广义上的 "信息安全法的调整范围应当包括网络信息安全应急保障关系、信息共享分析和预警关系、政府机构信息安全管理、通信运营机构的安全监管、ISP 的安全监管、ICP(含大型商业机构) 的安全监管、家庭用户及商业企业用户的安全责任、网络与信息安全技术进出口监管、网络与信息安全标准和指南以及评估监管、网络与信息安全研究规划、网络与信息安全培训管理、网络与信息安全监控等十二个方面"。广义的信息安全法的调整对象涉及信息安全的方方面面，其优势在于对信息安全进行了全方位的观察和阐述；其弊端在法律领域内表现为 "诸法的混合"，不能形成部门法。而狭义的信息安全法仅指保障信息安全，惩治信息犯罪的刑事法律，相对而言，目的性更为明确，法律结构也简单凝练，便于立法。从全球各国信息安全立法来看，信息安全法主要是指一种刑事法律。

3. 信息安全相关法律法规

《中华人民共和国治安管理处罚法》第二十五条规定，有下列行为之一的，处五日以上十日以下拘留，可以并处五百元以下罚款；情节较轻的，处五日以下拘留或者五百元以下罚款：

（一）散布谣言，谎报险情、疫情、警情或者以其他方法故意扰乱公共秩序的；

（二）投放虚假的爆炸性、毒害性、放射性、腐蚀性物质或者传染病病原体等危险物质扰乱公共秩序的；

（三）扬言实施放火、爆炸、投放危险物质扰乱公共秩序的。

《网络信息内容生态治理规定》第二条规定，本规定所称网络信息内容生态治理，是指政府、企业、社会、网民等主体，以培育和践行社会主义核心价值观为根本，以网络信息内容为主要治理对象，以建立健全网络综合治理体系、营造清朗的网络空间、建设良好的网络生态为目标，开展的弘扬正能量、处置违法和不良信息等相关活动。

《互联网用户公众账号信息服务管理规定》中：

第四条规定，公众账号信息服务平台和公众账号生产运营者应当遵守法律法规，遵循公序良俗，履行社会责任，坚持正确舆论导向、价值取向，弘扬社会主义核心价值观，生产发布向上向善的优质信息内容，发展积极健康的网络文化，维护清朗网络空间。

第十三条规定，公众账号信息服务平台应当建立健全网络谣言等虚假信息预警、发现、溯源、甄别、辟谣、消除等处置机制，对制作发布虚假信息的公众账号生产运营者降低信用等级或者列入黑名单。

第二十条规定，公众账号信息服务平台应当在显著位置设置便捷的投诉举报入口和申诉渠道，公布投诉举报和申诉方式，健全受理、甄别、处置、反馈等机制，明确处理流程和反馈时限，及时处理公众投诉举报和生产运营者申诉。《互联网信息服务管理办法》第四条规定，国家倡导诚实守信、健康文明的网络行为，推动传播社会主义核心价值观、社会主义先进文化、中华优秀传统文化，促进形成积极健康、向上向善的网络文化，营造清朗网络空间。

《中华人民共和国民法典》第五章民事权利中：

第一百一十一条规定，自然人的个人信息受法律保护。任何组织或者个人需要获取他人个人信息的，应当依法取得并确保信息安全，不得非法收集、使用、加工、传输他人个人信息，不得非法买卖、提供或者公开他人个人信息。

第五百零一条规定，当事人在订立合同过程中知悉的商业秘密或者其他应当保密的信息，无论合同是否成立，不得泄露或者不正当地使用；泄露、不正当地使用该商业秘密或者信息，造成对方损失的，应当承担赔偿责任。

第九百九十九条规定，为公共利益实施新闻报道、舆论监督等行为的，可以合理使用民事主体的姓名、名称、肖像、个人信息等；使用不合理侵害民事主体人格权的，应当依法承担民事责任。

第一千零三十二条规定，自然人享有隐私权。任何组织或者个人不得以刺探侵扰、泄露、公开等方式侵害他人的隐私权。

隐私是自然人的私人生活安宁和不愿为他人知晓的私密空间、私密活动、私密信息。

第一千零三十三条规定，除法律另有规定或者权利人明确同意外，任何组织或者个人

不得实施下列行为:

（一）以电话、短信、即时通信工具、电子邮件、传单等方式侵扰他人的私人生活安宁;

（二）进入、拍摄、窥视他人的住宅、宾馆房间等私密空间;

（三）拍摄、窥视、窃听、公开他人的私密活动;

（四）拍摄、窥视他人身体的私密部位;

（五）处理他人的私密信息;

（六）以其他方式侵害他人的隐私权。

第一千零三十四条规定,自然人的个人信息受法律保护。

个人信息是以电子或者其他方式记录的能够单独或者与其他信息结合识别特定自然人的各种信息,包括自然人的姓名、出生日期、身份证件号码、生物识别信息、住址、电话号码、电子邮箱、健康信息、行踪信息等。

个人信息中的私密信息,适用有关隐私权的规定;没有规定的,适用有关个人信息保护的规定。

第一千零三十五条规定,处理个人信息的,应当遵循合法、正当、必要原则,不得过度处理,并符合下列条件:

（一）征得该自然人或者其监护人同意,但是法律、行政法规另有规定的除外;

（二）公开处理信息的规则;

（三）明示处理信息的目的、方式和范围;

（四）不违反法律、行政法规的规定和双方的约定。

个人信息的处理包括个人信息的收集、存储、使用、加工、传输、提供、公开等。

第一千零三十六条规定,处理个人信息,有下列情形之一的,行为人不承担民事责任:

（一）在该自然人或者其监护人同意的范围内合理实施的行为;

（二）合理处理该自然人自行公开的或者其他已经合法公开的信息,但是该自然人明确拒绝或者处理该信息侵害其重大利益的除外;

（三）为维护公共利益或者该自然人合法权益,合理实施的其他行为。

第一千零三十七条规定,自然人可以依法向信息处理者查阅或者复制其个人信息;发现信息有错误的,有权提出异议并请求及时采取更正等必要措施。自然人发现信息处理者违反法律、行政法规的规定或者双方的约定处理其个人信息的,有权请求信息处理者及时删除。

第一千零三十八条规定,信息处理者不得泄露或者篡改其收集、存储的个人信息;未经自然人同意,不得向他人非法提供其个人信息,但是经过加工无法识别特定个人且不能复原的除外。

信息处理者应当采取技术措施和其他必要措施,确保其收集、存储的个人信息安全,防止信息泄露、篡改、丢失;发生或者可能发生个人信息泄露、篡改、丢失的,应当及时采取补救措施,按照规定告知自然人并向有关主管部门报告。

第一千零三十九条规定,国家机关、承担行政职能的法定机构及其工作人员对于履行职责过程中知悉的自然人的隐私和个人信息,应当予以保密,不得泄露或者向他人非法提供。

6.3.3　信息伦理与职业行为自律

1. 职业行为自律

职业行为自律又称职业道德修养，是指从事各种职业活动的人员，按照职业道德基本原则和规范，在职业活动中所进行的自我教育、自我改造、自我完善，使自己形成良好的职业道德品质。

所谓职业道德修养，就是从业人员在道德意识和道德行为方面的自我锻炼及自我改造中，所形成的职业道德品质以及达到的职业道德境界。职业道德修养是一种自律行为，关键在于"自我锻炼"和"自我改造"。任何一个从业人员，职业道德素质的提高，一方面靠他律，即社会的培养和组织的教育；另一方面就取决于自己的主观努力，即自我修养。两个方面是缺一不可的，而且后者更加重要。

2. 互联网行业从业人员职业道德准则

(1) 坚持爱党爱国。坚持用习近平新时代中国特色社会主义思想特别是习近平总书记关于网络强国的重要思想武装头脑、指导实践、推动工作，增强"四个意识"，坚定"四个自信"，做到"两个维护"，热爱党、热爱祖国、热爱社会主义，坚决拥护党的路线方针政策。

(2) 坚持遵纪守法。强化法治观念、树立法治意识，带头遵守法律法规，严格落实治网管网政策要求，遵守公序良俗，抵制不良倾向，保守国家秘密，维护网络安全、数据安全和个人信息安全，推动互联网在法治轨道健康运行。

(3) 坚持价值引领。树立正确的政治方向、价值取向、舆论导向，大力弘扬和践行社会主义核心价值观，唱响主旋律、传播正能量、弘扬真善美，崇德向善、见贤思齐，文明互动、理性表达，推动构建清朗的网络空间。

(4) 坚持诚实守信。始终把诚信作为立身之本、从业之要，传播诚信理念，倡导诚信经营，重信守诺、求真务实、公平竞争，做到不恶意营销、不虚假宣传、不造谣传谣、不欺骗消费者。

(5) 坚持敬业奉献。立足本职、爱岗敬业，注重自我管理和自我提升，培养良好的职业素养和职业技能，发扬奉献精神，履行社会责任，始终把社会效益摆在突出的位置，实现社会效益与经济效益的统一。

(6) 坚持科技向善。坚决防范滥用算法、数据等损害社会公共利益和公民合法权益，充分发挥科技创新的驱动和赋能作用，运用互联网新技术新应用新业态，构筑美好数字生活新图景，助力经济社会高质量发展。

3. 信息伦理与自律

众所周知，在传统社会里，道德通过内心信念、社会舆论和传统习俗三者共同维系，可以得到相对较好的维护，人们的道德意识较为强烈，道德行为也相对严谨。但在信息与网络时代，由于信息网络具有虚拟性、开放性、隐匿性、自由性等特点，人与人之间的关系凸显出间接的性质，信息活动表现为数字流，信息活动的主体具有很强的匿名性，这就使得道德舆论的承受对象变得极为模糊，直面的道德舆论评价与抨击难以进行，对不道德行为的监督、约束、制裁也都比较困难。在这种情况下，道德的放纵和肆意妄为自然在所难免，甚至会出现违法犯罪。此时，最能有效制约这些失范行为的道德因素就是个人的道德良心和道德选择。所以，现实委以道德自律重任，使它成为维系信息伦理的中流砥柱。

实践证明，自律对信息伦理具有非凡的意义。一方面，具有自律精神的道德主体对规范的操守、践行是自觉自愿的，基本上无需什么外在力量的强制，这既大量节约了社会成本，又在事实上使道德规范的实践具有极强的可操作性；另一方面，自律精神的养成使道德规范对于社会生活、对于调整社会关系所起的作用更加广泛和深入，且由于规范的践行是道德主体自觉意识下的主动行为，所以这种践行不受时间更迭、空间变迁等因素的影响，其效力持久且深远。

在信息技术突飞猛进的今天，我们更应加强信息伦理自律精神的培养，使人们认识到自己的责任和义务，并对自身的道德责任感产生发自内心的认同，进而在内心世界里建立起以"真、善、美"为准则的内在价值取向体系，从自我意识的层次追求平等和正义，充分发挥自律在信息网络领域独到的调控作用，对信息伦理的负面影响进行真正有效的抵制和杜绝，并最终做到"绝恶于未萌"。可以这样说，培育公众的自律精神正是解决信息伦理诸多问题的根本之道。

小　结

信息素养与社会责任对个人在各自行业内的发展起着重要作用。信息社会责任是指在信息社会中，个体在文化修养、道德规范、行为自律等方面应尽的责任。具备信息社会责任的人，在现实世界和虚拟空间中都能遵守相关法律法规，信守信息社会的道德与伦理准则；具备较强的信息安全意识与防护能力，能有效维护信息活动中个人、他人的合法权益和公共信息安全；关注信息技术创新所带来的社会问题，对信息技术创新所产生的新观念和新事物，能从社会发展、职业发展的视角进行理性的判断和负责的行动。

本章简单介绍了信息素养、信息素养的由来与内涵、信息技术发展史、知名信息企业发展史、信息安全自主可控、信息伦理和职业行为自律等内容。

课后习题

一、填空题

1. (　　　　) 的本质是全球信息化需要人们具备的一种基本能力。

2. 信息意识又叫 (　　　　)，是对信息需求的认知水平及对有用或可能有用信息的敏感程度。

3. 1998 年，全美图书馆协会和美国教育传播与技术协会在其出版物《信息能力：创建学习的伙伴》中制定了学生学习的 (　　　　) 信息素养标准。

4. 信息技术的发展经历了一个漫长的时期，可将其分为三个基本模块进行阐述，一是计算机通信技术，二是 (　　　　)，三是网络技术。

5. 信息伦理不是由国家强行制定和强行执行的，是在信息活动中以善恶为标准，依靠人们的（　　　　）和（　　　　）手段维系的。

6.（　　　　）是指维护信息安全，预防信息犯罪的刑事法律规范的总称。

7.《中华人民共和国治安管理处罚法》第（　　　　）条规定，有下列行为之一的，处五日以上十日以下拘留，可以并处五百元以下罚款；情节较轻的，处五日以下拘留或者五百元以下罚款：

（一）散布谣言，谎报险情、疫情、警情或者以其他方法故意扰乱公共秩序的；

（二）投放虚假的爆炸性、毒害性、放射性、腐蚀性物质或者传染病病原体等危险物质扰乱公共秩序的；

（三）扬言实施放火、爆炸、投放危险物质扰乱公共秩序的。

8.《中华人民共和国民法典》第（　　　　）章民事权利中，第一百一十一条规定，自然人的个人信息受法律保护。任何组织或者个人需要获取他人个人信息的，应当依法取得并确保信息安全，不得非法收集、使用、加工、传输他人个人信息，不得非法买卖、提供或者公开他人个人信息。

二、简答题

1.信息素养包括哪些内容？

2.简述信息技术的发展史。

3.列举其他知名信息技术企业的发展历程。

4.为什么信息安全需要自主可控？

5.信息伦理包括哪些内容？

参 考 文 献

[1] 方风波,钱亮,杨利. 信息技术基础(微课版)[M]. 北京:中国铁道出版社,2021.

[2] 眭碧霞. 计算机应用基础任务化教程(Windows 10 + Office 2016)[M]. 北京:高等教育出版社,2019.

[3] 张丹阳. 信息技术基础模块[M]. 北京:人民邮电出版社,2021.

[4] 汪楠,成鹰. 信息检索技术[M]. 4版. 北京:清华大学出版社,2020.

[5] 邓发云. 信息检索与利用[M]. 3版. 北京:科学出版社,2021.